AF337132

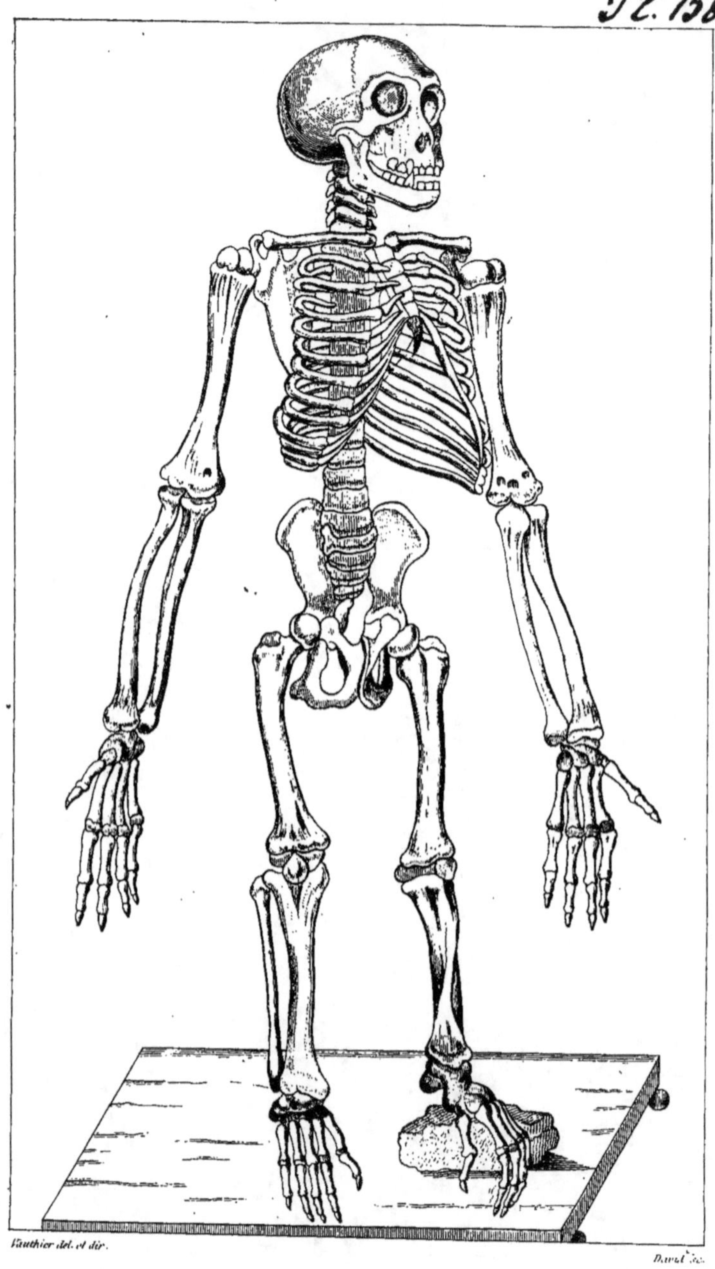

SQUELETTE DU CHIMPANZÉ.

DICTIONNAIRE

CLASSIQUE

D'HISTOIRE NATURELLE.

IMPRIMERIE DE HENRI DUPUY,
SUCCESSEUR DE J. TASTU,
RUE DE LA MONNAIE, N⁰ 11,
Près le Pont-Neuf.

DICTIONNAIRE

CLASSIQUE

D'HISTOIRE NATURELLE,

PAR MESSIEURS :

AUDOUIN, AD. BRONGNIART, CAMBESSÈDES, DE CANDOLLE, G. DELAFOSSE, DESHAYES, E. DESLONCHAMPS, DRAPIEZ, EDWARDS, H.-M. EDWARDS, A. FÉE, GEOFFROY SAINT-HILAIRE, ISIDORE GEOFFROY SAINT-HILAIRE, GUÉRIN, GUILLEMIN, A. DE JUSSIEU, KUNTH, LATREILLE, LESSON, C. PRÉVOST, A. RICHARD, et BORY DE SAINT-VINCENT.

Ouvrage dirigé par ce dernier collaborateur, et dans lequel on a ajouté, pour le porter au niveau de la science, un grand nombre de mots qui n'avaient pu faire partie de la plupart des Dictionnaires-antérieurs.

TOME DIX-SEPTIÈME ET DERNIER.

ATLAS ET ILLUSTRATION DES PLANCHES.

PARIS.

REY ET GRAVIER, LIBRAIRES-ÉDITEURS,

QUAI DES AUGUSTINS, N° 55.

—

1831

AVERTISSEMENT.

« Sans examiner, disions-nous dans l'Avertissement qui se trouve en tête du premier volume de ce Dictionnaire, à quel point des planches sont nécessaires dans un livre d'histoire naturelle, quand on n'y représente point, comme exemple, une espèce de tous les genres qu'on y décrit, et surtout les espèces litigieuses, il suffit que l'usage s'en soit introduit dans les Dictionnaires antérieurs pour que nous n'ayons pas voulu innover en les supprimant. . . . . . . Les réduisant au moindre nombre possible, afin de ne pas trop hausser le prix de l'ouvrage, nous n'avons point fait peindre une Poule, un Coq, un Cheval, des Pommes, ou des Groseilles, choses déjà représentées plusieurs milliers de fois, et dont la connaissance est tellement vulgaire que leur nom seul équivaut, dans toutes les langues, à la plus minutieuse description ; les figures doivent, selon nous, être réservées pour des objets encore non représentés ou qui l'ont été d'une manière imparfaite, et pour des choses si peu connues qu'on ne les puisse point habituellement comparer avec celles qu'on rencontre communément. »

Diverses circonstances ne nous ayant pas toujours permis d'exercer sur l'Atlas du Dictionnaire classique l'influence que nous nous étions réservée sur la rédaction, et quoique nous y ayons donné quelques dessins originaux, notre promesse n'a point été aussi rigoureusement tenue au sujet des planches qu'elle l'a été pour le texte; quelques figures de peu d'utilité et de par trop médiocres s'y sont glissées; cependant, sans les signaler et en l'avouant avec candeur, notre Atlas n'en demeure pas moins utile et bien supérieur à celui que forment les planches qu'on trouve dans Déterville; il le cède sans doute à l'Atlas de M. Levrault, le plus beau monument iconographique en histoire naturelle qui ait jamais été exécuté; mais il peut former un supplément utile à ce magnifique recueil auquel il ajoute un grand nombre d'objets nouveaux et qui ne s'y trouvent point.

Nous avons donné ailleurs les raisons qui nous déterminaient à ne point numéroter les planches de notre Dictionnaire, et promis une explication raisonnée qui indiquât l'ordre dans lequel on les doit relier en un dix-septième et dernier volume. Nous profitons de l'occasion que nous donne la publication de ce complément d'un grand travail, pour prier ceux des acquéreurs du Dictionnaire classique, qui paraissent lui avoir accordé quelque estime, de tenir note des fautes et des erreurs qu'ils y pourront reconnaître, et de nous les garder en réserve avec les additions qu'ils y jugeraient nécessaires, afin que nous puissions profiter de leurs avis, lorsque de nouveaux matériaux et l'augmentation des découvertes en histoire naturelle rendront nécessaire un Supplément de deux ou trois volumes qu'il sera tôt ou tard nécessaire d'y ajouter pour le tenir au courant de la science.

L'explication ou illustration des planches que voici est déjà une sorte d'addition à des articles devenus incomplets dans le texte, et quelques erreurs y ont été relevées. Ce n'est qu'en reconnaissant ainsi les fautes ou les omissions dans lesquelles ont pu tomber les auteurs d'un livre, qu'ils parviennent à rendre leurs ouvrages dignes du véritable public.

B. DE ST.-V.

EXPLICATION
DES PLANCHES.

RÈGNE MINÉRAL.

V. HISTOIRE NATURELLE, T. VIII, p. 244. (B.)

—

GÉOLOGIE.

V. T. VII, p. 302. (G. DEL.)

—

Pl. I. Orgues géologiques. V. T. XII, p. 345. (B.)

Coupe perpendiculaire d'un point du plateau de Saint-Pierre de Maestricht, copiée du Voyage souterrain (in-8. Paris, 1821) pour l'intelligence de l'article du Dictionnaire.

A. A.   Surface du plateau supportant la végétation et la culture, composée d'une couche de galets et de deux couches de sable.

B.B.B.   Masse de calcaire grossier dont se compose la puissance du banc dans lequel les hommes ont creusé des cryptes, et où la nature a percé les Orgues géologiques.

C. C.   Assises horizontales et parallèles de silex, plus rapprochées dans les parties crayeuses inférieures du banc calcaire qu'elles interrompent, par l'effet de la pression supérieure. V. Craie, au T. v, p. 5 et suivantes (b.), et T. xv, p. 425. (g. del.)

D.   Orgues géologiques continues ou qui ont été interrompues par le creusement des cryptes, sans qu'il en soit résulté d'effondrement; elles demeurent dans leur état naturel.

E   Partie supérieure aux cryptes d'Orgues dont l'interruption, par des travaux humains, a déterminé des effondremens ; le tuyau y est demeuré rempli de terre.

F.   Partie inférieure des mêmes Orgues interrompue par les travaux des hommes et qui n'a subi aucune modification.

G.   Cônes formés dans l'intérieur des cryptes par des effondremens qui eurent lieu aux dépens du sol supérieur.

H.   Conduit d'un Orgue géologique d'un diamètre tellement considérable qu'il est demeuré vide après l'effondrement dont son interruption fut la cause.

I.   Entonnoirs supérieurs dont on voit plusieurs

à la surface du plateau de Saint-Pierre, qui sont souvent remplis d'arbres ou de buissons, et qui proviennent des effondremens causés par l'interruption d'un conduit d'Orgues géologiques.

MINÉRALOGIE.

V. T. X, p. 573 et suivantes. (G.DEL.)

Pl. II. Marnes de Montmartre et de Montmorency. V. T. x, p. 190. (c. p.)

RÈGNE VÉGÉTAL.

V. HISTOIRE NATURELLE, T. VIII, p. 244. (B.)

PHANÉROGAMIE.

V. T. XIII, p. 348. (A.R.)

Première des trois grandes divisions de la botanique, où se groupent toutes les plantes dans lesquelles la floraison démontre l'existence de sexes bien caractérisés par des organes apparens et distincts. Du mot PHANÉROGAMES, T. XIII, p. 348, on a renvoyé à l'article VÉGÉTAUX. *V.* T. XVI, p. 518 (A. R.), où se trouvent traitées, avec le plus grand soin et beaucoup de clarté, les généralités qui concernent cette vaste branche des sciences naturelles.

Les collaborateurs qui s'étaient chargés, dans le Dictionnaire, de la partie phanérogamique, avaient conçu le projet d'en disposer les planches de manière à ce qu'on pût y trouver des exemples de chaque famille pour l'intelligence de la méthode naturelle. *V.* T. X, p. 493 (A. R.). Malheureusement le choix en ayant été un peu trop abandonné à la commodité du dessinateur, le but n'a point été atteint, et pour subordonner l'énumération de ces planches, dont quelques-unes même n'ont pas été faites d'après nature, on se voit obligé de suivre le Système sexuel de Linné, *V.* T. XV, p. 752 (A. R.), encore que plusieurs des classes de ce Système ne se trouvent pas représentées.

Cl. II. DIANDRIE. *V*. T. v, p. 454. (A. R.)

Pl. III. SAUGE ÉCARLATE, *Salvia formosa*, L'Hérit. *Stirp*. 1, p. 41, tab. 21. Willd. *Spec.* T. 1, 140. *Salvia leonuroides*, Spreng. *Syst.* T. 1, 61. Cette belle espèce, cultivée assez communément dans nos jardins où elle passe l'hiver en orangerie, et qui n'est pas mentionnée dans l'article Sauge, *V*. T. xv, p. 180, (G..N.), est originaire du Pérou. (Famille des LABIÉES, Juss., *V*. T. ix, p. 147 (A.R.), section des *Salviées*.)

Figure à droite, coupe longitudinale de la fleur pour faire voir le pistil. — Fig. à gauche, corolle, étamine et connectif.

Pl. IV. POIVRE NOIR, *Piper nigrum*, L. *Sp*. 40. Willd. *Spec.* T. 1, 159. Spreng. *Syst.* T. 1, 112. *V*. POIVRIER, T. xiv, p. 127 (A. R.) (Famille des PIPÉRACÉES ou POIVRIERS, Rich. *V*. T. xiv, p. 129. (A. R.)

Les détails représentent diverses coupes du fruit et de la graine.

Cl. III. TRIANDRIE. *V*. T. xvi, p. 345. (A.R.)

Pl. V. ORYZOPSIDE SÉTACÉE, *Oryzopsis setacea*, Rich. Graminée découverte à Monte-Vidéo, et qui n'avait jamais été figurée. *V*. ORYZOPSIS, T. xii, p. 445. (A. R.) (Famille des GRAMINÉES.)

a. Un épillet grossi. — b. Le même dépouillé de la lépicène. — c. Le même un peu ouvert. — d. Une fleur ouverte grossie pour faire voir la glume, le pistil et les étamines.

Cl. IV. TÉTRANDRIE. *V.* T. xvi, p. 189. (a. r.)

Pl. VI.   Ziérie de Smith, *Zieria Smithii*, Andr. *Bot. Reposit.* tab. 606. Spreng. *Syst.* T. 1, p. 443. *V.* Ziérie. T. xvi, p. 682. (a. r.) (Famille des Rutacées.)

a. Fleur grossie. — b. Étamine grossie. — c. Fruit grossi.

Pl. VII.   Persoonie ferrugineuse, *Persoonia ferruginea*, Smith, *Exot. Bot.* T. ii, tab. 83. Spreng. *Syst.* T. i, 473. *V.* Persoonie, T. xiii, p. 277. (g..n.) (Famille des Protéacées, Juss.)

a. Fleur ouverte grossie pour faire voir le pistil. — b. Calice ouvert où l'on voit l'insertion des étamines.

Cl. V. PENTANDRIE. *V.* T. xiii, p. 184. (a. r.)

Pl. VIII.   Sauvagésie petite, *Sauvagesia pusilla*, Martius, Spreng. *Syst.* T. 1, 796. *Sauvagesia tenella*, Lamk. Spreng. *Syst. Cur. post.* 9. Mentionnée sous ce dernier nom dans l'article Sauvagésie. *V.* T. xv, p. 199. (g..n.) (Famille des Frankéniées, Aug. St.-Hil.)

a. Une fleur ouverte grossie. — b. Un pétale et une étamine grossis. — c. Fruit grossi revêtu du calice persistant. — d. Coupe longitudinale du fruit.

Pl. IX.   Lamarckée écarlate, *Marckea coccinea*, Rich. Mém. Soc. d'Hist. nat., p. 107. *Lamarckia coccinea*, Spreng. *Syst.* T. i, 622. *V.*

Lᴀᴍᴀʀᴋᴇᴀ et Mᴀʀᴋᴇᴀ. T. ɪx, p. 181 , et T. x, p. 168. (ᴀ. ʀ.) (Famille des Sᴏʟᴀɴᴇ́ᴇs , Juss.)

a. Corolle ouverte grossie. — *b.* Une étamine grossie. — *c.* Pédoncule et pistil. — *d.* Stigmate grossi. — *e.* Capsule. — *f.* Coupe de la même.

Pʟ. X. Éᴘᴀᴄʀɪᴅᴇ ᴀ ɢʀᴀɴᴅᴇs ꜰʟᴇᴜʀs, *Epacris grandiflora* , Willd. *Spec.* T. ɪ , *pars* 2, 834. Spreng. *Syst.* T. ɪ, 628. *V.* T. ᴠɪ , p. 198. (ᴀ. ʀ.) (Famille des Éᴘᴀᴄʀɪᴅᴇ́ᴇs , R. Brown.)

a. Corolle ouverte. — b. Bractées. — c. Pistil.

Pʟ. XI. Iᴘᴏᴍᴏᴘsɪᴅᴇ ᴇ́ʟᴇ́ɢᴀɴᴛᴇ , *Ipomopsis elegans* , Mich. *Flor. bor. Amer.* T. ɪ , p. 141. *Polemonium rubrum.* L. *Spec.* 231. *Ipomœa rubra*, L. *Syst Veget.* 161. *Cantua coronopifolia*, Willd. *Spec.* T. ɪ , *pars* 2, 879. *Gilia coronopifolia*, Spreng. *Syst.* T. ɪ, 625. *V.* Iᴘᴏᴍᴏᴘsɪᴅᴇ , T. ɪx , p. 12. (ᴀ. ʀ.) (Famille des Pᴏʟᴇ́ᴍᴏɴɪᴀᴄᴇ́ᴇs , Juss.)

a. Fleur de grandeur naturelle. — b. Corolle ouverte. — c. Ovaire , style et stigmate. — d. Étamine grossie vue par devant. — e. La même vue par le dos. — f. La même avec les anthères ouvertes et le pollen. — g. Pistil grossi. — h. Ovaire entouré du calice. — i. Coupe transversale de la capsule. — k. Capsule ouverte montrant l'insertion des graines. — l. Deux graines isolées. — m. Capsule avec ses trois valves écartées. — n. Coupe transversale de la graine grossie. —

o. Coupe longitudinale de la même pour faire voir l'embryon. — p. Embryon détaché.

Pl. XII.

Ardisie crenelée, *Ardisia crenulata*, Venten. Spreng. *Syst.* T. 1, 662. Ce joli arbrisseau, cultivé dans la plupart de nos serres et qui est originaire des Antilles, n'est pas mentionné à l'article Ardisie. *V.* T. 1, p. 531. (a.r.) (Famille des Ardisiacées, Juss.)

a. Fleur ouverte grossie. — b. Bouton de fleur grossi. — c. Étamine grossie vue par devant. — d. La même vue par le dos. — e. Le fruit. — f. Coupe du même.

Pl. XIII.

Nyctérisistion a feuilles argentées, *Nycterisistion argenteum*, Kunth, *Plant. æquin.* T. iii, p. 238, tab. 244. *Chrysophyllum granatense*, Spreng. *Syst.* T. 1, 667. *V.* T. xii, p. 24. (g..n.) (Famille des Sapotées.)

a. Fleur grossie. — b. La même privée de corolle. — c. Corolle détachée grossie. — d. Étamines grossies. — e. Coupe transversale du fruit.

Pl XIV.

Dampière a feuilles ovales, *Dampiera ovalifolia*, Brown. *Prodr. Nov.-Holl.* T. 1, 587. Spreng. *Syst.* T. 1, 753. *V.* T. v, p. 322. (a.r.) (Famille des Goodenoviées.)

a. Fleur grossie. — b. Coupe longitudinale de la fleur pour faire voir les étamines, le pistil et l'intérieur de l'ovaire.

Pᴌ. XV.   Pɪᴛᴛᴏsᴘᴏʀᴇ ᴏɴᴅᴜʟᴇ́, *Pittosporum undulatum*, Venten. Jard. de Cels, pl. 76. Spreng. *Syst.* T. 1, 79. Cet élégant arbrisseau est originaire de la Nouvelle-Hollande, et non des Canaries comme on l'a par mégarde imprimé. C'est le *Pittospermum coriaceum* qui vient de ces îles ainsi que de Madère, et qui doit même exister aux Algarves. *V.* Pɪᴛᴛᴏsᴘᴏʀᴇ, T. xɪɪɪ, p. 642. (ᴀ. ʀ.) (Famille des Pɪᴛᴛᴏsᴘᴏʀᴇ́ᴇs, R. Br.)

a. Fleur. — b. Coupe longitudinale de l'ovaire montrant l'insertion des ovules. — c. Coupe transversale du même. — d. Stigmate grossi.

Pᴌ. XVI.   Dʀᴏsᴇ̀ʀᴇ ᴘᴇʟᴛᴇ́ᴇ, *Drosera peltata*, Labillard. *Nov.-Holl.* T. ɪ, tab. 106, fig. 3. Willd. *Spéc.* T. ɪ, *pars* 11, 1546. Spreng. *Syst.* T. 1, 956. *V.* T. ᴠ, p. 620. (ᴀ. ʀ.) (Famille des Dʀᴏsᴇ́ʀᴀᴄᴇ́ᴇs, D. C.)

1. Pistil grossi. — 2. Coupe transversale de la capsule. — 3. Etamine grossie. — 4. Pétale.

Cʟ. VII. HEPTANDRIE. *V.* T. ᴠɪɪɪ, p. 135. (ᴀ. ʀ.)

Pʟ. XVII.   Fig. A.   Sᴀᴜʀᴜʀᴇ ᴘᴇɴᴄʜᴇ́, *Saururus cernuus*, L. *Sp.* 489. Willd. *Spec.* T. ɪɪ, *pars* 1, p. 292. Spreng. *Syst.* T. ɪɪ, 169. *V.* Sᴀᴜʀᴜʀᴜs, T. xv, p. 195. (ᴀ. ʀ.) (Famille des Sᴀᴜʀᴜʀᴇ́ᴇs, Rich.)

Fig. B.   (*V.* Hʏᴅʀᴏᴘᴇʟᴛɪᴅᴇ après la Planche xxᴠɪɪ, p. 13.)

Cʟ. VIII. OCTANDRIE. *V.* T. xɪɪ, p. 54. (ᴀ. ʀ.)

Pʟ. XVIII.   Mᴇɴᴢɪᴇ́ᴢɪᴇ ᴀ ꜰᴇᴜɪʟʟᴇs ᴅᴇ Pᴏʟɪᴜᴍ, *Menziezia*

Polifolia, Juss. Ann. Mus. T. 1, p. 55. Spreng. *Syst.* T. 11, 202. *Menziezia Daboecia*, D. C. Fl. Franç. T. 111, 674. *Erica Daboecia*, L. *Sp.* 509. Willd. *Spec.* T. 11, *pars* 1, 383. *V.* T. x, p. 369. (G..N.) (Famille des ERICINÉES , Juss.)

a. Corolle. — *b.* Coupe longitudinale de la fleur. — *c.* Etamine grossie. — *d.* Ovaire revêtu du calice. — *e.* Coupe transversale du fruit.

CL. X. DÉCANDRIE. *V.* T. v, p. 573. (A. R.)

PL. XIX.   GUALTHÉRIE DES SPHAIGNES, *Gualtheria Spha-gnicola*, Rich. Mém. Soc. d'Hist. nat. T. 1, p. 109. *Epigæa repens,* Willd. *Spec.* T. 11, *pars* 1, 615. *Epigæa cordifolia*, Spreng. *Syst.* T. 11, 289. *V.* GUALTHÉRIE, T. VII, p. 167. (G..N.) (Famille des ERICINÉES, Juss.)

1. Fleur de grandeur naturelle. — 2. Corolle isolée. — 3. Etamine grossie. — 4. Pistil avec une foliole calicinale. — 5. Capsule. — 6. Coupe transversale de la même pour montrer les cinq placentas. — 7. Placentas détachés.

PL. XX.   RHEXIE IMBRIQUÉE , *Rhexia muricata,* Bonpl. *Monogr.* p. 1, tab. 1. Spreng. *Syst.* T. 11, p. 307. *V.* RHEXIE, T. XIV, p. 550 (A. R.), et CHÆ-TOGASTRA au Supplément, la plante ici repré-sentée étant devenue le type de ce genre ré-cemment établi par De Candolle aux dépens des Rhexies. (Famille des MÉLASTOMACÉES, Juss.)

a. Coupe longitudinale de la fleur. — b. Une

— 11 —

étamine grossie.—c. Calice renfermant l'o-
vaire soudé.

Pl. XXI.   Quassie petite, *Quassia pumila*, Rich. Nouvelle espèce qui n'avait pas encore été figurée.
(Famille des Simaroubées.)

a. Calice ouvert grossi. — b. Deux étamines et
pistil grossi. — c. Carpelles grossis.

Cl. XI. DODÉCANDRIE. *V.* T. v, p. 573. (a.r.)

Pl. XXII.   Halésie a quatre ailes, *Halesia tetraptera*,
L. *Sp.* 636. Willd. *Spec.* T. ii, *pars* 2, 849.
Spreng. *Syst.* T. iii, 84 (à la Monadelphie).
V. Halésier, T. viii, p. 13 (a.r.) (Famille des
Styracinées, Rich.)

a. Étamine grossie vue par le devant. — b. La
même vue par le dos. — c. Coupe transversale de l'ovaire grossi. — d. Coupe longitudinale du même organe.

Cl. XII. ICOSANDRIE. *V.* T. viii, p. 506. (a.r.)

Pl. XXIII.   Brayère Anthelmintique, *Brayera Anthelmintica*, Kunth; Spreng. *Syst.* T. iv, *Cur. post.*
195. *V.* Brayera, T. ii, p. 501. (b.) (Famille
des Rosacées?)

Fig. 1. Une fleur grossie à la loupe; sa grandeur naturelle étant celle de l'Aigremoine.
Fig. 2. Coupe de la même fleur pour montrer
la situation des pistils et l'insertion périgyne
des étamines.
Fig. 3. Deux fragmens de feuilles, de rameaux
et de tiges de grandeur naturelle.

a. Ovule isolé. — *b.* Coupe verticale d'un pistil pour montrer le point d'attache de l'ovule. — *c.* Pistil isolé. — *d.* Partie inférieure de la fleur dépouillée par la dessiccation de ses pétales (tous ces détails sont grossis). — *e.* Étamines de grandeur naturelle. — *f.* La même grossie. — *g.* Foliole extérieure du calice grossie. — *h.* Foliole intérieure également grossie. — *i.* Un des pétales qui sont très-petits, linéaires et insérés au limbe du calice.

Cl. XIII. POLYANDRIE. *V.* T. xiv, p. 143. (a. r.)

Pl. XXIV. Ciste a feuilles de Laurier, *Cistus Lauri-folius*, L. *Sp.* 736. Willd. *Spec.* T. ii, *pars* 2, 1182. Spreng. *Syst.* T. ii, 585. *V.* Ciste. Cette espèce, donnée ici comme exemple de la famille des Cistées ou Cistinées, n'est pas même mentionnée à l'article Ciste. *V.* T. iv, p. 165 (a. r.); elle est originaire d'Espagne et se trouve même dans quelques parties du midi de la France.

1. Coupe transversale de la capsule. — 2. Ovaire et quelques-unes des étamines.

Pl. XXV. Couratari de la Guiane, *Couratari Guia-nensis*, Aublet *Guian.* p. 724, t. 290. *Lecythis Couratari*, Spreng. *Syst.* T. iv, *Cur. post.* 208. *V.* Couroutari, T. iv, p. 597. (a. r.) (Famille des Myrtacées.)

Pl. XXVI. Détails de la fructification du genre Couratari.

1. La corolle avec son androphore concave et

pétaloïde chargé d'anthères supérieurement, considéré comme un nectaire dans le genre Lecythis duquel le Couroutari est si voisin. — 2. L'étamine grossie — 3. Une corolle vue par dessous détachée du calice. — 4. Calice un peu grossi. — 5. Coupe transver-sale de l'ovaire. — 6. Coupe verticale du même organe. (Toutes ces parties sont figurées ici pour la première fois, les fruits du Couratari ayant été seuls connus jusqu'ici.) — 7. Le fruit. — 8. Columelle interne ou axe central du fruit et qui se ferme en dessus comme une sorte d'opercule. — 9. Une graine. — 10. L'embryon.

Pl. XXVII.   Bauère a feuilles de Garance, *Bauera rubioides*, Vent. Malm. pl. 96. Spreng. *Syst.* T. ii, 610. *V.* Bauera, T. ii, p. 233. (a. r.) (Famille des Cunoniacées.)

a. Capsule. — b. Étamine grossie.

Fig. B. de la Pl. xvii.   Hydropeltide pourpre, *Hydropeltis purpurea*, Mich. *Flor. bor. Amer.* T. i, p. 324, tab. 29. *Brasenia peltata*, Spreng. *Syst.* T. ii, 634. *V.* Hydropeltide, T. viii, p. 428. (a. r.) (Famille des Cabombées.)

Pl. XXVIII.   Xylopie frutescente, *Xylopia frutescens*, Aublet *Guian.* p. 602, tab. 292. Willd. *Spec.* T. ii, *pars* 2, 1270. Spreng. *Syst.* T. ii, 636. *V.* Xylopie, T. xvi, p. 682. (g..n.) (Famille des Anonacées.)

a. Fleur grossie. — b. Étamine vue par le

dos.—c. Étamine vue par le devant.—d. Fruits.

CL. XIV. DIDYNAMIE. *V*. T. v, p. 497. (A. R.)

P**L. XXIX.** **L**ANTANIER ÉPINEUX, *Lantana aculeata*, L. *Sp.* 872. Willd. *Spec.* T. III, *pars* 1, 320. Spreng. *Syst.* T. II, 761. *V*. T. IX, p. 216. (G..N.) (Famille des **V**ERBÉNACÉES.)

a. Coupe transversale du fruit.— *b.* Le fruit. *c.* Pistil.— *d.* Coupe longitudinale de la fleur.— *e.* Corolle grossie.

P**L. XXX.** **M**YOPORE A FEUILLES ELLIPTIQUES, *Myoporum ellipticum*, Brown *Prodr. Nov.-Holl.* T. I, p. 515. Spreng. *Syst.* T. 765. *V*. T. XI, p. 371. (A. R.) (Famille des **M**YOPORINÉES.)

a. Fleur grossie. — b. Corolle grossie ouverte. — c. Coupe longitudinale du pistil. — d. Coupe transversale de l'ovaire.

CL. XV. TÉTRADYNAMIE. *V*. T. XVI, p. 186. (A. R.)

P**L. XXXI.** **J**ULIENNE SAUVAGE, *Hesperis aprica*, Spreng. *Syst.* T. II, 900. *Cheiranthus apricus*, Willd. *Spec.* T. III, *pars* 1, 518. *Hesperis Cheiranthus*, Pers. *Syn.* T. II, 203. Cette plante dont il n'est pas question dans le Dictionnaire, mais qui avait été représentée ici comme un exemple des **C**RUCIFÈRES, *V*. T. v, p. 129, (A. R.), est originaire de l'Asie centrale et a été rapportée de la Daourie et de la Sibérie par Patrin; elle n'avait point encore été gravée.

1. Calice et étamines.—2. Graine grossie.
— 3. Étamines et pistil. — 4. Pétale. —
— 5. Étamine vue par devant. — 6. Étamine vue par le dos.

Cl. XVI. MONADELPHIE. *V.* T. xi, p. 84. (a. r.)

Pl. XXXII. Sida gentille, *Sida pulchella*, Cavan. *Dis.*
i, p. 28, tab. 6, fig. 1. *Sida ramosa*, Willd.
Spec. T. iii, *pars* 1, 760. Spreng. *Syst.* T.
iii, 115. Cette espèce, qui a été représentée
ici comme devant donner un exemple de la
seconde section de la famille des Malvacées,
V. T. x, p. 60, (a. r.), n'est pas mentionnée dans le Dictionnaire. On la cultive
dans les serres de quelques jardins de botanique ; elle se fait remarquer par l'élégance
de son port.

a. Fleur grossie.—b. Corolle ouverte.

Pl. XXXIII. Inga orné, *Inga ornata*, Kunth *Syn.* T. iv,
p. 25. Spreng. *Syst.* T. iii, 130. *V.* T. viii,
p. 536. (a. r.) (Famille des Légumineuses.)

a. Fleur isolée.—*b.* Pistil.

Cl. XVII. DIADELPHIE. *V.* T. v, p. 446. (a. r.)

Pl. XXXIV. Polygale a feuilles en coeur, *Polygala
cordifolia*, Thumb. Willd. *Spec.* T. iii, *pars* 2,
885. Spreng. *Syst.* T. iii, 163. Cette plante,
figurée ici comme exemple de la famille des
Polygalées, n'est pas mentionnée dans le
Dictionnaire. Elle est l'une des nombreuses

espèces qui nous viennent des environs du cap de Bonne-Espérance.

a. Fleur grossie coupée longitudinalement. —b. Fleur grossie. —c. Style et stigmate, etc.

Cl. XVIII. POLYADELPHIE. *V.* T. xiv, p. 143. (a. r.)

Pl. XXXV. Tristanie a feuilles de Nérion, *Tristania Neriifolia*, Brown *Hort Kew.* Spreng. *Syst.* T. iii, 337. *Melaleuca folicifolia*, Andr. *V.* Tristanie, T. xvi, p. 391. (a. r.) (Famille des Myrtacées.)

a. Fleur grossie coupée longitudinalement. —b. Étamine grossie vue par devant. — c. La même vue par le dos. —d. Pétale grossi. — e. Coupe transversale du fruit.

Pl. XXXVI. Vellosie rude, *Vellosia asperula*, Martius Spreng. *Syst.* T. iv, *Cur. post.*, 296. *V.* Vellosie, T. xvi, p. 542. (a. r.) (Famille des Hæmodoracées, R. Br.)

a. Fleur privée de périanthe. — Style et stigmate. — c. Capsule coupée longitudinalement.

Cl. XIX. SYNGÉNÉSIE.

Cette classe, la XIXe du Système sexuel de Linné, était composée de six ordres, savoir : 1° Polygamie égale ; 2° Polygamie superflue ; 3° Polygamie frustranée ; 4° Polygamie nécessaire ; 5° Polygamie ségrégée ; 6° enfin Monogamie. Les cinq premiers correspondent à la vaste famille des Synanthérées (*V.* ce mot, T. xv, p. 732, a. r.) Le sixième ordre n'a pas même été conservé par les plus fidèles disciples de Linné, il a été reporté dans les classes précédentes, selon le nombre des étamines que présentait chaque genre. Le genre Lobélie, que l'on voit ici à sa place primitive, est passé à la Pentandrie non loin des Campanules, de la famille naturelle desquelles le *Lobelia* fait partie.

Pl. XXXVII. Lobélie naine, *Lobelia nana*, Kunth *Syn.* T. ii, p. 359. Spreng. *Syst.* T. i, 719. Cette petite espèce, dont il n'a pas été question dans le texte du présent Dictionnaire, croît dans les forêts du Mexique et ressemble à plusieurs autre Lobélies, entre autres au *Laurentia* et au *minuta*. (Famille des Campanulacées.)

a. Fleur grossie. — b. Étamines et calice. — c. Étamines soudées. — d. Pistil. — e. Capsule coupée transversalement.

Cl. XXI. MONOÉCIE. *V.* T. xi, p. 98. (a. r.)

Pl. XXXVIII. Cunninghamie de la Chine, *Cunninghamia chinensis*, Rich. Conif. tab. 18, fig. 3. *Bolis jaculifolia*, Salisbury et Spreng. *Syst.* T. iii, 888. *V.* Cunninghamie, T. v, p. 188 (a. r.). (Famille des Conifères.)

1. Écaille avec la fleur femelle. — 2. La même vue par le dos. — 3. Coupe longitudinale de la graine. — 4. Coupe transversale de la graine. — 5. Embryon.

Cl. XXIII. POLYGAMIE. *V.* T. xiv, p. 151. (a. r.)

Pl. XXXIX. Bananier commun, *Musa paradisiaca*, L,

Sp. 1477. Willd. *Spec.* T. ıv , *pars* 2 , 893.
Sprengel *Syst.* T. ı , 833. Ce dernier auteur
rapporte le genre *Musa* à la Pentandrie Mo-
nogynie. *V.* T. ıı, p. 177. (A. R.) (Famille
des Balisiers, Juss.)

Pl. XL.　Détails de la fructification du Bananier
commun. Ils ont été faits à la Guyane d'après
nature par feu le professeur Richard

a. Fleur isolée. — b. Coupe longitudinale de
la même. — c. Étamine. — d. Ovaire avec
sa coupe transversale. — e. Partie supérieure de l'ovaire portant les étamines , le
style et le stigmate. — f. Foliole extérieure
du périanthe. — g. Foliole intérieure du
même.

Cl. XXIV. CRYPTOGAMIE. *V.* T. v, p. 155. (AD. B.)

FOUGÈRES. *V.* T. vı, p. 583. (B.)

Pl. XLI.　Selligue de Fée, *Selliguea Feei,*
Bory.

Fig. 1. La fronde fructifère de grandeur naturelle. — 2. La plante complète, c'est-à-dire la fronde stérile,
la fronde fructifère et la racine du
quart de grandeur naturelle environ pour montrer le port de la
plante. — A. La fructification grossie pour montrer les vieux anneaux
dont les sporules sont parties et dis-

persées. — ʙ. Coupe d'un stipe de grosseur environ triple où l'on voit l'écorce, la substance médullaire et les fibres ligneuses internes dont la disposition et la figure fournissent de si bons caractères spécifiques dans les Fougères. — c. L'une des écailles radicales où l'on distingue le point d'insertion, cette écaille étant vue par sa face adhérente. *V.* Selligue, T. xv, p. 344. (ʙ.)

Pl. XLII.   F. 2.   Hyménostachyde diversifronde, *Hymenostachys diversifrons*, Bory. L'une des plantes confondues par Rudge sous le nom de *Trichomanes elegans*.

Fig. 2. La plante complète de grandeur naturelle. — c. Un fragment de la fronde fructifère grossie, où l'une des urnules renferme une columelle non développée, et l'autre la columelle dans toute sa longueur. *V.* Hyménostachyde, T. viii, p. 462. (ʙ.)

F. 1.   Fééa naine, *Feea nana*, Bory. *Trichomanes Botryoides*, Kaul. *Enum. fil.* 260. Spreng. *Syst.* T. iv, 129.

ᴀ. La plante de grandeur de nature, — ʙ. Pinnules grossies. *V.* Fééa, T. vi, p. 446. (ʙ)

Pl. XLIII. Fééa Polypodine, *Feea Polypodina,* Bory. *Trichomanes elegans ,* Willd. *Spec.* T. v , p. 503. Spreng. *Syst.* T. iv , p. 108.

a. Les racines — b. Une fronde stérile. — c. La fronde fructifère avant le développement des columelles. — d. Une fronde fructifère des plus grandes avec des columelles. — e. Une urnule un peu grossie avec quelques sporules demeurées fixées sur la columelle. — f. Coupe de l'urnule et de la columelle. *V.* Fééa , T. vi , p. 447. (b.)

MARSILÉACÉES. T. x , p. 196. (ad. b.)

Pl. XLIV. F. 1. Azolle pinnée, *Azolla pinnata,* Brown *Prodr. Nov.-Holl.* 167. Spreng. *Syst.* T. 4, 9.

a. La plante de grandeur naturelle. — b. Une feuille grossie. — c. Involucre renfermant deux organes mâles. — d. Un des organes mâles isolé. — e. Le même coupé longitudinalement. — f. Le même dépouillé de sa coiffe. — g. Involucre femelle clos. — h. Le même déchiré laissant voir les semences pédicellées qu'il renferme. — i. Une de ces semences coupée transversalement et renfer-

mant six embryons. — *k*. Deux em
bryons sous divers points de vue.
V. Azolle, T. ii, p. 120. (ad. b.)

F. 2.   Salvinie flottante, *Salvinia natans*,
Willd. *Spec*. T. v, 536 Spreng. *Syst*.
T. iv, 9. *Marsilea natans*, L. *Spec*. 1562.
Salvinia vulgaris, etc., Mich. *Gen*. p.
107, tab. 58.

a. La plante de grandeur naturelle. —
b. Un des involucres entouré par les
radicelles. — *c*. Involucelle mâle
coupé et laissant voir la grappe de
corps sphériques fécondans. — *d*. Un
de ces corps entiers et l'autre coupé
transversalement. *V*. Salvinie, T.
xv, p. 91. (ad. b.)

F. 3.   Marsile d'Égypte, *Marsilea Ægyp-
tiaca*, Delile *Ægypt*. Willd. *Spec*. T.
v, 540. Spreng. *Syst*. T. iv, 9. (Individu fructifère.)

a. La plante de grandeur naturelle.
— *b*. Une des quatre folioles un peu
grossie. — *c*. Un des involucres grossi. — *d*. Sa coupe transversale. —
e. Sa coupe longitudinale. — *f*. Une
des séminules. *V*. Marsilée, T. x,
p. 197. (ad. b.)

F. 4.   Pilulaire globulifère, *Pilularia
globulifera*, L. *Sp*. 1563. Willd. *Syst*.

T. v, 535. Spreng. *Spec.* T. iv, 9. *Pi-*
lularia palustris juncifolia, Dill. *Musc.*
tab. 79, fig. 1.

a. La plante de grandeur naturelle. —
b. Involucre ouvert naturellement
en quatre valves. — *c.* Involucre
coupé longitudinalement ; on y voit
dans la partie inférieure les séminules, et dans la partie supérieure
les anthères. — *d.* Coupe transversale d'une des loges de l'involucre.
— *e.* Une séminule.—*f.* Une anthère
sèche. — *g.* Séminule germant. —
h. La même plus développée. *V.*
Pilulaire, T. xiii, p. 570. (ad. b.)

Hépatiques. *V.* T. viii, p. 131. (ad. b.)

Pl. XLV.   Jungermanne Tamarix, *Jungerman-*
nia Tamarisci, L. *Sp.* 1600. Spreng.
Syst. T. iv, 217.

a. La plante de grandeur naturelle. —
b. La même grossie. — *c.* Un fragment de la tige avec les feuilles et les
stipules encore plus grossis. — *d.*
Calice et capsule jeune au même
grossissement. — *e.* Les mêmes après
la déhiscence de la capsule. — *f.*
L'organe appelé *elater* très-grossi.
— *g.* Séminules. *V.* Jungermanne,
T. ix, p. 93. (ad. b.)

AGAMES. *V*. T. i, p. 135. (AD. B.)

AÉROPHYTES. Désignation que feu Lamouroux avait proposée pour
distinguer les plantes qui croissent dans l'air de celles qui végètent
sous l'eau, et que dans la partie cryptogamique du Voyage de la Coquille, j'ai appliquée plus particulièrement aux Agames atmosphériques
par opposition au mot *Hydrophytes* ou Agames inondées.

PL. XLVI.   F. 1.   GRAPHIS JAUNE ET NOIR, *Graphis atro-
flava*, F.

1. Plante de grandeur naturelle.—1 *a*.
Un morceau grossi.

F. 2.   GRAPHIS A LIRELLES GRÊLES, *Graphis
gracilenta*, F.

2. Grandeur naturelle. — 2 *a*. Morceau
grossi.

F. 3.   GRAPHIS A THALLE BICOLORE, *Graphis
bicolor*, F.

3. Plante de grandeur naturelle.— 3 *a*.
Fragment grossi. — *V*., pour ces
trois plantes, GRAPHIS, T. VII, p.
475. (A. F.)

F. 4.   STICTE DE FÉE, *Sticta Feei*, Delise
Stict. p. 44, pl. 1, fig. 2.

4. 4. La plante de grandeur naturelle
en dessus. — a. Une scutelle. — b.
Un fragment vu en dessous pour
montrer les cyphelles. La couleur
qu'on a donnée ici à la figure, ainsi
que dans Delise, est celle de l'échan-
tillon altéré qui se trouvait dans

l'herbier de M. Fée et qui a été pris pour modèle; j'ai reçu depuis un beau morceau de cette plante venue du Mexique, très-chargé de fructification et qui est d'un beau gris bleuâtre cendré comme le sont les *Sticta macrophylla*, *damœcornis*, etc. *V*. STICTE., T. xv, p. 649. (A. F.)

* C'est par erreur que dans le bas de la planche on a écrit : *Lécanore anguleux*, *variété américaine*, qui ne se trouve point gravée dans l'atlas.

PL. XLVII. F. 1. OMBILICAIRE DES HOTTENTOTS, *Umbilicaria Hottentota*, F.

1. La plante de grandeur naturelle. — 2. Apothécie à la loupe. — B. Fragment de thalle. *V*. OMBILICAIRE, T. XII, p. 193. (A. F.)

F. 2. ERIODERME A FRUITS NOMBREUX, *Erioderma polycarpa*, Fée, Crypt. p. 145, pl. 34, fig. 2. *Lichen unguiger*, Bory, Voyage en quatre îles d'Afr. T. III, p. 101.

M. Fée établit ce genre en 1824, dans un Supplément qui termine son Traité des Cryptogames des écorces officinales, et il l'omit à sa place alphabétique dans le T. vi du présent Dictionnaire qui paraissait à peu près à la même époque. On en retrouve seulement le nom dans l'article LICHENS du Tome IX, sans aucun détail, et M. Guillemin, article NÉPHROME, T. XI, p. 521, pense que le genre *Erioderma* ne satirait être conservé quoi qu'en dise M. Fée au mot PELTIGÈRE. La plante sur laquelle ce genre a été fondé fut découverte par nous à la Plaine des Chicots et autres hauts lieux de l'île de Mascareigne, croissant sur les Ambavilles. La figure donnée par M. Fée dans son ouvrage est représentée avec une belle teinte verte que la plante n'a jamais ; celle du présent Dictionnaire est au contraire trop grise, parce que le dessin a été fait d'après des échantillons d'herbier.

2. Un fragment de la plante de grandeur naturelle. — 2 a. Un lambeau du thalle vu en dessous et grossi. — 2 b. Apothécie vue à la loupe.

F. 3. LÉCANORE COCHENILLE, *Lecanora coccinea*, F. Crypt. p. 120, pl. 27, fig. 7.

3. Le Lichen de grandeur naturelle. — a. Deux apothécies à la loupe. *V.* LÉCANORE, T. IX, p. 256. (A. F.)

F. 4. LÉCIDÉE DE DU PETIT-THOUARS, *Lecidea Thouarsii*, F. *V.* LÉCIDÉE, T. IX, p. 259.

4. La plante de grandeur naturelle. —

4 a. Apothécies fortement grossies. — 4 b. Un morceau du thalle en des-sous.

Pl. XLVIII. F. 1. Circinaire des feuilles , *Circinaria epiphylla*, F. *V*. Circinaria, T. iv, p. 143 (Ad. b.), et Parmélie, T. xiii, p. 72. (F.)

1. Rosette formée sur une feuille, de grandeur naturelle. — 1 a. Un fragment grossi.

F. 2. Phillocharis plane, *Phillocharis com-planata*, F. *Meth. Lich.* pl. 2 , fig. 5. *V*. T. xiii, p. 459. (F.)

2. La plante de grandeur naturelle. — 2 a. Un individu grossi à la loupe.

F. 3. Échinoplaca des feuilles , *Echino-placa epiphylla*, F. Crypt. des écorces, introduct. p. L. Le genre *Echinoplaca* n'a pas été mentionné par M. Fée à son ordre alphabétique ; aux mots Lécano-rées et Lichens du T. vi, où il en est question, l'auteur renvoie au Supplé-ment.

F. 4 . Porine américaine, *Porina americana*, var. *epiphylla*. F. *V*. T. xiv, p. 223.

F. 5. Coenogonie de Link , *Coenogonium Linkii*, Ehrenb. (et non *Caenogonie* comme on l'a mal à propos écrit au bas de la planche), F. Crypt. des écorces, p. 138 , pl. 2, fig. 27. *Mougestia Linkii*,

Agardh, *Syst. Alg.* p. 84 , qui a pris ce Lichen pour une Conferve. *V.* Coenogonium, T. iv, p. 287. (a. f.)

5. La plante de grandeur naturelle s'étendant en duvet sur une feuille. — 5. a. Un fragment filamenteux du thalle avec une apothécie vue à la loupe.

HYDROPHYTES. *V.* T. viii , p. 435. (b.)

Pl. XLIX. Durvillée utile , *Durvillea utilis*, Bory, Coq. p. 65, pl. 1 et 2. *V.* Durvillée, p. 192, au mot Laminariées, T. ix. (b.)

Pl. L. F. 1. Clavatelle Nostoc marin, *Clavatella Nostoc marina*, Bory.

1. Plante de grandeur naturelle. — a. Fragment un peu grossi. — b. Filamens internes très-grossis.

F. 2. Clavatelle très-verte , *Clavatella viridissima* , Bory.

2. Plante de grandeur naturelle. — a. Fragment grossi. — b. Fragment encore plus grossi pour montrer les filamens inermes dont se forme la substance du végétal. *V.* Clavatelle, T. iv, p. 197. (b.)

RÈGNE PSYCHODIAIRE.

V. HISTOIRE NATURELLE, T. VIII, p. 244. (B.)

ARTHRODIÉES.

V. T. I, p. 591. (B.)

Pl. LI.   F. 1.   DIATOME VULGAIRE, *Diatoma vulgaris*, Bory.

    a. Grossi. — *b.* Beaucoup plus grossi.

    c. DIATOME DANOIS, *Diatoma Danica*, B.

    c. Grossi. *V.* DIATOME, T. v, p. 460. (B.)

    F. 2.   ACHNANTHE ADNÉE, *Achnanthes adnata*, B. *V.* ACHNANTHE, T. I, p. 79. (B.)

    F. 3. a.   NÉMATOPLATE ARGENTÉE, *Nematoplata argentea*, Bory.

    Fragmens de filamens très-grossis.

    b.   NÉMATOPLATE CAPUCINE, *Nematoplata Capucina*, Bory.

    Un fragment de filament très-grossi où l'on distingue qu'il est comprimé. *V.* NÉMATOPLATE, T. XI, p. 498. (B.)

F. 4.   Dillwinelle serpentine, *Dill-winella serpentina*, Bory.

Très-grossie. *V*. Dillwinelle, T. v, p. 507, et Arthrodiées, T. i, p. 591. (b.)

F. 5.   Pour les quatre espèces d'Oscillaires qui se trouvent ici représentées, *V*. T. xii, p. 464, 468, 469 et 474, où nous n'avons pas négligé de donner tous les détails auxquels se rapportent les lettres indicatives des figures.

Pl. LII.   F. 6.   Vaginaire terrestre. A ce nom doit être substitué celui de *Micro-coleus terrestris*, Desmas. fasc. n. 55. *V*. T. x, p. 525, où nous avons donné l'explication des lettres indicatives.

F. 7, a.   Anabaine fausse Oscillaire, *Ana-baïna Oscillarioides*, Bory.

a. Surface de l'eau sur laquelle vient rayonner l'Anabaine ici représentée de grandeur naturelle et s'élevant du fond vaseux d'un marais. —b. Extrémité d'un filament grossi.—c. Extrémité d'un autre filament où les articles sont plus ovales, et où se distingue l'un de ceux qui se renflent plus que les autres.

d. ANABAINE MEMBRANINE, *Anabaina membranina*, Bory. Filamens très-grossis, rampant le long du tube d'un Ectosperme d'eau douce, pour s'élever à la surface de l'eau, et s'y entrelacer en membranes ulvoïdes. *V.* ANABAINE, T. I, p. 507. (B.)

F. 8. a. LEDA MONILINE, *Leda monilina*, Bory. Cette espèce, qui est terrestre comme la suivante, a ses filamens bien plus courts, plus entremêlés, plus épais, de couleur lie de vin tirant sur le lilas, un peu bissoïdes. Elle croît au pied des bruyères dans les landes aquitaniques, sur le sol sablonneux humide, et devient semblable à un duvet gris par la sécheresse, qui la tue ainsi que l'inondation. Le grossissement rend ici très-visibles les deux Zoocarpes qui sont très-réguliers dans cette espèce.

b-e. LEDA DES LANDES, *Leda ericetorum*, Bory. *Conferva ericetorum* des auteurs.

b. Partie d'un filament grossi tout rempli par la matière colorante qui, dans la jeunesse du Psychodié, est fort opaque et de couleur lie de vin pourprée.—c. La matière colorante se concentrant dans d'autres articles du même filament, dont quelques-uns demeurent vides on ne sait par quel mode d'avortement.— *c.* La même matière se contractant en glomérules destinés à se diviser en deux Zoocarpes lors de l'accouplement. — *d.* Stigmates s'alongeant sur deux articles contigus pour l'accouplement. — *e.* Filament après l'accouplement opéré quand les deux Zoocarpes y sont formés. *V.* Leda, T. ix, p. 260. (b.)

F. 9. *a-b.* Tendaridée Pollux, *Tendaridea Pollux*, Bory. *Conferva stellina*, Mull. *Nov. Act. Petrop.* T. iii, p. 93. (Mal à propos rapportée par Dillwin à son *Conferva bipunctata*, qui est du genre *Leda.*) *Zygnema stellina*, Agardh, *Syst. Alg.* 77.

a. Filament grossi où l'on voit la matière colorante formant deux stellules bien distinctes à six rayons dans chaque article. — *b.* Deux filamens pendant l'accouplement qui n'a pas lieu dans toute la longueur à la fois, puisque par le bas les deux filamens se séparent déjà, tandis qu'en haut ils ne sont pas encore unis. Partout où cet accouplement a eu lieu ou a lieu, les stellules ont disparu dans la cellule opposée à celle où de leur réunion s'est formé le corps opaque, ovoïde, que nous supposons être un Zoo-carpe , et qui est rigoureuse-ment solitaire.

c-g. Tendaridée Castor, *Tendaridea Castor,* Bory, qui diffère de la pré-cédente par ses filamens plus forts, et parce que les deux stellules y sont réunies.

c. L'un de ces filamens, avant tout accouplement , grossi, et dont on voit l'extrémité obtuse. — *d*. Deux filamens complètement accouplés. — *e*. Fragment d'un filament qui, cherchant à s'ac-coupler, alonge ses stigmates pour s'aboucher avec ceux qui, dans un autre filament, doivent se mettre en rapport : les paires de stellules s'y penchent comme pour se disposer à sortir par le stigmate dès qu'il sera uni à son correspondant. —*f*. Extrémité de deux filamens accouplés, lors-que les stellules de l'un étant en-tièrement passées dans l'autre,

laissent le premier complètement vide et vitré, et forment
par leur réunion dans le second
des corps reproducteurs opa-
ques, parfaitement sphériques,
et que nous supposons être des
Zoocarpes. — *g.* Deux articulations isolées, telles qu'on en
trouve souvent dans les amas de
Tendaridées, et que nous ne
pouvons affirmer être des débris
de filamens qui, par un mode
d'avortement particulier, n'ont
pas pris le développement ac-
coutumé. *V.* ARTHRODIÉES, T. I,
p. 591. (B.) et TENDARIDÉE,
T. XVI, p. 100, article qui, ayant
été fait en mon absence, eût eu
besoin, pour être suffisant, des
détails qui viennent d'être don-
nés ci-dessus.

F. 10.   SALMACIDE BRILLANTE, *Salmacis
nitida,* Bory. *Conferva nitida,*
Mull. *Flor. Dan.* tab. 819. *Conju-
gata princeps,* Vauch. *Conf.* p. 64,
pl. 4. *Zygnema nitidum,* Lyngb.
Tent. p. 172, tab. 59. Figure
excellente. Il n'en est pas de même
de celle du *Conferva nitida* de Dillwin, qui convient à peine à cette
espèce, quoiqu'on l'y rapporte gé-
néralement. On voit, dans les figu-

res de ce Dictionnaire, combien le caractère *articulis diametro sub-æqualibus* est faux, non-seulement pour la Salmacide dont il est ici question, mais encore pour toutes les autres. Quand les spires y sont très-pressées dans l'état de jeunesse, les cloisons sont plus rapprochées, à mesure que ces spires se développent et s'alongent, comme on le voit dans le filament grossi d'en bas, et l'extrémité représentée au-dessus ; les cloisons, poussées comme par un mouvement de ressort, s'éloignent pour se rapprocher sans doute de nouveau après l'accouplement, quand la matière des spires laissant un article totalement vide, s'est agglomérée dans l'article opposé en un Zoocarpe parfaitement sphérique. On trouve dans les masses que forme cette espèce, l'une des plus communes et des plus grosses, de ces paires d'articles isolés, dont un est ici représenté comme est le fragment *g* de la Tendaridée Pollux à la figure 9. *V*. Salmacide, T. xv, p. 75. (b.)

Pl. LIII.   F. 11.   Zygnème bulleuse, *Zygnema bullosa*, Bory. (Mal à propos *Zigne-*

ma au bas de la planche.) *Conju-gata angulata*, Vauch. *Conf.* pl. 8, fig. 1-5. *Zygnema genuflexum*, Lyngb. *Tent.* p. 170, tab. 58. B. *Conferva genuflexa*, Dillwin, pl. 6 (excellente), et Suppl. pl. C. *Mougestia genuflexa*, Agardh, *Syst. Alg.* 83. *V.* Zygnema, T. xvi, p. 746, et Mougestia, T. xi, p. 241. (B.)

a. Filamens où la matière colorante remplit le plus possible les articles.— *b.* Autres filamens où la matière colorante se contracte en linéoles.—*e.* Les corps reproducteurs soupçonnés être Zoocarpes, et se développant au point de jonction des stigmates.

F. 12.   Anthophyse dichotome, *Anthophysis dichotoma*, Bory, Encycl. méth. Vers. Dict. T. ii, p. 67, *V.* T. i, p. 247. (B.)

a. L'Anthophyse complète et grossie s'élevant d'un filament de Salmacide rhomboïdale sur laquelle se fixe sa base. —b.b. Rosettes de Zoocarpes quand elles viennent se détacher et nageant sur leur plat. — c. Une autre rosette nageant sur le côté (dans cet état on dirait l'*Uvella Cha-*

mæmorus du présent Dictionnaire. *V.* Uvelle, T. xvi, p. 485).
— *d.* Les rosettes dissoutes en
Zoocarpes isolés et agissans, en
tout semblables à des Monades.
V. ce mot. T. xi, p. 81. (B.)

F. 13. *a.* Tiresias en collier, *Tiresias moniliformis,* Bory. *Zoocarpea,* Nées,
Nov. Act. Nat. Cur. année 1813,
p. 517; an *Conferva lucens?* Dillw.
Conf. plat. 47. Cette espèce, à filamens simples, un peu muqueux,
se trouve dans les ruisseaux un peu
courans. *a.* Représente deux de ses
filamens grossis.

b-j. Tiresias crépue, *Tiresias crispa,*
Bory; an *Conferva tortuosa?* Dillw.
Conf. pl. 40. Ce n'est pas le *Conferva capillaris,* L., encore qu'A-
gardh (*Syst. Alg.* p. 96) y rapporte le présent Tiresias comme
synonyme. Cette espèce se trouve
dans l'eau stagnante, dans les ma-
récages, et je l'ai vue sur des pots
de fleurs toujours inondés, au Jar-
din de Botanique de Bruxelles.
Quant au Zoocarpe qui en émane,
il est décrit à l'article Enchélide.
V. T. vi, p. 156. *V.* aussi Arthrodiées, T. i, p. 591. (B.)

b. Un filament grossi quand la matière colorante, le remplissant tout entier, y laisse à peine distinguer les articulations aux en droits où des cloisons sans doute les interceptent. — *c. c.* La matière colorante commençant à s'agglomérer en Zoocarpes dans l'intérieur des articles. — *d. d.* Zoocarpes rompant les articles au moment où le besoin du mouvement et de l'émancipation est arrivé. — *e.* L'un de ces Zoocarpes, dans les premiers momens de son émission, semblant achever de se préparer à la vie par une sorte de mouvement de rotation ou de frémissement sur lui-même. — *f.* Autres Zoocarpes s'étant un peu alongés et projetant une sorte de *rostrum* transparent, partant avec vitesse pour aller circuler librement dans le liquide environnant. — *g.* État d'alongement où les Zoocarpes nagent encore, mais où ils commencent à montrer une sorte de gaucherie, comme de l'indécision et un besoin de torpeur. — *h.* L'un de ces Zoocarpes se reposant sur un filament même de Tiresias adulte. — *i.* Un de ces Zoocarpes devenu rejeton immobile, préparant, par son extrémité translucide, l'article qui doit s'y ajouter pour commencer la formation d'un filament. — *j*. Plusieurs autres articles ajoutés l'un à l'autre, ce qui constitue déjà le filament. — *k*. Agglomération de Zoocarpes se préparant à s'alonger sous la forme végétale. — *l*. Fragmens demeurés vides et hyalins du filament, quand ayant émis tous ses Zoocarpes, il demeure comme disloqué.

Les *Conferva rivularis*, Dillw. *Conf.* pl. 39; *punctalis*, 51; *carnea*, 84; *youngana*, 102; *fœtida*, 104; *bipartita*, 105; *majuscula*, Suppl. A; peut-être les *Conferva sordida*, 60; *fucicola*, 66; et *curta*, 76, appartiennent à ce genre, qui se rapprocherait beaucoup de notre genre *Vaucheria*, si dans celui-ci les corpuscules reproducteurs devenaient des Zoocarpes animés et agissans.

F. 14. Cadmus soyeuse, *Cadmus sericea*, Bory. Le genre Cadmus, mentionné dans ce Dictionnaire à l'article Arthrodiées, est omis à sa place alphabétique. Ses caractères ayant été établis, il est inutile de les reproduire. Les espèces dont il se compose se distinguent de celles du genre précédent, qui ne produit qu'un Zoocarpe par article, en ce qu'il y en existe deux au moins dans le genre dont il est question. Les cloisons y sont d'ailleurs bien plus rapprochées. D'abord la matière colorante remplit la totalité de l'article ; elle s'y agglomère en deux corpuscules ronds qui, à certaine époque, brisent latéralement le tube qui les renfermait. Ce tube demeure entièrement transparent ; la trace des cloisons y étant fort rapprochée, on dirait du *Nematoplata argentea*, et peut-être les Nématoplates, totalement hyalins, ne sont-ils que des restes de Cadmus entièrement abandonnés par leurs Zoocarpes. Les *Conferva flacca*, Dillw. *Conf.* pl. 49 ; *dissiliens*, 63 ; *ærea*, 80 ; et *fusco-purpurea*, 92, avec les *Conferva compacta* et *zonata* de Lyngbye, appartiennent au genre Cadmus.

a. Un filament vu par le côté le plus étroit et indiquant sa compression. — b. Base du filament vue par le côté aplati le plus large, et toute remplie de matière colorante qu'on voit se conglomérer en globules reproducteurs à mesure que le tube s'alonge. — *c*. Zoocarpes entièrement développés par paires, mais encore prisonniers dans le tube hyalin. — *d*. Ce tube hyalin demeure totalement vide et transparent après l'émancipation des Zoocarpes. — *e. e.* Zoocarpes s'exerçant au mouvement en tournant sur eux-mêmes, et semblant par ce genre d'exercice se fermer, ou du moins s'arrondir définitivement ; un point de leur disque demeurant quelquefois comme déchiré au moment de l'émission. *V*. ARTHRODIÉES, T. I, p. 592. (B.)

BACILLARIÉES. *V*. T. II, p. 127. (B.)

Toutes les figures qui ont rapport aux Bacillariées sont grossies à une ligne de foyer.

PL. LIV.   1ᵉʳ genre.   NAVICULE. *V*. T. XI, p. 472. (B.)

F. 1. *Navicula unipunctata*, Bory, Encycl. Dict. n. 2. Trouvée dans l'eau, où avaient été gardées d'autres Bacillariées dans les fioles bien bouchées. Cette espèce n'avait jamais été figurée ni décrite.

F. 2. *Navicula bipunctata*, Bory, Enc. Dict. n. 4. *Vibrio tripunctatus, globulis intermediis binis*, Mull. *Inf.* tab. vii, fig. 2. *d.*

F. 3. *Navicula tripunctata*, Bory, Encycl. Dict. n. 6.

F. 4. *Navicula ostrearia*, Bory, Encycl. Dict. n. 5. Cette espèce n'avait jamais été figurée.

F. 5. *Navicula* (*Grammitis*) *tripunctata, longissima, linearis*, Bory, Encycl. Dict. n. 7. Nous avons découvert cette espèce parmi les Conferves d'eau douce du nord de l'Europe. Elle n'avait jamais été figurée.

2ᶜ genre.   Lunuline. *V.* T. ix, p. 512. (b.)

F. 6. *Lunulina vulgaris*, Bory, Encycl. Dict. n. 4.

F. 7. *Lunulina Mougeotii*, Bory, Encycl. Dict. n. 3. Cette espèce n'avait jamais été décrite ni figurée.

a. Lunulines de Mougeot fixées sur des flocons de *Leptomitus* ou autres Conferves. — b. Individus nageant très-lentement et vus en diverses situations.

3ᵉ genre.   Bacillaire. *V.* T. ii, p. 127. (b.)

F. 8. *Bacillaria vitrea*, Bory, En-

cycl. Dict. n. 4. C'est par erreur que, dans le présent Dictionnaire, on indique le *Bacillaria paradoxa* comme étant
figuré dans la collection des
planches. On a dû donner la
préférence autant que possible
à des espèces qui n'avaient jamais été gravées.

F. 9. *Bacillaria Paxillum*, Bory,
Encycl. Dict. n. 7. Cette espèce,
qui n'avait jamais été décrite ni
figurée, est taillée en biseau à
l'une de ses extrémités. Je l'ai
découverte sur les Conferves des
eaux douces des îles de France
et de Mascareigne.

a. Représente les faisceaux hémi-
sphériques que forme la réunion
de plusieurs individus juxta-
posés par le côté obliquement
pointu.—b. Deux individus plus
grossis et isolés.

4ᵉ genre. F. 10. STYLLAIRE. *V*. T. xv, p. 696.
(AD. B.) Cet article ayant été fait
légèrement dans le texte, nous
ajouterons à ce qui en a été
dit qu'il se pourrait qu'il fût
encore plus voisin, que nous ne
l'avions supposé d'abord, des
Vorticellaires, particulièrement

dü genre Dendrelle. L'espèce qui sert maintenant de type est le *Styllaria paradoxa* , N. *Echinella paradoxa*, Lyngb. , *Tent.* p. 211, tab. 70, production des mers du Nord que le savant algologue danois a bien voulu nous mettre en état d'observer par l'envoi qu'il nous en a fait. On la voit ici représentée telle que nous l'avons retrouvée depuis sur des Fucus et des Conferves.

5e genre. ÉCHINELLE. *V.* T. vi, p. 31. (B.), où l'on a mal à propos indiqué l'article comme appartenant à la Cryptogamie. Le genre Échinelle complète la famille des Bacillariées dans le Règne Psychodiaire.

F. 11. *Echinella ventilatoria*, Bory, Encycl. Dict. n. 2. Cette espèce n'avait jamais été décrite ni figurée.

F. 12. *Echinella cuneata* , Bory , Encycl. Dict. n. 3.

VORTICELLAIRES. *V.* T. xvi , p. 658. (B.)

Toutes les figures qui ont rapport à la famille des Vorticellaires sont plus ou moins grossies à une et deux lignes de foyer.

6e genre. CONVALLARINE. *V.* T. vi, p. 412. (B.)

F. 1. *Convallarina proboscidea*,

Bory. Cette espèce, qui n'avait jamais été décrite ni gravée, et qui serait peut-être susceptible de constituer le type d'un genre nouveau, a son pédicule rigide, non susceptible de se replier en tirebouchons, se mouvant assez brusquement de droite à gauche, se courbant et se raccourcissant au besoin à la manière des tentacules du limaçon, ou prenant quelquefois, surtout à la base, des inflexions sinueuses très-lentes. Elle est un peu voisine du *putrina*, et d'une transparence jaunâtre ; elle se bilobe quelquefois, ou alonge hors de sa cupule comme un mamelon tuberculé en manière de trompe, surtout quand le pédicule s'alonge lui-même. Je l'ai trouvée dans de l'eau douce et dans de l'eau saumâtre, fraîche ou gardée. On y distingue obscurément comme un rudiment d'intestin courbé en S.

F. 2. *Convallarina nutans*, Bory, Encycl. Dict. n. 5. *Vorticella nutans*, Mull. *Inf.* tab. 44, fig. 17.

F. 3. *Convallarina viridis*, Bory,

Encycl. Dict. n. 6. *Vorticella fasciculata,* Mull. *Inf.* tab. 44, fig. 5-6.

7ᵉ genre.   VORTICELLE. *V.* T. xvi, p. 640. (B.)

F. 4. *Vorticella limosa,* Bory, Encycl. Dict. n. 4.

F. 5. *Vorticella lunaris,* Mull. et Bory. Encycl. Dict. n. 6.

F. 6. *Vorticella pyraria,* Bory, Encycl. Dict. n. 11.

8ᵉ genre.   DENDRELLE. *V.* T. v, p. 393. (B.)

F. 7. *Dendrella Mougeotii,* Bory, Encycl. Dict. n. 4.

a. Les animalcules fixés sur leurs stirpes et pédicules. — b. Les mêmes émancipés, et nageant librement sous l'apparence d'Échinelles.

F. 8. *Dendrella Berberina,* Bory, Encycl. Dict. n. 5.

a. Les animalcules sur leurs pédicules.—b. Les animalcules émancipés, dont la nature des mouvemens est indiquée par la ligne ponctuée qui se voit à leur suite.

9ᵉ genre.   ZOOTHAMMIE, *Zoothammia,* Bory, Encycl. Dict.

L'histoire de ce genre a été omise dans le texte du Dictionnaire. Je

l'avais cependant établi dans l'Encyclopédie par ordre de matières,
pour y placer une sorte de Vorti-
cellaire, que je n'ai jamais rencontrée, encore que je l'aie cherchée
avec beaucoup de soin dans toutes
les eaux des environs de Bruxelles
où Spallanzani, qui l'a fait con-
naître, prétend qu'on la trouve.
Ce savant n'en donne pas les di-
mensions, mais elles doivent être
assez considérables puisque la figure
qu'il a fait graver, et qui représente
comme un élégant arbuste de sept
pouces au moins de hauteur, « est,
dit-il, seulement agrandie au moyen
d'une loupe un peu forte. » Bru-
guière a reproduit cette figure réduite de moitié dans les Illustrations de l'Encyclopédie sous le nom
de *Vorticella ovifera*, pl. 25, fig.
10-15, qu'adopta Lamarck (Anim.
sans vert. T. ii, p. 50, n° 24). On
n'en sait autre chose, sinon que
d'une tige droite, simple, transpa-
rente, qui se fixe par sa base dilata-
ble, mais qui ne prend point racine,
partent, vers les deux tiers de la longueur totale, des rameaux irrégu-
lièrement divisés qui supportent,
soit solitaires, soit réunis jusqu'à
trois sur des ramules éparses, des

animalcules en forme de clochettes ou petits verres à pied, qui présentent absolument la figure et les deux faisceaux de cirrhes vibratiles opposés des autres Vorticellaires monoblépharés ou des Microscopiques du genre Urcéolaire. Outre ces animalcules qui font vivement tourbillonner l'eau, les rameaux du *Zoothammia ovifera* supportent de très-gros corps parfaitement ronds et sans mouvement, fixés par un pédoncule court, ainsi que l'est une groseille à maquereau, et que Spallanzani appelle des œufs.

F. 9. *Zoothammia ovifera,* Bory.

    a. Réduit au tiers de la figure qu'en a donnée Spallanzani.—b. Deux cupules rotifères beaucoup plus grossies pour y montrer les cils vibratiles.

10ᵉ genre.   DIGITALINE. *V.* T. v, p. 502. (B.)

F. 10. *Digitalina Roeselii*, Bory, Encycl. Dict. nº 2.

    a. Faisceau de Digitalines. — b. Les animalcules émancipés nageant en liberté.

11ᵉ genre.   VOLVERELLE. *V.* T. xvi, p. 635. (B.)

F. 11. *Volverella astoma* , Bory , Encycl. Dict.

a. Réunion des animalcules-fleurs sur le stirpe commun. — b. Animalcules émancipés qui sont le *Vorticella tuberculosa* de Lamarck , T. ii , p. 48 , n° 5 , et des Illustrations de l'Encyclopédie , pl. 23 , fig. 28-29.

12ᵉ genre. OPERCULINE. *V.* T. xii , p. 231. (B.)

F. 12. *Operculina Roeselii* , Bory , Encycl. Dict. n. 1.

F. 13. *Operculina Bakerii* , Bory , Encycl. Dict. n. 2.

a. Groupe formé par plusieurs individus réunis de cette seconde espèce. — b. Un des animalcules plus grossi et ayant fermé son godet au moyen de l'organe operculiforme. — c. Le même ouvert et faisant vibrer l'organe operculiforme qui est en même temps une sorte de rotatoire.

ALCYONELLE. *V.* T. i , p. 205. (LAM..X.)

Depuis que Lamouroux mentionna plutôt qu'il ne décrivit ce genre dans le Dictionnaire, il est devenu l'objet des recherches de M. Raspail, qui a inséré à son sujet un Mémoire étendu dans la collection de la Société d'histoire naturelle. On y renverra le lecteur ainsi qu'au Supplément du présent Dictionnaire.

Fragment de grandeur naturelle. —b. Autre fragment grossi à la loupe.—c. Le Polype plus grossi d'après une assez mauvaise figure reproduite dans l'Encyclopédie, ainsi que dans les planches de Solander par Lamouroux.

Pl., LV.

F. 1. Adéone grise, *Adeona grisea*, Lamx. *V*. T. i, p. 115. (lam..x.)

F. 2. Amphiroé de Gaillon, *Amphiroea Gaillonii*, Lamx. *V*. T. i, p. 295. (lam..x.)

F. 3. Amatie unilatérale, *Amatia unilateralis*, Lamx. *V*. T. i, p. 250. (lam..x.)

Le Polype de grandeur naturelle. —b. Fragmens du stirpe et cellules grossis.

———◆———

RÈGNE ANIMAL.

V. HISTOIRE NATURELLE , T. VIII, p. 244. (B.)

—

MICROSCOPIQUES.

V. T. X , p. 533. (B.)

—

GYMNODÉS.

Premier ordre de la classe des Microscopiques, dont l'article a été omis dans le Dictionnaire ; il se forme de tous les genres dont les espèces ne présentent en aucune partie de leur surface le moindre poil ou d'organe vibratile cirrheux. Ce sont les plus simples des êtres. On extraira ici ce qui a été dit au sujet des Gymnodés dans l'Encyclopédie par ordre de matières. « Ce sont les plus simples des êtres ; il en est parmi eux que ne compose aucune sorte de molécule visible, dont les autres sont au contraire une agglomération souvent polymorphe. Telle est leur simplicité, qu'on ne peut même souvent concevoir par quelle force et par le secours de quel agent ils nagent si rapidement, soit dans l'eau pure des marais, soit dans celle de la mer, soit dans les infusions. Aucun ne présente de véritable bouche, et encore moins de tube alimentaire ; on n'y voit encore aucune ébauche d'appareil respiratoire, à plus forte raison rien qui indique un système nerveux ; ce qui n'empêche pas que les Microscopiques Gymnodés ne vivent, ne sentent, et même ne jugent. » On trouvera à l'article Microscopiques le tableau des genres qui constituent l'ordre dont il est question. On trouvera également,

T. x, p. 540, du présent Dictionnaire, d'autres considéra-
tions sur les Gymnodés, qu'il est essentiel de consulter, parce
que depuis l'apparition de nos ouvrages, M. Ehrenberg a publié un Essai sur quelques genres de Microscopiques, où il
est dit en substance que : jusqu'ici on avait cru les Infusoires
d'une structure très-simple, mais que plusieurs années de
recherches avaient convaincu le savant allemand qu'ils jouis-
sent tous d'une organisation assez compliquée. Dans certains
de ces animalcules, ajoute-t-on, une bouche au moins s'ob-
serve, ainsi qu'un estomac ; dans plusieurs même il y a plus
de cinquante estomacs qui peuvent se remplir ou se vider
isolément. Muller avait pris ces estomacs pour des ovules, ou
pour d'autres Infusoires plus petits que l'animal aurait ava-
lés. M. Ehrenberg s'est, dit-il, servi d'un moyen très-simple
pour se convaincre du contraire : il a coloré avec différentes
substances, de l'indigo ou du carmin, l'eau dans laquelle ces
Infusoires vivaient, et il a vu qu'au bout d'une ou deux mi-
nutes ils avaient rempli un ou plusieurs de leurs estomacs
avec le liquide coloré. D'après cette observation, les Infusoires se nourriraient par la bouche, et non par absorbtion,
ainsi qu'on l'avait pensé. Il y aurait une bouche jusque chez
les Monades, laquelle communiquerait à deux ou six sacs
faisant fonctions d'estomac, et l'on aurait fait plusieurs espèces d'un même être au genre Monade dans ce Dictionnaire,
selon que ces Monades eussent été à jeun ou repues. M. Ehrenberg enfin, avec cette précision qu'apporte une certaine école à faire une sorte de statistique naturelle des choses
mêmes sur lesquelles on a le moins de données complètes,
nous dit dans quelle proportion de genres et d'espèces sont
distribués les Infusoires, sinon à la surface du globe, du
moins dans la trentaine de degrés de latitude qu'il parcou-
rut sur une petite partie de la surface de l'ancien monde.

On avait imprimé dès long-temps que les Microscopiques
sont à peu près les mêmes dans toutes les eaux de l'univers,
selon que ces eaux sont douces, salées ou d'infusion ; et je ne
pense pas qu'il soit encore possible de préciser davantage la
géographie des Microscopiques. Quant aux estomacs des
Monades, je persiste à les révoquer en doute, en demeurant
dans la persuasion où m'ont mis plus de trente ans d'observations, que les Gymnodés entre autres, parmi les animalcules, se nourrissent par absorbtion. Les globules internes
(*intcranea* de Muller) ne sauraient être des estomacs : nul
grossissement ne montre la communication de ces globules
avec l'extérieur ; ils sont tellement mobiles, qu'ils se dé-
placent en tous sens, passent de devant en arrière, selon
les moindres mouvemens que se donne l'être dans lequel
on les distingue. S'ils étaient mis en rapport avec la surface
par le moindre tube, quelque solide, mais capillaire en
même temps qu'on le supposât, tous ces intestins se mêle-
raient d'une manière inextricable. Je suis au reste bien certain, comme l'était Muller, que plusieurs grosses espèces en
avalent d'autres, et les rendent même après les avoir gardées
quelque temps dans leur intérieur ; j'en ai vu entrer, de-
meurer et sortir de très-petites du corps des grosses espèces
sans les avoir un seul instant perdues de vue et sans qu'elles en
soient mortes. J'ai aussi coloré, non-seulement des Microscopiques, mais encore des animaux d'ordres plus élevés, tels
que des Hydres ou Polypes d'eau douce, et il m'a paru que
c'était au contraire la molécule, et jamais les globules internes, ou prétendus estomacs, qui se pénétraient de la tein-
ture. On peut facilement saisir une expérience que semble
faire la nature en liberté, au printemps et en automne,
quand la matière verte pénétrant les parcs d'huîtres et
les eaux stagnantes des ornières de nos faubourgs, y co-

lore non-seulement les Microscopiques, mais encore des En-
tomostracés et les Huîtres. Je suis bien certain que les espèces du genre Ophthalmoplanis ne sont point des Monades
après dîner, et je n'y ai jamais pris le globule interne carac-
téristique plus pour un œil que pour un estomac. J'ajou-
terai, à propos d'yeux, que si M. Ehrenberg en a effective-
ment découvert dans plusieurs de mes genres, entre autres
dans les Mégalotroches, il aura raison d'extraire ces genres
de la classe des Infusoires pour les élever dans l'échelle de
l'organisation, l'un des caractères de la classe des Microscopiques étant, selon moi, l'absence des organes de la vision
concentrée. Au reste, dans les figures de l'ouvrage du savant
allemand que j'ai eu sous les yeux, je n'ai pas trouvé une
seule espèce entre celles qui y sont gravées, qu'on ne rencontre aux environs de Paris; presque toutes même avaient
déjà été publiées précédemment, ce qui n'empêche point
que l'auteur ne soit digne d'éloges à beaucoup d'égards. Ce
n'est pas ici le lieu de reproduire la nouvelle méthode qu'il
propose, c'est au Supplément qu'on en trouvera l'examen,
avec quelques observations sur les détails anatomiques où il
s'est étendu en décrivant son *Hydotina senta,* qui était une
Vorticelle pour Muller.

PL. LVI. A. 1ᵉʳ genre. LAMELLINE. *V.* T. ix, p. 184.
(B.)

F. 1. *Lamellina imperfecta,*
Bory, Encycl. Dict. n. 1.
Monas tranquilla, Mull. *Inf.*
tab. 1, fig. 18. Habite l'eau
d'huîtres long-temps gardée
et fétide.

F. 2. *Lamellina linearis,* Bory,

Encycl. Dict. n. 3. Cette espèce n'avait pas encore été décrite, et son existence ne pouvait être soupçonnée que d'après une mauvaise figure de Joblot. Elle est des eaux douces et d'infusion.

2ᵉ genre.   MONADE. *V*. T. xi, p. 81. (b.)

F. 3. *Monas Termo*, Mull. , Bory, Encycl. Dict. n. 1.

F. 4. *Monas Lens,* Mull. Bory, Encycl. Dict. n. 5.

3ᵉ genre.   OPHTHALMOPLANIDE. *V*. T. xii, p. 246. (b.)

F. 5. *Ophthalmoplanis Ocellus ,* Bory , Encycl. Dict. n. 1.

F. 6. *Ophthalmoplanis Polyphæmus,* Bory, Encycl. Dict. n. 3.

4ᵉ genre.   CYCLIDE. *V*. T. v, p. 223. (b.)

F. 7. *Cyclidium hyalinum,* Mull. Bory, Encycl. Dict. n. 1.

F. 8. *Cyclidium mutabile,* Bory, Encycl. Dict. n. 7. Cette espèce qui avait échappé à Muller , n'était véritablement pas décrite, et d'assez mauvaises figures en signalaient tout au plus l'existence dans Gleichen.

5ᵉ genre. UVELLE. *V*. T. XVI, p. 455. (B.)

F. 9 et 10. *Uvella rosacea*, Bory, Encycl. Dict. n. 3. On a représenté ici, sous le n. 9, des globules de l'association disloquée, et qui doivent devenir à leur tour des associations de Monadaires : c'est dans cet état que Muller en avait fait un *Monas*.

6ᵉ genre. PECTORALINE. *V*. T. XIII, p. 126. (B.)

F. 11. *Pectoralina flavicans*, Bory, Dict. class. *loc. cit.*

F. 12. *Pectoralina hebraica*, Bory, Dict. clas. *loc. cit.*

a. La Pectoraline de profil et dans la situation où on la voit souvent rouler comme une petite roue. — *b*. La même sur son plat. — *c*. La même de trois quarts, pour montrer la concavité qu'elle se donne quelquefois, et qui prouve que ses mouvemens s'exercent de plusieurs manières.

7ᵉ genre.   PANDORINE. *V*. T. XIII, p. 11. (B.)

F. 13. *Pandorina Leuwenhœc-kii*, Bory, Encycl. Dict. n. 1. *Volvox globator*, Mull. De grandeur naturelle et grossi.

8ᵉ genre.   GYGES. *V*. T. X, p. 543, à l'article MICROSCOPIQUES, ce genre ayant été omis à sa place alphabétique.

F. 14. *Gyges translucida*, Bory, Encycl. Dict. n. 1.

F. 15. *Gyges viridis*, Bory, Encycl. Dict. n. 2.

9ᵉ genre.   VOLVOCE. *V*. T. XVI, p. 635. (B.)

F. 16. *Volvox sphærula*, Mull. Bory, Encycl. Dict. n. 1.

10ᵉ genre.   ENCHÉLIDE. *V*. T. VI, p. 154. (B.)

F. 17. *Enchelis nebulosa*, Mull. Bory, Encycl. Dict. n. 2.

F. 18. *Enchelis amœna*, Bory, Encycl. Dict. n. 6. Cette espèce n'avait jamais été ni décrite ni figurée.

F. 19. *Enchelis Gallinula*, Bory, Encycl. Dict. n. 16. Cette espèce s'est trouvée en im-

mense quantité dans des infusions de noix et d'Hydrophytes , notamment dans
celle d'*Halymenia edulis;* elle
y persiste durant des mois
entiers , soit à la lumière,
soit dans l'obscurité la plus
complète.

11ᵉ genre.　TRIODONTE. *V.* T. XVI , p.
382. (A. R.)

F. 20. *Triodonta Kolpodina*,
Bory, Encycl. Dict. L'une
des figures représente l'animal sur son plat, et l'autre
se retournant pour montrer
qu'il est très-comprimé.

12ᵉ genre.　KOLPODE. *V.* T. IX, p. 138.
(B.)

F. 21. *Kolpoda truncata,* Bory,
Encycl. Dict. n.1.

F. 22. *Kolpoda cosmopolita*,
Bory, Encycl. Dict. n. 9.

F. 23. *Kolpoda Ren,* Mull. Bory, Encycl. Dict. n. 16.

13ᵉ genre.　AMIBE. *V.* T. I, p. 360. (B.)

F. 24. *Amiba Rœselii*, Bory,
Encycl. Dict. n. 1. C'est à
tort que nous avions, d'après
nos prédécesseurs, confondu

cette espèce, sous le nom d'*Amiba divergens*, avec le *Proteus diffluens* de Muller, qui en est très-différent. Elle en diffère par sa teinte jaunâtre, et en ce que ses extrémités se terminent souvent en pointes lorsqu'elle s'étend en tous sens comme pour s'essayer aux formes les plus bizarres. Roësel (*Ins.* III, pl. CI) a fort bien représenté ce singulier animal. Il suffit de faire la comparaison de ses figures et de celles que j'ai aussi faites ici d'après nature, avec celle qui a été reproduite de Muller, dans l'Encyclopédie, pour ne plus confondre ces deux êtres lorsqu'on les rencontre. On la représente, dans la planche, sous les quatre formes où elle semble le plus se complaire, et dans l'état de contraction complet où l'Amibe de Roësel affecte un aspect parfaitement sphérique.

PARAMOECIE. *V.* T. XIII, p. 53. (B.)

F. 25. *Paramœcia Aurelia,*

15.e genre.

Mull., Bory, Encycl. Dict. n° 4. On la voit ici sous trois aspects afin de faire sentir le pli longitudinal qui fait le caractère du genre et le distingue principalement du genre Kolpode.

BURSAIRE. *V*. T. ii, p. 588. (B.)

F. 26. *Bursaria drupella*, Mull., Bory, Encycl. Dict. n° 3.

F. 27. *Bursaria bullina*, Mull. Bory, Encycl. Dict. n° 5.

F. 28. *Bursaria obliquata*, Bory, Encycl. Dict. n° 2. Cette espèce n'avait jamais été ni décrite ni figurée.

F. 29. *Bursaria Calceolus*. J'avais négligé cette espèce, qui avait cependant été vue par Joblot, parce que je n'ajoutais pas foi à son authenticité; mais l'ayant depuis retrouvée dans des infusions diverses, et particulièrement dans celle du tan, je l'ai admise et figurée à mon tour. On dirait un soulier carré, un véritable chausson ; elle nage lentement, indifféremment de tous les côtés; sa couleur est grisâtre, et sa substance membraneuse est remplie de molécules hyalines.

16e genre. HIRUNDINELLE. *V*. T. x, p. 544 , à l'article MICROSCOPIQUES (B.), ce genre ayant été omis à sa place alphabétique.

F. 30. *Hirundinella quadricupsis*, Bory, Encycl. Dict. Très-grosse espèce entre les Microscopiques et dont les deux individus grossis à la simple loupe dans cette planche sont représentés de grandeur naturelle à côté.

17e genre. CRATÉRINE. *V*. T. x, p. 544 , à l'article MICROSCOPIQUES (B.), ce genre ayant été oublié à son ordre alphabétique.

F. 31. *Craterina Margarina*, Bory, *loc. cit.* n° 1. Cette espèce n'avait jamais été décrite ni figurée.

F. 32. *Craterina Lagenula*, Bory, *loc. cit.* n° 2.

18e genre. SPIRULINE. Ce genre, men-

tionné au tableau des Microscopiques du tome x de ce
Dictionnaire, a été omis à sa
place alphabétique. Ses caractères sont : corps filiforme,
égal d'une extrémité à l'autre; se roulant en spirale de
manière à présenter ordinairement la forme d'un disque.
Les Spirulines sont-elles des
Vibrionides ou des Volvo-
ciens? Leur figure discoïde et
leurs allures les rapprochent
de ces derniers au premier
coup-d'œil; mais on y croit
découvrir que le corps est
formé d'une linéole, laquelle
est la partie contournée en
hélice dont la spire semble
être revêtue par une enve-
loppe membraneuse transpa-
rente, ce qui les empêche de
s'alonger à la manière des
Microscopiques de la famille
où je les place un peu artifi-
ciellement. Il ne faut pas confondre le genre dont il est ici
question avec le *Spirulina* de
Turpin. *V.* T. xv, p. 585 (**b.**),
dont on sait très-peu de chose
et qui paraît devoir rentrer
dans le règne psychodiaire.

F. 33. *Spirulina Mullerii*, Bory, Encycl. Dict. n° 1. De l'eau des marais, parmi les Lenticules.

F. 34. *Spirulina Ammonis*, Bory, Encycl. Dict. n° 2. De l'eau des infusions d'écorce et de tan.

MÉLANELLE. *V*. T. x, p. 317. (B.)

F. 35. *Melanella monadina*, Bory, Encycl. Dict. n° 2.

F. 36. *Melanella flexuosa;* Bory, Encycl. Dict. n°. 3.

E. 37. *Melanella Spirulina*, Bory; Encycl. Dict. n° 4.

VIBRION. *V*. T. xvi, p. 583. (B.)

F. 38. *Vibrio Bacillus*, Bory, Encycl. Dict. n° 1.

F. 39. *Vibrio fluviatilis*, Bory, Encycl. Dict. n° 6.

LACRYMATOIRE. *V*. T. ix.

F. 40. *Lacrymatoria maculata*, Bory. *Cercaria maculata*, Encycl. Dict. n° 11. Cette espèce, que j'avais d'abord supposé devoir être une Cercaire d'après la figure qu'en a donnée Baker, auquel on en doit la première notion, est devenue pour moi un *Lacrymatoria*, lorsque je l'ai retrouvée et mieux observée dans l'eau des ruisseaux et parmi les Navicules avec lesquelles on la voit quelquefois se mêler.

F. 41. *Lacrymatoria Sagitta*, Bory, Encycl. Dict. n° 2.

F. 42. *Lacrymatoria stricta*, Bory, Encycl. Dict. n° 5. On la voit ici sous la forme alongée, et dans l'état de contraction.

F. 43. *Lacrymatoria Episto-mium*, Bory, Encycl. n° 6.

22ᵉ genre. PUPELLE. *V*. T. xiv, p. 371. (B.)

F. 44. *Pupella Puppa*, Bory, Encycl. Dict. n° 4.

F. 45. *Pupella Index*, Bory, Encycl. Dict. n° 5.

a. Le plus grand état de développement durant la natation. — *b.* Forme que prend l'animalcule quand il veut s'étendre pour nager. — *c.* État globuleux de contraction durant l'immobilité.

 23e genre. ZOOSPERME. *V.* T. xvi, p. 732. (b.)

1. De l'Homme. *Zoospermos japeticus*, Encycl. Dict. n° 1. Gleichen, p. 155, pl. 1. Reproduite dans les Annales des Sciences naturelles, T. i, pl. 12, fig. H'. Petits animaux *in semine masculino*, Baker; *Empl.* pl. xii, fig. 1 (grossissement de trois cents fois, figure excellente, et figure 7 d'après Leuwenhoeck reproduite dans la détestable édition de Buffon par Sonnini et exagérée à un grossissement impossible). Animalcules spermatiques de Buffon dont la figure médiocre est encore reproduite dans les Annales des Sciences naturelles par M. Dumas, à côté de celle que l'on a citée plus haut.

a. Grossissement d'une demi-ligne de foyer. — *b.* Grossissement d'une ligne.

2. Du Chien. *Zoospermos Anubis*, Enc. Dict. n° 7. Gleichen, p. 159, pl. 3, fig. 1 *a b* (bonne). Annales des

Sciences naturelles, pl. 2, f. 6 (passable). Baker, *Empl.* pl. 12, fig. 4. Copiée de Leuwenhoeck et si mauvaise qu'elle paraît être faite d'après quelque Cercaire ou d'imagination.

a. Grossissement d'une demi-ligne. — *b.* D'un quart. — *c.* Figure empruntée comme objet de comparaison de Leuwenhoeck et de Baker, mais moins exagérée.

3. De l'Ane. *Zoospermos Mydas*, Encycl. Dict. n° 2. Gleichen, p. 160, pl. 4 (médiocre). Annales des Sciences naturelles, pl. 12, f. A (meilleure, mais comme toutes les figures du même Mémoire d'un grossissement exagéré).

a. Grossissement d'une demi-ligne — *b.* D'un quart, où un individu se montre de profil sur le côté aplati.

4. Du Cheval. *Zoospermos Oolibæ*, Encycl. Dict. n° 3. Gleichen, p. 161, pl. v (médiocre). Ann. des Sc. nat. pl 12, f. 2.

a. Grossissement à une demi-ligne. — *b*. A un quart.

5. Du Taureau. *Zoospermos Pasiphaæ*, Encycl. Dict. n° 4. Gleichen, p. 165, pl. 9 (bonne). Ann. des Sc. nat. pl. 12, f. T (médiocre).

6. Du Bouc. *Zoospermos Amaltheæ*, Enc. Dict. n° 5. Gleichen, p. 166, pl. 11. Ann. des Sc. nat. pl. 12, B (médiocre, queue trop longue).

a. Grossissement d'une demi-ligne. — *b*. D'un quart.

7. Du Bélier. *Zoospermos Arietinus*, Encycl. Dict. n° 6. Baker, *Empl.* pl. 12, f. 6 (mauvaise, copiée de Leuwenhoeck et reproduite dans la détestable édition du Buffon de Sonnini). Ann. des Sc. nat. pl. 12, O.

a. Grossissement d'un quart de ligne.—*b*. La figure de Leuwenhoeck et de Baker reproduite en plus petit pour comparaison.

8. Du Chat. *Zoospermos Catti*, Encycl. Dict. n° 8. Ann. des Sc. nat. pl. 9, fig. 3.

a. Grossissement d'une demi-ligne. — *b.* D'un quart.

9. Du Lapin. *Zoospermos Cuniculi*, Encycl. Dict. n° 9. Baker, *Empl.*, pl. 12, fig. 5 (d'après Leuwenhoeck). Ann. des Sc. nat., pl. 3 ᴀᴀ (peu conforme à ce que j'ai vu).

a. Grossissement d'un quart de ligne. — *b.* Figure de Leuwenhoeck et de Baker reproduite en plus petit comme objet de comparaison.

10. Du Hérisson. *Zoospermos Histricis*, Encycl. Dict. n° 10. Ann. des Sc. nat., pl. 10, fig. 3 (excellente; mais exagérée).

Grossissement d'un quart de ligne.

11. Du Cobaye. *Zoospermos Caviaï*, Encycl. Dict. n° 12. Ann. des Sc. nat., pl. 11, fig. 4.

Grossissement d'un quart de ligne.

12. Du Surmulot. *Zoospermos Decumanus*, Encycl. Dict.

n° 13. Ann. des Sc. nat. pl. 12 , fig. 5.

Grossissement d'un quart de ligne.

13. De la Souris. *Zoospermos Musculinus*, Encycl. Dict. n° 14 (Animalcules de la Souris blanche et de la Souris grise). Ann. des Sc. nat., pl. 12 , S.B. et S.G.

Grossissement d'un quart de ligne.

14. Du Moineau. *Zoospermos Fringillarius*, Encycl. Dict. n° 15. Ann. des Sc. nat., pl. 19 , M.

Grossissement d'un quart de ligne.

15. Du Canard. *Zoospermos Anatinus* , Encycl. Dict. n° 16. Ann. des Sc. nat., pl. 19 , A.

a. Grossissement d'une demiligne. — *b*. D'un quart.

16. Du Pigeon. *Zoospermos Columbarius* , Encycl. Dict., pl. 19 , P.

a. Grossissement d'une demiligne. — *b*. D'un quart.

17. Du Coq. *Zoospermos Gallinarius*, Encycl. Dict. n° 18. Gleichen, p. 171, pl. 13. Cette espèce, l'une de celles qu'il est le plus facile de se procurer, l'une des plus nombreuses en individus dans la nature, puisque l'Oiseau qui la fournit en est continuellement comme rempli, fut observée des premières par Leuwenhoeck dont Baker a reproduit la figure (*Empl.* pl. 12, f. 13), figure qu'on retrouve dans le détestable Buffon de Sonnini et qui nous paraît non-seulement imparfaite, mais totalement méconnaissable. M. Dumas donne un dessin à peu près pareil de l'animal dans les Annales des Sciences naturelles (pl. 19, C.). Ce qui fait croire qu'il a pu se glisser quelque erreur dans cette partie du travail du savant genevois, c'est qu'il avait représenté le même Zoosperme d'une manière totalement différente dans un Mémoire précédent (p. 19, pl. 11, fig. 2) qu'il

prétendait être grossie de trois mille fois. Il n'existait conséquemment jusqu'ici d'autre bonne figure du *Zoospermos Gallinarius* que celle de Gleichen.

a. Grossissement d'une demi-ligne. — *b.* D'un quart. — *c.* Diminutif au sixième pour le moins de l'une des figures très-exagérées et vicieuses données par M. Dumas. — *d.* Autre diminutif de la planche des Annales qui ne semble être que la répétition des anciens micrographes.

18. De la Vipère. *Zoospermos Viperinus*, Encycl. Dict. n. 20. Ann. des Scienc. nat. pl. 20 , V.

D'après Dumas, réduite.

19. Du Crapaud accoucheur. *Zoospermos Obtetricans*, Encycl. Dict. n. 21. Ann. des Sc. nat. pl. 20. C.

D'après Dumas, réduite.

20. De la Grenouille. *Zoospermos Raninus*, Encycl. Dict. n. 22. Gleichen, p. 169, pl.

12. Baker, *Empl.* pl. 12,
fig. 11. Ann. des Sc. nat.
pl. 20, G.

Toutes les figures citées ci-dessus,
quelque différentes qu'elles
paraissent être au premier
coup-d'œil, sont assez bon-
nes. Le Zoosperme dont il
est question, prenant diverses apparences, à cause de
son aplatissement ; on en
voit ici un certain nombre
au grossissement d'un quart
de ligne, et se présentant
dans tous les sens ; ceux qui
sont vus de profil y sont aussi
complètement filiformes que
possible.

21. Du Triton. *Zoospermos Tri-
tonis*, Encycl. Dict. n. 24.
Ann. des Sc. nat. pl. 20, S.

Grossissement d'un quart de
ligne. C'est l'une des espèces
les plus faciles à se procurer
au printemps, en pressant
seulement le ventre des mâles de la Salamandre aqua-
tique.

22. De la Carpe. *Zoospermos
Carpionis*, Encycl. Dict. n.

25. Leder - Muller, Récr. micr. pl. 60.

Grossissement d'un quart de ligne. La queue est un peu trop marquée, car il faut la plus grande attention pour la distinguer ; elle est excessivement longue et déliée.

23. De Férussac. *Zoospermos Ferussaci,* Encycl. Dict. n. 26. Animalcules spermatiques de l'Escargot. Ann. des Sc. nat. pl. 20, E.

Grossissement d'un quart de ligne.

24. Du Bombix ou Ver à soie. *Zoospermos Bombicis.* Figure empruntée de Leder-Muller, pl. 76, C.

Pl. LVIII. B. 23. genre. Raphanelle. *V.* T. xiv, p. 466. (b.)

F. 46. *Raphanella urbica,* Encycl. Dict. n. 2.

a. b. État de contraction et d'immobilité au grossissement d'une demi-ligne. — c. L'animalcule commençant à s'étendre. — d. e. f. États les plus ordinaires durant la natation. — g. h. i. Formes que prend la Raphanelle lorsque quelque obstacle paraît l'occuper. — j. Figure qu'elle prend avant de se contracter en sphère lorsqu'elle semble fatiguée d'agir.

Le *Raphanella Proteus*, N. *Proteus tenax* de Muller, affecte à peu près toutes ces formes, mais sa couleur est grisâtre au lieu d'être d'un beau vert, et cet animalcule habite les eaux moins croupies dans les ruisseaux, parmi les Conferves, où il est beaucoup plus rare que l'*Urbica*.

24ᵉ genre.   HISTRIONELLE. *V*. T. VIII, p. 252. (B.)

F. 47. *Histrionella inquieta*, Bory, Encycl. Dict. n. 3, et *Cercaria*, n. 3.

F. 48. *Histrionella fissa*, Bory, Encycl. Dict. n. 1. Cette espèce n'avait été ni décrite ni figurée.

25ᵉ genre.   CERCAIRE. *V*. T. III, p. 354. (B.)

F. 49. *Cercaria Lacryma*, Bory, Encycl. Dict. n. 4.

F. 50. *Cercaria Gyrinus*, Mull. Bory, Encycl. Dict. n. 6.

F. 51. *Cercaria Mougeotii*, Bory, Encycl. Dict. n. 5. Cette espèce n'avait été ni décrite ni figurée; on en voit ici des individus de diverses tailles à une demi-ligne de grossissement. La double ligne qui environne quatre des plus gros individus, est une illusion optique qui a lieu, quand l'animal nage, sans doute par le refoulement de l'eau.

26ᵉ genre. Turbinelle. Oublié à sa place alphabétique dans le texte, on suppléera ici à cette omission. Ce genre a été établi dans le Tableau joint à l'article Microscopiques du T. x. Ses caractères sont : corps subpyriforme, obtus aux deux extrémités, avec un sillon en carène sur l'un des côtés; queue sétiforme, implantée et très-distincte du corps. L'espèce qui sert de type à ce genre et que je n'ai point encore rencontrée, est le *Cercaria Turbo*, Mull. *Inf.* tab. 18, fig. 13-16, qu'on reproduit ici, et qui, dans l'Encyclopédie méthodique, p. 52, a été mentionnée sous le nom de *Turbinella maculigera*. Cet animalcule vit dans l'eau douce des ruisseaux parmi les Lenticules. Une sorte d'arête longitudinale sur l'un de ses côtés le rend fort remarquable ; il est rempli de globules ou corps hyalins assez gros et variables, se mouvant intérieurement, comme le font les parties internes des Pandorinées. Muller soupçonne qu'il y a des yeux et des cirrhes vibratiles ; alors il faudrait rapporter cet animalcule à une toute autre classe qu'à celle où je l'ai laissé sous la responsabilité de mes prédécesseurs.

27ᵉ genre. ZOOSPERME. Ici devrait se placer, pour suivre l'ordre méthodique des genres, la planche où sont représentés les animaux du genre Zoosperme. *V*. p. 64.

28ᵉ genre. VIRGULINE. *V*. T. XVI, p. 610. (B.)

F. 53. *Virgulina Pleuronectes*, Bory, Encycl. Dict. n. 1.

F. 54. *Virgulina Pirenula*, Bo
ry, Encycl. Dict. n. 3. *Cer
caria tenax*, Mull., *Inf.* tab.
20, fig. 1. C'est cet animalcule que les auteurs ont dit
se trouver dans le tartre des
dents de l'homme quand
elles sont mal tenues ; sans
avoir jamais eu l'occasion
de l'y voir, je l'ai observé,
il y a assez peu de temps,
dans diverses substances
animales en putréfaction,
dans du bouillon corrompu
où le sel n'avait pas été un
obstacle à son développe-
ment. C'est par erreur que
dans le texte du Diction-
naire on a indiqué le *Virgulina brevicauda* comme
étant l'espèce ici repré-
sentée.

29ᵉ genre.   Tripos. *V.* T. xvi, p. 388,
et Tableau des Microscopiques
au T. x. (A. R.)

F. 55. *Tripos Mullerii*, Bory,
Encycl. Dict. Cet animal-
cule se trouve dans l'eau de
mer parmi les Céramiaires
et les Conferves. Sa natation
est grave, et aucun des trois

appendices ne semble y prendre part au moyen de mouvemens particuliers.

30e genre. FURCOCERQUE. *V.* T. VII, p. 83. (B.)

F. 56. *Furcocerca serrata*, Bory, Enc. Dict. n° 1. On la voit représentée ici dans tous ses états à une demi-ligne. Elle se développe quelquefois avec une singulière rapidité dans les infusions de foin. C'est par erreur qu'il est dit dans le texte du Dictionnaire que Muller la fit graver le premier; cet auteur n'en a point donné de figure.

31e genre. TRICHOCERQUE. Mentionné dans le tableau des Microscopiques joint au tome X de ce Dictionnaire sous le n. 31, ce genre n'est pas celui qui, sous la signature (A. R.), se trouve traité au mot TRICHOCERQUE, T. XVI, p. 555 du présent Dictionnaire. Il y a confusion de noms, de sorte qu'il est nécessaire de revenir sur le véritable genre Trichocerque (queue de cheveux) dont les caractères

sont : corps oblong , non contractile , subcrustacé , muni
postérieurement de deux appendices caudiformes , inflé-
chis , qui n'en sont point un
prolongement immédiat , mais
qui semblent s'y articuler. Le
nom du genre a été emprunté
de Lamarck, mais le genre a dû
être réformé, pour renvoyer
à l'ordre des Stomoblépharés ,
le *Trichoda Pocillum* de Muller
qui sera le type du genre TRI-
CHOTRIE. *V.* la planche suivante LXI , fig. 16.

F. 57. *Trichocerca Orbis* ,
Lamk. , Bory, Encycl. Dict.
n. 1. Se trouve parmi les
Lenticules.

F. 58. *Trichocerca Luna* ,
Lamk., Bory, Encycl. Dict.
n. 2.

32ᵉ genre. TY. *V.* T. XVI, p. 448. (B.)

F. 59. *Ty puteorum*, Bory ,
Encycl. Dict.

33ᵉ genre. CÉPHALODELLE. *V.* T. X, p.
544, à l'article MICROSCOPIQUES
(B.), ce genre ayant été omis à
sa place alphabétique.

F. 60. *Cephalodella Catellus* ,

Bory (et non *catesimus*, comme il est dit dans le texte cité du Dictionnaire). *Cercaria*, Mull. *Inf.* tab. 20, fig. 10, 11.

F. 61. *Cephalodella Catellina*, Bory. *Cercaria*, Mull. *Inf.* tab. 20, fig. 12, 13. Ces deux espèces habitent indifféremment les eaux douces et certaines infusions.

34e genre. LÉIODINE. *V*. T. ix, p. 272. (B.)

F. 62. *Leiodina vermicularis*, Bory, Encycl. Dict. n. 2.

F. 63. *Leiodina forcipata*, Bory, Encycl. Dict. n. 3.

35e genre. KÉROBALANE. *V*. T. ix, p. 119. (B.)

F. 64. *Kerobalana Mulleri*, Bory, Encycl. Dict. n. 1.

F. 65. *Kerobalana Joblotii*, Bory, Encycl. Dict. n. 2.

36e genre. TRIBULINE. *V*. le Tableau des Microscopiques au tome x, où ce genre termine l'ordre des Gymnodés. Omis à sa place alphabétique, on le caractérisera ainsi : corps complètement membraneux, transparent, hé-

rissé inférieurement d'appendices qui ne sont ni des poils
ni des cirrhes , et qui lui don-
nent l'aspect d'une herse ou
d'une brosse. Une seule espèce
de Tribuline est encore connue ; elle habite indifféremment l'eau douce et l'eau de
mer.

F. 66. *Tribulina Rostellum* ,
Bory, Encycl. Dict. p. 527.
Kerona , Mull. *Inf.* tab. 33,
fig. 1. Encycl. Ill. pl. 17,
fig. 1, 2.

Ordre des TRICHODÉS.

Second ordre de la classe des Microscopiques où nulle ouverture buccale ni organes internes déterminés ne se prou-
vent encore positivement, mais présentant des poils ciliaires
ou des cirrhes non vibratiles sur sa totalité , ou sur quelques
parties d'un corps simple et contractile. Les animaux qui
composent cet ordre, dont l'histoire particulière a été omise
à sa place alphabétique, ne sont guère plus compliqués que
ceux du précédent ; on n'y distingue encore nettement aucun organe ; les corps hyalins que je persiste à ne pas regar-
der comme des estomacs, s'y multiplient néanmoins, et de-
viennent en général plus considérables, et très-variables par
leur volume et leur forme ; du reste, ce sont toujours les
mêmes airs de corps , analogues pour la plupart à ceux des
genres précédemment établis, dont beaucoup sont variables,
quelquefois avec des appendices non encore distinctement

articulés, et l'on peut dire que chaque Gymnodé a son représentant parmi les Trichodés. Cependant des cils ou des poils s'y montrent, soit répandus sur toute la surface des individus, soit distribués sur quelques-unes de leurs parties; mais quelque mouvement que leur donne l'animal, on ne peut encore comparer ces cils, soit immobiles, soit agités, avec ces cirrhes vibratiles qui acquièrent tant d'importance dans les ordres suivans, où l'observateur les voit insensiblement s'organiser en rotatoires complets, par où l'animalcule s'élève déjà de beaucoup au-dessus de l'état rudimentaire, puisque ces rotatoires se développant, apparaît immédiatement un appareil circulatoire, et bientôt enfin des ovaires reproducteurs. Ici la génération ne paraît plus être ce qu'on peut appeler spontanée, dans l'acception raisonnable du mot; mais les espèces ne paraissent encore s'y reproduire que par division ou dédoublement. Dispensé d'y emprunter les caractères des formes du corps, on peut choisir ces caractères dans la disposition des cils, addition organique d'une haute importance. Les Trichodés habitent les mêmes lieux que les Gymnodés, et peuvent se diviser en deux familles, un peu arbitrairement circonscrites à la vérité, mais aisées à distinguer par le *facies*, et dont ce *facies* ou aspect est suffisant pour aider à répartir les genres et faciliter l'étude. Ces familles sont celles des POLYTRIQUÉES, *V.* T. XIV, p. 196 (B.), et celle des MYSTACINÉES. *V.* T. XI, p. 410. (B.

37ᵉ genre. LEUCOPHRE. *V.* T. IX, p 329. (B.)

F. 1. *Leucophra turbinata* Mull. Bory, Encycl. Dict n. 2. (Par erreur typogra phique de l'article cité, li gne 12, on trouve *acuta* à la place de *turbinata* qu'il y faut substituer.)

F. 2. *Leucophra Mamilla*, Mull. Bory, Encycl. Dict. n. 4. Avec l'espèce précédente, analogue des Enchélides parmi les Trichodés.

F. 3. *Leucophra fracta*, Mull. Bory, Encycl. Dict. n. 20.

38ᵉ genre. DICÉRATELLE. *V*. T. v, p. 467. (B.)

F. 4. *Diceratella triangularis*, Bory, Encycl. Dict. n. 1. Analogue des Kolpodes.

F. 5. *Diceratella ovata*, Bory, Encycl. Dict. n. 2.

39ᵉ genre. PÉRYTRIQUE. *V*. T. xiii, p. 233. (B.)

F. 6. *Perytricha Medusa*, Bory, Encycl. Dict. n. 2. *Trichoda solaris*, Mull. *Inf.* tab. 23, fig. 16. Analogue des Volvoces.

F. 7. *Perytricha Granata*, Bory, Encycl. Dict. n. 5. Analogue du genre Gyges, se trouve dans les infusions marines.

F. 8. *Polytricha Farcimen ,*
Bory, Encycl. Dict. n. 7.

F. 9. *Polytricha Pleuronectes,*
Bory, Encycl. Dict. n. 11.
Analogue des Paramœcies.

40ᵉ genre. STRAVOLOEME. Mentionné dans le Tableau des Microscopiques, joint au tome X du Dictionnaire, ce genre a été omis à sa place alphabétique ; ses caractères sont : corps cylindracé, cilié à son pourtour, antérieurement atténué en cou membraneux, variable, que termine un bouton céphalomorphe et cirrheux. Les Stravolœmes sont un passage très-naturel aux Vers intestinaux ou Entozoaires par les Échinorhynques , à qui ils ressemblent tellement, qu'il n'y a guère de différence que par les proportions et l'habitat.

F. 10. *Stravolœma Echinorhynchus,* Bory, Encycl. Dict. On trouve assez communément cette espèce nageant parmi les Fucus et autres plantes marines.

41ᵉ genre. PHIALINE. *V.* T. XIII, p. 363.
(B.)

F. 11. *Phialina versatilis*, Bory, Encycl. Dict. n. 1.

F. 12. *Phialina hirudinoides*, Bory, Encycl. Dict. n. 4.

42ᵉ genre.   Trichode. *V.* T. xvi, p. 556. (b.)

F. 13. *Trichoda vitrea*, Bory, Encycl. Dict. n. 9. *T. Linter*, Mull. *Inf.* Des infusions d'herbe et de foin.

F. 14. *Trichoda Paxillus*, Mull. Bory, Encycl. Dict. n. 10. Dans l'eau de mer parmi les Hydrophytes.

F. 14 *bis. Trichoda Anas*, Mull. *Inf.* Bory, Encycl. Dict. n. 11. Bec à corbin de Joblot, pl. 10, fig. 14, qui l'a découvert dans une infusion d'écorce où on le retrouve aisément.

43ᵉ genre.   Ypsistome. *V.* T. xvi, p. 689. (b.)

F. 15. *Ypsistoma salpina*, Bory, Encycl. Dict.

44ᵉ genre.   Plagiotrique. *V.* T. xvi, p. 8. (b.)

F. 16. *Plagiotricha viridis*, Bory, Encycl. Dict. n. 4.

F. 17. *Plagiotricha Lagena*, Bory, Encycl. Dict. n. 5.

F. 18. *Plagiotricha Diana*, Bory, Encycl. Dict. n. 13.

Pl. LIX. C. 45ᵉ genre. Mystacodelle. *V*. T. xi, p. 410. (b.)

F. 19. *Mystacodella oculata*, Bory, Encycl. Dict. n. 1.

F. 20. *Mystacodella Cyclidium*, Bory, Encycl. Dict. n. 5.

46ᵉ genre. Oxitrique. Mentionné dans le Tableau des Microscopiques joint au tome x du Dictionnaire, ce genre a été omis à sa place alphabétique; ses caractères sont : corps simple, non antérieurement fissé, et muni de cils disposés en deux faisceaux distincts ou sur deux séries. C'est principalement l'absence de fissure antérieure et comme buccale qui distingue les Oxitriques des Mystacodelles, puisqu'on vient de voir dans la figure 20 une espèce de ce genre où les cils sont disposés en deux séries : l'une antérieure, l'autre postérieure. Les Oxitriques se doivent reporter en quatre sections qui pourraient bien par la suite devenir des genres nouveaux, savoir : les *Paramœcioides*, les *Bursarioides*, les *Puppoides* et les *Diplagiotriques*, qui présentent parmi les Trichodes les analogues des genres dont on a rappelé le nom pour les désigner.

F. 21. *Oxitricha Lepus*, Bory, Encycl. Dict. n. 1. Cet animal, qui est un *Kerona* pour Muller (*Inf.* tab. 34, fig. 5,8), renferme, comme les Volvociens, des globules de diverses grandeurs, se mouvant parfois intérieurement comme s'ils avaient une vie propre. Nul doute que ces globules ne soient de ceux que M. Eschweiler regarde comme des estomacs ; ce qui ne saurait être, car on y distingue déjà des globules rudimentaires, ce qui fait supposer que ce sont des propagules destinés à reproduire l'espèce après une émancipation. Dans la combinaison animale dont il est question, la reproduction tomipare est de toute évidence. Muller représente des individus se dédoublant comme on le voit ici, et l'on peut à chaque instant vérifier le fait même, parce qu'il est peu d'animalcules plus communs dans certaines infusions et dans l'eau de fumier.

F. 22. *Oxitricha Pullaster*, Bory, Encycl. Dict. n. 6. Les globules internes de toutes tailles se reconnaissent ici très-facilement, et l'on peut même, avec de la patience, se convaincre qu'ils grossissent les uns plus tôt que les autres, ce qui n'arriverait point s'ils étaient autre chose que des propagules destinés à être unis les uns après les autres, et à mesure qu'ils sont complets pour reproduire l'espèce. Des estomacs ne changeraient pas ainsi de rapport. L'*Oxitricha Pullaster* se trouve fréquemment à l'entrée de l'hiver parmi les Lenticules.

47ᵉ genre.   Ophrydie. *V.* T. xii, p. 245. (B.)

F. 23. *Ophrydia Lagenula*, Bory, Encycl. Dict. n. 1.

F. 24. *Ophrydia Trochus*, Bory, Encycl. Dict. n. 3

48ᵉ genre. Trinelle. Mentionné dans le Tableau des Microscopiques joint au tome x du Dictionnaire, mais oublié à sa place alphabétique, ce genre a pour caractères : corps membraneux, aminci et glabre antérieurement, dilaté, variable, et muni de deux ou trois faisceaux de poils non vibratiles à sa partie postérieure. On en connaît une seule espèce.

F. 25. *Trinella Pacha*, Bory, Encycl. Dict. *Trichoda Floccus*, Mull. *Inf.* tab. 24, fig. 19. Habite l'eau des marais où elle n'est pas commune et se trouve par hasard.

49ᵉ genre. Kérone. *V.* T. ix, p. 121. (B.)

F. 26. *Kerona Silurus*, Bory, Encycl. Dict. n. 22.

F. 27. *Kerona Calvitum*, Bory, Encycl. Dict. n. 3.

F. 28. *Kerona rostrata*, Bory, Encycl. Dict. n. 10.

F. 29. *Kerona Sannio*, Bory, Encycl. Dict. n. 18.

50e genre. KONDYLIOSTOME. *V*. T. ix, p. 138. (B.)

F. 30. *Kondyliostoma Lage-nula*, Bory, Encycl. Dict. n. 1.

F. 31. *Kondyliostoma limacina*, Bory, Encycl. Dict. n. 2.

51^e genre. RATULE. *V*. T. xiv, p. 482. (B.)

F. 32. *Ratulus cercarioides*, Bory, Encycl. Dict. n. 1.

F. 33. *Ratulus lunaris*, Bory, Encycl. Dict. n. 3.

F. 34. *Ratulus Musculus*, Bory, Encycl. Dict. n. 4.

52e genre. DIURELLE. *V*. T. v, p. 569. (B.)

F. 35. *Diurella Lunulina*, Bory, Encycl. Dict. n. 1.

F. 36. *Diurella Tigris*, Bory, Encycl. Dict. n. 2.

ORDRE DES STOMOBLÉPHARÉS.

Une ouverture buccale existe essentiellement dans les Microscopiques de cet ordre, et des cils vibratiles, mais non encore des organes rotatoires, se présentent autour de cette ouverture. Il n'y existe point de test; le corps est encore

mou et contractile, susceptible d'une certaine polymorphie,
et toujours formé d'une molécule constitutrice, transpa-
rente, où se voient des corps hyalins, mais point d'organes
encore définitivement prononcés, et dont on puisse déter-
miner sûrement la nature et l'usage. Les formes, rigoureuse-
ment et inviolablement symétriques, n'y sont pas encore re-
connaissables : on les peut simplement comparer, à cause de
la vacuité de leur corps, à l'ébauche d'un tube intestinal ou
sac absorbant, qui présente beaucoup de rapports avec les
Polypes d'eau douce de Trembley. Les Stomoblépharés se-
raient comme une sorte d'estomac vivant isolé, que com-
pliquerait la présence des cils vibratiles, ébauches du système branchial ou respiratoire.

C'est à tort que le graveur a mis au bas de la planche LIX,
dont on donne ici l'explication (C. Microscopiques), le mot
Urcéolariés. C'était Stomoblépharés qu'il fallait, les Urcéolariées ne composant qu'une simple famille de l'ordre, famille qui se termine à la figure 9. LVII.

Famille des URCÉOLARIÉES. *V.* T. XVI, p. 471. (b.)

53e genre. Myrtiline. *V.* T. XI, p. 407. (b.)

F. 1. *Myrtilina fraxinina,*
Bory, Encycl. Dict. n. 1.

F. 2. *Myrtilina cratægaria,*
Bory, Encycl. Dict. n. 2.

a. Groupe de ces petits animaux. — b. Les animalcules
émancipés ; la ligne ponctuée qui se voit à la suite de

chacun d'eux indique la direction des mouvemens qui
leur sont le plus familiers.

54e genre, Rinelle. Mentionné dans le
Tableau des Microscopiques
joint au tome x du présent Dictionnaire, mais omis à sa place
alphabétique, ce genre a pour
caractères, animalcule en
coupe, non totalement évidée,
avec un corps interne dans le
fond qui se prolonge, par le
centre, en un mamelon saillant
du milieu de ce limbe ; ne s'as-
sociant jamais en glomérules.
Ce sont des Microscopiques
très-diaphanes, agiles dans
leurs mouvemens capricieux
et incertains, qui renferment
des corpuscules hyalins plus ou
moins nombreux et dont plusieurs pourraient bien n'être
que les animaux-fleurs de
certaines Vorticellaires den-
droïdes.

F. 3. *Rinella myrtilina*, Bory.
Espèce qui n'a jamais été décrite ni figurée et qui se rencontre assez fréquemment
dans les eaux stagnantes
parmi la multitude de Ra-

phanelles de nos boues. Elle affecte plusieurs formes, et souvent ne montre pas ses cirrhes vibratiles : ce n'est peut-être qu'un état de l'Urcéolaire Cyclope, figurée à côté, 5, LV.

F. 4. *Rinella mamillaris*, Bory. *Vorticella*, Mull. pl. 35, fig. 9-10. *Urceolaria bursata*, Lamk. Habite l'eau de mer.

Le *Rinella albicans*, Bory, confondu ici sous le même n. 4, à la droite, est une plus petite espèce qui abonde dans l'eau des huîtres dans la saison où l'on dit vulgairement qu'elles sont en lait. Elle n'avait jamais été décrite ni figurée. Sa teinte un peu plus blanchâtre et sa taille la distinguent suffisamment du *mamillaris*.

55ᵉ genre. URCÉOLAIRE. *V*. T. XVI, p. 470. (B.)

F. 5. *Urceolaria Cyclopus*, Bory, Encycl. Dict. n. 4. Cette espèce, prodigieusement polymorphe, est fort commune dans l'eau des marais, des fossés, et même des ornières aux environs de Paris. Elle n'avait pas été figurée.

56ᵉ genre. STENTORINE. Mentionné dans le Tableau des Microscopiques joint au tome x du présent Dictionnaire, mais oublié à sa place alphabétique, ce genre a pour caractères : corps évidé, contractile, polymorphe, postérieurement atténué en pointe, de manière à donner à l'animal développé la forme d'un entonnoir ou d'un cornet à bouquin. Certaines espèces sont errantes, d'autres sont comme soudées, se plaisant à se réunir en groupes par la pointe postérieure de leur corps. La plupart habitent les eaux douces, et s'y colorent quelquefois par la présence de la matière verte. Ces animalcules sont souvent d'assez grande taille pour être perceptibles à l'œil désarmé.

F. 6. *Stentorina Infundibulum*, Bory, Encycl. Dict. n. 1. *Vorticella nigra*, Mull., *Inf.*, tab. 27, fig. 1, 4. *Urceolaria*, Lamk., Anim. sans vert. T.

ii, p. 42, n. 10. Habite le fond des fossés vaseux, où elle forme souvent comme des taches noirâtres de la grandeur d'une pièce de cinq francs et plus sous les Conferves, ou comme des taches nébuleuses au milieu de l'eau tranquille des marais.

a. De grandeur naturelle visible à l'œil nu. — b. Grossie avec une simple loupe.

F. 7. *Stentorina polymorpha*, Bory, Encycl. Dict. n. 3. *Vorticella*, Mull., *Inf.*, tab. 37, fig. 1-13. *Urceolaria*, Lamk., Anim. sans vert. T. ii, p. 42, n. 8. Habite les mêmes lieux que la précédente, où elle se fait remarquer par sa prodigieuse polymorphie et la rapidité merveilleuse avec laquelle on la voit prendre les formes les plus différentes. Sa couleur est d'un vert noir foncé; elle vit assez solitaire, mais ne laisse pas que d'être assez commune vers l'arrière-saison dans les cantons marécageux, notamment en Flandre aux environs de Lille.

a. La représente ici de grandeur naturelle.

F. 8. *Stentorina Stentorea*, Bory, Encycl. Dict. n. 5. *Vorticella*, Mull., *Inf.*, tab. 43, fig. 6-12. *Pseudo-Polypus tubæformis*, Roësel, Ins. T. III, tab. 94, fig. 8. Animalcules à trompette ou chalumeau, Leder-Muller, Récr. T. II, pl. 88, fig. *d. k.* Est commune parmi les Lenticules, où on la distingue aisément à l'œil nu tapissant la page inférieure des petites feuilles. Elle est ici peu grossie comme il est facile d'en juger par la proportion de la Lenticule qui la supporte; on en voit un individu se contractant et nageant après avoir abandonné son support.

57e genre. SYNANTHÉRINE. Mentionné dans le Tableau des Microscopiques joint au tome x du présent Dictionnaire (par erreur écrit *Sinanthorine*), mais omis à sa place alphabétique, ce genre a pour caractères : corps capsuliformé, atténué posté-rieurement en appendice cau-diforme, ayant un double rang de cirrhes vibratilés à son ori-fice qui est oblique avec une espèce de tentacule bifide au centre. L'espèce unique, dont ce genre est jusqu'ici formé, est encore plus grande qu'aucune Stentorine, et forme un pas-sage très-naturel aux Poly-piers vaginiformes de Lamarck par les Plumatellès, dont il ne diffère que parce qu'il existe ici des cirrhes vibratiles au lieu de tentacules.

F. 9. *Synantherina socialis*, Bory, Encycl. Dict. *Vorti-cella*, Mull., *Inf.*, tab. 43, fig. 13, 15, en excluant les synonymes. C'est la plus grande des Urcéolariées; on la voit ici, en *a*, de taille naturelle, et *b* n'est grossi qu'à une loupe or-dinaire. On la trouve for-mant ses faisceaux d'animal-cules-fleurs sur les tiges des Cératophylles et autres plan-tes des marais.

Les genres qui complètent la planche LIX appartiennent à la famille des Thikidées, la seconde de l'ordre des Stomoblépharés , et dont on n'a pas fait mention dans le Dictionnaire à sa place alphabétique. Dans cette famille, mentionnée simplement au tableau des Microscopiques du tome X , le corps est obscurément urcéolé , ou vert antérieurement, ayant le plus souvent l'orifice buccal cirrheux tout autour , et terminé par une véritable queue ; le corps est contenu dans un fourreau ordinairement membraneux et toujours très-distinct, à travers lequel ses mouvemens contractiles se distinguent aisément. On commence à reconnaître ici un point mobile durant la vibration des cirrhes , et situé vers la partie que l'on peut considérer comme une sorte de thorax ; ce point agité ne représente pas , selon nous , un estomac, mais bien une ébauche de cœur, l'évidement de l'animalcule étant bien plutôt l'ébauche du tube alimentaire comme il l'est

13

chez les Polypes d'eau douce , etc. , etc.

58e genre.   FILINE. *V.* T. vi, p. 507. (B.)

F. 10. *Filina Mulleri*, Bory, Encycl. Dict.

59e genre.   MONOCERQUE. *V.* T. xi, p. 91. (B.)

F. 11. *Monocerca longicauda*, Bory, Encycl. Dict.

60e genre.   FURCULAIRE. *V.* T. vii, p. 84. (B.)

F. 12. *Furcularia lobata*, Bory, Encycl. Dict. n. 2. *Furcularia lacinulata* , Lamk. , Anim. sans vert. T. ii , p. 38 , n. 5. *Vorticella* , Mull., *Inf.* tab. 42 , fig. 1-5. Des eaux très-pures.

F. 13. *Furcularia longicauda*, Bory, Encycl. Dict. n. 11.

F. 14. *Furcularia longiseta* , Lamk., Bory, Encycl. Dict. n. 1. Des deux individus représentés ici, l'un est dans son plus grand état d'alongement, et l'autre, celui de droite, est contracté.

F. 16. *Furcularia larva*, Lamk., Bory, Encycl. Dict. n. 3.

61e genre.   TRICHOTRIE. C'est ce genre-ci

qui dans la T. xvi, p. 555, avec
la signature (a. r.), est mentionné sous le nom de Trichocerque, et dont l'espèce type
est mentionnée au mot Furculaire, *V.* T. vii, p. 84, sous
le nom de *Furcularia Stentorea*, n. 2, mais avec l'insinua-
tion que le *Furcularia Stentorea* pourrait bien devoir former un genre nouveau. C'est
encore ce genre qui, dans le
Tableau des Microscopiques
joint au tome x, est mentionné
au n° 61 sous le double emploi
du nom de Furcocerque. Ses
caractères établis dans l'Encyclopédie par ordre de matières,
au mot *Microscopiques*, toujours sous le n° 61, p. 534,
mais toujours avec le double
emploi du nom de Trichocerque, sont : corps en fourreau,
très-musculeux, terminé par
une queue articulée et composée. Les Trichocerques forment
dans mes travaux sur les Microscopiques, un genre de la
famille des Urodiées, dans
l'ordre des Gymnodés, tandis
que les Trichotries appartiennent à l'ordre des Stomoblé-

pharés. La queue dans les animalcules de ce genre rappelle, par sa conformation, la partie postérieure de certaines larves de Libelluloïdes.

F. 16. *Trichotria Pocillum*, Bory, Encycl. Dict. *Trichocerca*, Lamk., Anim. sans vert. T. ii, p. 36, n. 4. *Trichoda*, Mull., *Inf.*, tab. 29, fig. 9, 12.

62ᵉ genre. VAGINICOLE. *V.* T. xv, p. 489. (b.)

F. 17. *Vaginicola innata*, Lamk., Bory, Encycl. Dict. n. 1.

F. 18. *Vaginicola ingenita*, Lamk., Bory, Encycl. Dict. n. 4. C'est mal à propos que dans le texte on cite l'*Inquilina* comme étant l'espèce ici représentée.

ORDRE DES ROTIFÈRES. *V.* T. xiv, p. 682. (b.)

PL. LX. D. 63ᵉ genre. FOLLICULINE ou mieux FOLICULINE. *V.* T. vi, p. 559. (b.)

F. 1. *Foliculina Ampulla*, Lamk., Bory, Encycl. Dict. n. 2.

a. L'animal contracté au fond de son urcéole. — b. Indivi-

dus développant leurs rotatoires.

F. 2. *Foliculina Bakerii*, Bory,
Encycl. Dict. n. 1. Baker,
Empl. T. II, pl. 16, fig. XI et
XII. Cette espèce est fort remarquable, et paraît devoir
former un genre nouveau ;
je proposerais de lui donner
le nom de *Bakerina dipte-
riphora.*

65ᵉ genre. TUBICOLAIRE. *V.* T. XIV, p.
684. (B.)

F. 3. *Tubicolaria quadriloba*,
Lamk., Bory, Encyl. Dict.
n. 2.

a. De grandeur naturelle sur
un fragment de plante aqua-
tique. — b. Très-grossi hors
du fourreau. — c. La tête
commençant à se développer
avec ses espèces de tentacules qu'on croit porter des
yeux. — d. Les organes rotatoires développés.

66ᵉ genre. MÉGALOTROCHE. *V.* T. XIV,
p. 684. (B.)

F. 4. *Megalotrocha socialis*,
Bory, Encycl. Dict. au mot
Microscopiques, p. 536.

a. Réunion d'individus de grandeur naturelle à l'extrémité d'une feuille de Cératophylle. — b. L'animal grossi avec les rotatoires contractés. — c. Le même avec les lobes rotatoires développés.

67ᵉ genre.   EZECHIELINA. *V.* T. xiv, p. 685. (B.)

F. 5. *Ezechielina Bakerii,* Bory, Encycl. Dict. p. 536, à l'article *Microscopiques.*

a et b. Individus grossis ayant les rotifères contractés. — c. Les mêmes avec les deux rotatoires développés et agissans.

ORDRE DES CRUSTODÉS. *V.* T. x, p. 542 à l'article Microscopiques.

68ᵉ genre.   BRACHION. *V.* T. ii, p. 469. (B.)

F. 1. *Brachionus utricularis,* Mull., *Inf.,* tab. 50, fig. 15-21.

F. 2. *Brachionus bicornis,* Bory, *inéd.* Baker, *Empl. Micr.* T. ii, pl. xii, fig. 4-6.

a. L'animal entièrement con-

tracté dans son test et se laissant flotter dans l'eau. — b.
Individus développés dont
l'un étend sa queue pour se
fixer.

F. 3. *Brachionus neglectus*,
Bory, *inéd.* Baker, *Empl.*
Micr. T. ii, pl. 12, fig. 7-10.
Muller rapporte mal à propos la synonymie de Baker
au *Brachionus utricularis*
dont la queue est bien plus
longue et les organes rotatoires bien plus ronds.

a. L'animal entièrement contracté dans son test. — b.
Deux individus développés
à divers degrés.

F. 4. *Brachionus Bakerii*, Mull.,
Inf., tab. 50, fig. 22, 23.

a. L'animal nageant et ne montrant aucune apparence
d'organes ciliés. — b. S'ar-
rêtant et se préparant à faire
agir ses rotatoires. — c. Fixé
et agitant ces deux organes.

69ᵉ genre. Siliquelle. *V.* T. xv, p.
430.

F. 5. *Siliquella Bursa-Pastoris*,
Bory, Encycl. Dict.

a. L'animal contracté dans son urcéole. —b. Individus développés faisant agir leurs rotatoires.

70e genre.　KÉRATELLE. Ce genre mentionné à l'article BRACHIONIDE, *V.* T. II, p. 470, et dans le Tableau des Microscopiquees joint au tome x de ce Dictionnaire . est omis à sa place alphabétique. Ses caractères sont : test presque carré, tronqué postérieurement où il est armé de deux appendices prolongés en cornes opposées, mais ne donnant point passage à une queue, l'animal en étant dépourvu.

F. 6. *Kératella quadrata*, Bory, Encycl. Dict. *Brachionus quadratus*, Mull. , *Inf.*, tab. 49, fig. 12, 13.

71e genre.　TRICALAME. Établi à l'article BRACHIONIDE de ce Dictionnaire et mentionné sous le n° 71 au Tableau des Microscopiques joint au tome x, ce genre, omis à sa place alphabétique, a pour caractères : test oblong, antérieurement tronqué et denté ; corps terminé par une queue bifide; l'animal émettant, outre ses organes rotatoires, un troisième corps cirrheux qu'il peut diviser en trois petits faisceaux pénicillés.

F. 7. *Tricalama plicatilis*, Bory. *Brachionus plicatilis*, Mull., *Inf.*, t. 50, fig. 1-8. Grande espèce de l'eau de mer.

a. Animal contracté. — b. Le même vu de profil. — c. Un individu très-développé faisant agir ses rotatoires.

72ᵉ genre. Proboskidie. *V*. T. XIV, p. 286. (B.)

F. 8. *Proboskidia Patina*, Bory, Encycl. Dict.

73ᵉ genre. Testudinelle. Établi à l'article Brachionide de ce Dictionnaire, et mentionné sous le nº 73 au Tableau des Microscopiques du tome X, mais omis à sa place alphabétique, ce genre a pour caractères : un seul rotatoire antérieur; queue subcentrale. Il offre beaucoup de rapports avec les Argules.

F. 9. *Testudinella Argula*, Bory, Encycl. Dict. La plus

grosse espèce des Brachionides. Elle habite les marais parmi les Conferves, entre lesquelles on la voit nager et circuler avec rapidité.

a. L'animal de grandeur naturelle.—b. Développé et faisant agir son rotatoire de profil. — c. Vu en dessous. — d. En face.

74ᵉ genre.   LÉPADELLE. *V*. T. IX, p. 284. (B.)

F. 10. *Lepadella Patella*, Bory, Encycl. Dict. n. 3.

F. 11. *Lepadella lamellaris*, Bory, Encycl. Dict. n. 4.

75ᵉ genre.   MYTILINE. *V*. T. XI, p. 412.

F. 12. *Mytilina Cytherœa*, Bory, Encycl. Dict. n. 3.

F. 13. *Mytilina Cypridina*, Bory, Encycl. Dict. n. 4.

76ᵉ genre.   SQUATINELLE. Établi à l'article BRACHIONIDE de ce Dictionnaire, mentionné sous le n° 76 dans le Tableau des Microscopiques inséré au tome X, mais omis à sa place alphabétique, ce genre a pour caractères : test capsulaire, non denté antérieurement; postérieurement orné de deux appendices, et foraminé pour donner passage à une queue articulée dont l'extrémité est bifide. On n'en connaît qu'une espèce bien constatée.

F. 14. *Squatinella Caligula*, Bory, Enc. Dict. *Brachionus cirrhatus*, Mull., *Inf.*, tab. 47, fig. 12. Le synonyme de Joblot doit être rejeté.

Ici se plaçait, dans le Tableau des Microscopiques du tome x, le genre Silurelle que j'ai supprimé, ayant reconnu depuis que l'animal, d'après lequel je l'avais formé, était l'état jeune d'une espèce du genre Cyclope *V*. T. v, p. 229.

77ᶜ genre. Colurelle. *V*. T. iv, p. 347.

F. 15. *Colurella uncinata*, Bory, Encycl. Dict.

78ᵉ genre. Squamelle. Établi à l'article Brachionide de ce Dictionnaire, sous le nom de *Squamulella*, mentionné sous le nº 79 dans le Tableau des Microscopiques joint au tome x, mais oublié à sa place alphabétique,

ce genre a pour caractères :
test univalve, antérieurement
échancré, arrondi par der-
rière ; corps postérieurement
muni de deux appendices latéraux, tentaculaires, dirigés en
arrière, et terminé pat une
queue profondément bifide
comme composée de deux
branches épineuses. On distingue ici, plus que dans tout autre Microscopique, cet organe
que je regarde comme une
sorte de cœur bien plutôt que
comme celui de la déglutition ;
des ovaires y sont surtout très-
sensibles.

F. 16. *Squamella Limulina*,
Bory, Encycl. Dict. *Bra-
chionus bractea*, Mull., *Inf.*,
tab. 46, fig. 6, 7.

79e genre.   ANOURELLE. *V.* T. II, p.
471 à l'article BRACHIONIDES.

F. 17. *Anourella Luth*, Bory,
Encycl. Dict. p. 540, à l'article Microscopiques. *Brachionus squamula*, Mull.,
Inf., tab. 4, 7.

a. Vue en dessus. — b. En dessous. — c. De profil.

F. 18. *Anourella Lyra*, Bory, Encycl. Dict.

a. Vue en dessus. — b. En dessous.

80ᵉ genre. PLOESCONIE. *V*. T. xiv, p. 5. (B.)

F. 19. *Plœsconia Venus*, Bory, Encycl. Dict. n. 1.

F. 20. *Plœsconia Arca*, Bory, Encycl. Dict. n. 3.

81ᵉ genre. COCCUDINE. *V*. T. x, p. 543 à l'article MICROSCOPIQUES.

F. 21. *Coccudina Cimex*, Bory, Encycl. Dict., p. 540 ; article MICROSCOPIQUES.

a. Marchant sur un corps étranger et vue en dessus. — b. En dessous. — c. Nageant de profil.

F. 22. *Coccudina Cicada*, Bory, loc. cit. *Trichoda*, Mull., *Inf.*, tab. 32, fig. 25, 27.

a. Individus se servant de leurs cirrhes pour marcher. — b. S'en servant pour nager.

82ᵉ. *Vorticella cincta*, Mull., *Inf.*, tab. 35 fig. 5, 6. *Urceolaria*, Lamk. Anim. sans vert. T. II, p. 41, n. 3. *V*. T. x, p.

545, 4°. Est un être singulier qui n'est pas compris dans ma classification des Microscopiques, parce que ne l'ayant pas rencontré, je n'ai pu juger de ses rapports naturels. Il doit probablement constituer un genre particulier.

a et b. Quatre individus vus dans diverses positions, représentées d'après Muller.

ACALÈPHES.

V. T. I, p. 35. (lam..x.)

Dans sa seconde édition du Règne Animal, M. Cuvier a transporté à sa classe des Polypes son premier ordre des Acalèphes appelés fixes, encore qu'il parût assez naturellement placé au lieu où le savant professeur l'avait mis d'abord. On les laissera provisoirement ici dans leur anciene place, la classe des Polypes, telle que l'entend l'illustre professeur, paraissant être peu naturelle, et se trouvant toute démembrée dans l'ordre qu'ont adopté les rédacteurs du présent Dictionnaire.

Pl. LXI.   Genre Actinie. *V.* T. i, p. 106. (lam..x.)

F. 1. *Actinia Novæ-Hiberniæ*, Less., Coquille, pl. 3 des Zoophytes, f. 1.

F. 2. *Actinia Sanctæ-Catharinæ*, Less., Coquille, pl. 2 des Zoophytes, f. 2, mal à propos Actinie du Brésil au bas de la planche de ce Dictionnaire.

Ces deux espèces n'étaient pas connues lorsque l'article Actinie fut publié. On en doit la découverte à M. Lesson qui les a figurées et décrites dans la magnifique Relation du voyage de M. Duperrey.

Pl. LXII. Genre PHYSALE. *V.* PHYSALIE, T. XIII, p. 468. (LESS.) Pour lequel Lesson propose le nouveau nom de *Cystisoma* dans sa Zoologie de la Coquille, afin de le mieux distinguer du genre *Physalus* qui appartient à l'ordre des Cétacés, dans la classe des Mammifères. Ce nom de Cystisome a été mis au bas de la planche, mais à tort par le copiste, pour celui de l'espèce qui est le *Physalia antarctica*, Less., pl. 5 des Zoophytes de la Coquille, f. 2. *Physalia elongata*, Lamk., Anim. sans vert.

CRUSTACÉS.

V. T. V, p. 134. (AUD.)

—

—

ARACHNIDES.

V. T. I, p. 496. (LATR.)

—

INSECTES.

V. T. VIII, p. 539. (AUD.)

—

PL. LXVIII.   COLÉOPTÈRES. *V*. T. I, p. 307. (AUD.)

D'après la méthode de Latreille (Règne Anim. de Cuvier, 2ᵉ éd., T. v), les genres de Coléoptères ici représentés doivent se disposer dans l'ordre suivant :

Bupreste. *V*. T. ii, p. 583. (AUD.)
Brente. *V*. T. ii, p. 506. (AUD.)
Monochame. *V*. T. xi, p. 91. (G.)
Lamie. *V*. T. ix, p. 185. (G.)
Saperde. *V*. T. xv, p. 151. (G.)
Casside. *V*. T. iii, p. 252. (AUD.)
Galéruque. *V*. T. vii, p. 125. (G.)

PL. LXIX.   ORTHOPTÈRES. *V*. T. xii, p. 428. (G.) *V*. aussi CRIQUET. T. v, p. 71. (AUD.)

PL. LXX.   HÉMIPTÈRES. *V*. T. viii, p. 122. (G.) *V*. aussi FULGORE.

PL. LXXI.   HYMÉNOPTÈRES, *V*. T. viii, p. 458. (G.) *V*. aussi AILES DANS LES INSECTES. T. i, p. 176 et suiv. (AUD.)

Fig. 1. Aile d'un Chalcis, *Chalcis*. Latr. Règne Anim. 2ᵉ édit. T. v, p. 295.

a. Le bout de l'aile, ou l'extrémité. — b. La base de l'aile, à son insertion sur le thorax. — c. Angle postérieur, interne ou anal, formés par la réunion du bord pos-

— 114 —

térieur et du bord interne. — d. Bord externe, bord antérieur ou d'en haut, ou
simplement la côte, vers le milieu de laquelle se voit le point calleux ou épais. —
e. Le bord postérieur, compris entre le
bout de l'aile et l'angle postérieur. — f. Le
bord interne, s'étendant depuis le bord
postérieur jusqu'à la base de l'aile. — g. Le
disque de l'aile, ou toute la partie comprise
entre ses bords. Cette aile est la plus simple de toutes celles des Hyménoptères.

Fig. 2. Aile d'une Tenthrède, *Tenthredo*.
Latr. Règne Anim. 2ᵉ éd. T. v, p. 274.

a. Nervure externe nommée *radius*. — b.
Nervure interne nommée *cubitus*; toutes
deux se terminant au point épais. — c. Le
point épais, calleux, autrement nommé
le carpe, ou stigmate de quelques auteurs.
— d. Les deux cellules connues sous le
nom de radiales ; la première étant la plus
voisine du point calleux. — e. Les quatre
cellules nommées cubitales; la première
étant la plus voisine de la nervure nommée
cubitus; la quatrième atteignant le bout de
l'aile. — f. Les deux cellules nommées discoïdales, la première étant la plus voisine
de la deuxième cubitale. — g. Plusieurs
nervures connues sous la dénomination
commune de brachiale.

Fig. 3. Aile d'un Palare, *Palarus*. Latr.
Règne Anim. 2ᵉ édit. T. v, 328.

a. Cellule radiale appendiculée. — b. La seconde cellule cubitale pétiolée. — ii. Deux
cellules discoïdales ainsi nommées de leur
position au centre de l'aile ; elles sont le
plus ordinairement au nombre de trois.

Fig. 4. Aile d'un Chrysis, *Chrysis*. Latr.
Règne Anim. 2ᵉ édit. T. v, p. 304.

a. Cellule radiale unique, atteignant le bout
de l'aile. — b. Une cellule cubitale unique,
incomplète, les discoïdales également in-
complètes.

Fig. 5. Aile d'un Centris, *Centris*. Latr.
Règne Anim. 2ᵉ édit. T. v, p. 356.

a. Cellule radiale unique. — b. Trois cellules
cubitales ; la troisième n'atteignant pas le
bout de l'aile. — h h h h h. Cellules humé-
rales de M. Jurine ; les deux premières com-
prises entre des points sous les discoïdales
de M. Latreille ; les autres ne servent point
dans la détermination des genres.

Fig. 6. Bulles d'air interrompant les nervures dans une aile d'Hyménoptère à un
très-fort grossissement. *V.* AILES, p. 177,
col. 2.

Fig. 7. Aptérogyne unicolore. Mull., Latr.
V., pour le genre, Règne Anim. 2ᵉ édit. T.
v, p. 315.

Fig. 8. Aile supérieure gauche du même
insecte.

Fig. 9. Aptérogyne d'Olivier, femelle,

Latr. Les femelles de ce genre sont aptères. *V*. Latr. Règne Anim. 2ᵉ édit. T. v, p. 315. *V*. T. ι, p. 487. (AUD.)

PL. LXXII et LXXIII. LÉPIDOPTÈRES. *V*. T. ιx, p. 292. (G.)

D'après la méthode de Latreille (Règne Anim. 2ᵉ éd.), les espèces ici représentées dans les deux planches devraient l'être dans l'ordre suivant :

Satyre. *V*. T. xv, p. 178. (G.)
Erycine. *V*. T. vι, p. 287. (AUD.)
Uranie. *V*. T. xvι, p. 468. (G.)
Collimorphe. *V*. T. ιιι, p. 54. (AUD.)

Nota. La planche où est représentée l'URANIE doit suivre l'autre.

—

ANNELIDES.

V. T. I, p. 391. (AUD.)

—

PL. LXXIV.   LÉODICE ANTENNÉE, *Leodicoe antennata*, Savigny. *V*. T. ιx, p. 279. (AUD.)

a. Tête vue en dessus, grossie. — b. Vue de profil. — c. Détail des mâchoires. — d. L'un des appendices latéraux aux pieds.

PL. LXXV.   BDELLE DU NIL, *Bdella nilotica*, Savigny. *V*. T. ιι, p. 237. (AUD.)

1. L'animal dans tout l'alongement qu'il est susceptible de prendre. — 2. Contracté et

de profil. — 3. Contracté vu en dessous.
—a. Ventouse orale grossie vue en dedans. — b. La même se contractant et de
profil. — c. Mâchoire impaire très-grossie
et détachée d'une espèce du genre Hœmo-
pis. *V.* ce mot au T. VIII, p. 7. (AUD.) Mal
à propos Œmopis au bas de la planche
par l'ignorance du copiste.

—

CONCHIFÈRES.

V. T. IV, p. 364. (D..H.)

—

PL. LXXVI.   Fig. 1. ISOCARDE GLOBULEUSE , *Isocardia
Cor*, Lamk. *V.* T. IX , p. 29. (D..H.)

Fig. 2. CORBEILLE PÉTONCLE, *Corbis Pe-
tunculus*, Lamk. *V.* T. IV, p. 47. (D..H.)

Fig. 3. GLYCIMÈRE SILIQUE, *Glycimeris Siliqua*, Lamk. *V.* T. VII, p. 390. (D..H.)

Fig. 4. THRACIE CORBULIFORME (et non Tra-
cie comme on a mis au bas de la planche),
Thracia corbuloides. *V.* T. XVI , p. 235.
(D..H.)

a. Montre la charnière pour rendre sensi-
ble la dent libre caduque, dont le genre
formé par Leach tire son caractère.

PL. LXXVII.   Fig. 1. CYRÈNE DÉPRIMÉE, *Cyrena depressa.*
V. T. V, p. 290. (D..H.)

Fig. 2. EMARGINULE ORNÉE, *Emarginula ornata.* *V*. T. vi, p. 138. (D..H.)

Fig. 3. CYPRINE D'ISLANDE, *Cyprina Islandica*, Lamk. *V*. T. v, p. 281. (D..H.)

Fig. 4. CRASSATELLE SCUTELLAIRE, *Crassatella scutellaria.* *V*. T. v, p. 33. (D..H.)

a. Valve vue intérieurement pour montrer la charnière. — b. Côté extérieur.

PL. LXXVIII.   Fig. 1. DONACE A RÉSEAU, *Donax Meroe.* Lin. *V*. T. v, p. 529. (D..H.)

Fig. 2. CRASSINE CRASSATELLE, *Crassina Danmoniensis*, Lamk. *V*. ASTARTÉ, T. ii, p. 33. (F.)

Fig. 3. CYTHÉRÉE CÉDONULLI, *Cytherea erycina*, Lamk. *V*. T. v, p. 301. (D..H.)

Fig. 4. CORBULE A GROS SILLON, *Corbula exarata.* *V*. T. iv, p. 474. (D..H.)

Fig. 5. HIPPOPE MACULÉE, *Hippopus maculatus*, Lamk. Petit individu. *V*. T. viii, p. 215. (D..H.)

PL. LXXIX.   Fig. 1. DICÉRATE GAUCHE, *Diceras sinistra.* *V*. T. v, p. 466.

a. La coquille complète et fermée. — b. La grande valve. — c. La petite, l'une et l'autre par dedans.

Fig. 2. GRYPHÉE ANGULEUSE, *Gryphæa angulata*, Lamk. *V*. au mot HUÎTRE. T. viii, p. 389. (D..H.)

a. Valve vue en dehors. — b. La même en dedans.

MOLLUSQUES.

V. T. XI, p. 16. (D..H.)

—

Ordre des GASTÉROPODES. *V.* T. VII, p. 556. (B.)

Pl. LXXX.   Fig. 1. Fasciolaire distante, *Fasciolaria distans*, Lamk. *V.* T. VI, p. 404. (D..H.)

Fig. 2. Harpe mutique, *Harpa mutica*, Lamk. *V.* T. VIII, p. 54. (D..H.)

Fig. 3. Fuseau serré, *Fusus serratus*. *V.* T. VII, p. 87. (D..H.)

Fig. 4. Fissurelle hiantule, *Fissurella hiantula*, Lamk. *V.* T. VI, p. 515. (D..H.)

a. La coquille vue en dessus.—b. En dessous ou dedans.

Pl. LXXXI.   Fig. 1. Haliotide noduleuse, *Haliotis pulcherrima*, Martius. *V.* T. VIII, p. 21. (D..H.) a. En dessus. — b. En dedans.

Fig. 2. Hélice serpentine, *Helix serpentina*, Ménard. *V.* T. VIII, p. 74 (D..H.)

a. En dessus. — b. En dessous.

Fig. 3. Hélice enfoncée, *Helix cepa*. Mull. *V.* T. VIII, p. 74. (D..H.)

a. En dessus. — b. En dessous.

Pl. LXXXII.   Fig. 1. Volute poncticulée, *Voluta japonica*. Lin. *V.* T. XVI, p. 632. (D..H.)

Fig. 2. Volvaire striée, *Volvaria striata*, Lamk. *V.* T. XVI, p. 634. (D..H.)

a. Vue par dessus. — b. Par dessous du côté de la bouche.

Fig. 3. TURBO ONDULÉ, *Turbo undulatus*, Gmel. *V*. T. XVI, p. 436. (D..H.)

Fig. 4. VIS CRÉNELÉE, *Terebra crenulata*, Lamk. *V*. T. XVI, p. 612. (D..H.)

PL. LXXXIII. Fig. 1. PORCELAINE A BANDES, *Cypræa vittata*. *V*. T. XIV, p. 219. (D..H.)

a. La coquille en dessus. — b. Vue en dessous.

Fig. 2. CONE ÉCRIT, *Conus scriptus*. *V*. T. IV, p. 385. (D..H.)

Fig. 3. CONE CÉDONULLI, *Conus Cedonulli*. Var. γ. *V*. T. IV, p. 387. (D..H.)

Fig. 4. PORCELAINE OCELLÉE, *Cypræa ocellata*, Lin. *V*. T. XIV, p. 216. (D..H.)
a. En dessus. — b. En dessous.

Fig. 5. PORCELAINE GÉOGRAPHIQUE, *Cypræa mappa*, Lin. Très-belle et rare variété de la collection de notre collaborateur Deshayes. *V*. T. XIV, p. 219. (D..H.)

a. La coquille de grandeur naturelle en dessus. — b. En dessous.

PL. LXXXIV. Fig. 1. DAUPHINULE LIME, *Dauphinula Lima*, Lamk. *V*. T. V, p. 364. (D..H.)

a. La coquille en dessus. — b. En dessous.

Fig. 2. CADRAN TACHETÉ, *Solarium hybridum*. *V*. SOLARIUM. T. XV, p. 479. (D..H.)

a. En dessus. — b. En dessous.

Fig. 3. CYCLOSTOME VARIABLE, *Cyclostoma variabilis. V.* T. v. p. 253. (D..H.)
a. En dessus. — b. En dessous.

CYCLOSTOME MOMIE, *Cyclostoma Momia. V.* T. v, p. 254. (D..H.)

a. En dessus. — b. En dessous.

Fig. 5. DOLABELLE CALLEUSE, *Dolabella callosa*, Lamk. *V.* T. v, p. 579. (D..H.)
a. En dehors. — b. En dedans.

PL. LXXXV.   AGATHINE FASCIÉE, *Agathina fasciata*, Lamk. *Bulla fasciata*, L. Espèce terrestre fort grande et commune dans les bois de l'Ile-de-France où les nègres l'appellent *Couroupa*. L'animal n'en avait jamais été figuré. Il a été reproduit, dans l'Atlas du voyage de Duperrey, par M. Lesson qui l'avait aussi observé. Il n'en a pas été question dans le texte du Dictionnaire, quoique cette espèce remarquable fût anciennement connue. J'en avais autrefois rapporté un grand nombre de beaux individus qui se sont répandus dans divers cabinets de l'Europe, notamment dans la collection de Richard, qui est passée dans celle de M. Férussac. *V.* AGATHINE, T. 1, p. 147. (F.)

PL. LXXXVI.   Fig. 1. AURICULE DE DOMBEY, *Auricula Dombeyana*, Lamk. *V.* T. ii, p. 88. (F.)

a. Vue en dessous du côté de la bouche. — b. En dessus.

Fig. 2. HÉLICE SERPENTINE, *Helix Serpentina*, Molina. *V.* T. VIII, p. 74. (D..H.)

PL. LXXXVII.   Fig. 1. AGATHINE POURPRÉE, *Agathina purpurea*, Lamk. *V.* T. I, p. 147. (F.)

Fig. 2. AMPULLAIRE VERTE, *Ampullaria virescens*. *V.* T. I, p. 301. (F.)

Fig. 3. ANCILLAIRE BLANCHE, *Ancillaria candida*, Lamk. *V.* T. I, p. 343. (F.)

Fig. 4. CASQUE TREILLISSÉ, *Cassis decussata*, Lamk. *V.* T. III, p. 245. (B.)

ORDRE DES CÉPHALOPODES. *V.* T. III, p. 33o. (B.)

Fig. 5. ARGONAUTE PAPYRACÉ, *Argonauta Argo*, L. *V.* T. I, p. 552. (F.)

PL. LXXXVIII.   Fig. 6, 7, 8. ARGONAUTE DE CRANK, *Argonauta Cranchii*, Leach. *V.* T. I, p. 552 (F.) et OCYTHOE. T. XII, p. 70. (D..H.)

Fig. 1. SPIRULE DE PÉRON, *Spirula Peronii*, Lamk. *V.* T. XV, p. 583. (D..H.)

1. L'animal complet. — a. La coquille. — b. Coupe d'un morceau de cette coquille tant soit peu grossi pour montrer la disposition des cloisons internes.

Fig. 2. CALMAR DE BANCKS, *Loligo Banksii*, Leach.

Fig. 3. CALMAR LEPTURE, *Loligo Leptura*, Leach.

Pour ces deux espèces *V.* CALMAR, T. III,

p. 67 (F.) et Ornichoteuthe, T. xii, p. 223. (d..h.)

Fig. 4 et 5. Calmar scabre et Calmar cardioptère. Pour ces espèces qui appartiennent au nouveau genre Cranchie, *V.* T. v, p. 11. (d..h.) *Cranchia scabra* et *Cranchia maculata*, Leach.

Pl. LXXXIX. F. 4. Calmar caraïbe, *Loligo Caribæa.* *V.* T. iii, p. 67. (f.)

F. 3. Calmaret cyclure, *Loligopsis cyclurus*, F. *Leachia cyclura*, Lesueur. *V.* T. iii, p. 67. (f.)

F. 2. Sépiole de Rondelet, *Sepiola Rondeleti.*, Leach. *Sepia Sepiola*, L. Petit animal mentionné et assez mal figuré par Rondelet, p. 375 de la traduction française. Il n'en a point été question dans le Dictionnaire, soit à sa place alphabétique, soit à l'article Sèche. M. Cuvier, dans sa seconde édition du Règne Animal (T. iii, p. 15), en fait le type d'un sous-genre de Calmars, caractérisé par ses nageoires arrondies, attachées aux côtés du sac et non à sa pointe. La Sépiole commune ou de Rondelet abonde dans la Méditerranée; elle dépasse rarement deux pouces et demi à trois pouces de long. On la voit fréquemment à la poissonnerie de Marseille, où elle fournit, avec les petits Calmars appelés Sépions, un mets assez estimé.

F. 1. Poulpe cirrheux; *Octopus cirrhosus*, Lamk. *V.* T. xiv, p. 249. (d..h.)

GRAND EMBRANCHEMENT DES VERTÉBRÉS.

V. T. I, au mot ANIMAL, p. 378.

* Vertébrés à sang froid.

POISSONS.

V. T. XIV, p. 122 (B.) et ICHTYOLOGIE au Supplément.

—

PL. XC.

Fig. 1. PERCHE GRAMMITE, *Perca grammitis*, N. Cette espèce vient de la baie des Chiens-Marins à la Nouvelle-Hollande. Nous ne la connaissons que par un dessin qu'en a fait feu M. Milius, capitaine de vaisseau, qui fut tour à tour gouverneur de la Guiane et de Mascareigne, et qui avait fait partie de l'expédition du capitaine Baudin. C'est un Poisson de petite taille, remarquable par la manière régulière dont il est rayé longitudinalement. Cette manière de coloration est assez fréquente dans les Poissons de l'Australasie. *V*. PERCHE, T. XIII, p. 202. (B.)

Fig. 2. CAUTHÈRE DOUTEUSE, *Cautherus dubia*, Bory. *V*. T. III, p. 160.

Fig. 3. CAUTHÈRE DE MILIUS, *Cautherus Milii*, Bory. *V*. T. III, p. 160.

Ces deux espèces sont encore établies et figurées d'après des dessins assez médiocres faits sur les lieux par feu notre ami Milius, qui pêcha ces poissons dans la baie des Chiens-Marins.

Pl. XCI. Serran Bonaci-Arara de Cuba , *Serranus Arara ,* Cuv., Hist. T. ii, p. 377. Espèce qui n'avait pas été convenablement figurée dans les Poissons de la Havane , par Parra, et qui, communiquée au Dictionnaire par M. Desmarest, paraît être une variété de *Jonnius guttatus* de Schneider, p. 77. On le mange, mais sa chair est quelquefois malsaine.

Pl. XCII. Serran guativère de Cuba , *Serranus Ouatlibi ,* Cuv., Hist. T. ii , p. 381. Lorsque ce Poisson est vivant , il est d'un rouge vif. La figure qu'on en donne ici , très-exacte du reste surtout quant aux formes, a été faite d'après un individu conservé dans la liqueur, et qui s'était décoloré. On mange ce poisson à la Havane.

Pl. XCIII. Priacanthe de Lacépède, *Priacanthus Lacepedianus,* Desmarest. Décad., p. 9. *V*. T. xiv, p. 276. (ʀ.) Poisson de Cuba.

Pl. XCIV. Myripristis Jacob de Cuba, *Myripristis Jacobus ,* Cuv., Hist. T. iii , p. 162. Vulgairement Frère-Jacques à la Martinique, où l'on trouve aussi ce beau Poisson , qui n'avait pas encore été figuré.

Pl. XCV. Scorpène. L'espèce que M. Lesson a fait figurer ici sous le nom de *Scorpena anthenata,* Bloch, ne ressemble guère à la figure, qu'on voit dans la planche 185 de cet ichtyologiste , et qui se trouve reproduite dans l'Encyclopédie méthodique, pl. 88, fig. 370. L'un et l'autre Poisson appartiennent au genre Ptéroïs, Cuv., Hist. T. IV, p. 351. *V*. Scorpène, T. XV, p. 282. (less.)

Pl. XCVI.

Chevalier ponctué, *Eques punctatus*, Cuv., Hist. T. V, p. 167, dont on trouvait déjà deux figures médiocres, l'une dans Parra, l'autre dans Schneider, ce qui décida M. Desmarest à donner celle-ci, qui fut faite d'après nature sur l'un des Poissons qu'il avait reçus de la Havane. Elle est reproduite dans Cuvier, p. 116. *V*. Chevalier, T. III, p. 572. (b.)

Pl. XCVII.

Pentapode a bandelette, *Pentapodus vitta*, Cuv., Hist. T. VI, p. 264. La présente figure a été reproduite du beau Voyage de l'Uranie, pl. 44, où Quoy et Gaimard ont fait représenter cette espèce, découverte par eux dans la baie des Chiens-Marins. Le sous-genre Pentapode se trouve récemment établi dans la seconde édition du Règne Animal, T. II, p. 184, parmi les Dentes, *Dentex*. Il a pour type le *Sparus vittatus* de Bloch, et contient en outre sept espèces des mers de l'Inde. Toutes ont la bouche peu fendue, où l'extrémité des mâchoires ne porte plus que deux fortes canines, entre lesquelles s'en voient quelquefois deux ou quatre beaucoup plus petites ; les autres dents sont en velours, rases et disposées sur une bande fort étroite.

Pl. XCVIII.   F. 1. Diabasis rayé d'or, *Diabasis flavo-lineatus*, Desmarest.

F. 2. Diabasis de Parra, *Diabasis Parra*, Desmarest. *V.* T. v, p. 444. (D.)

Pl. XCIX.   F. 2. Ombrine de Fournier, *Umbrina Fur-nieri*, Desmarest, Décade, p. 22. Poisson omis dans l'Histoire de Cuvier, encore que le vol. v, où il est question des Ombrines, soit de beaucoup postérieur au travail de M. Desmarest. Il a été envoyé à ce dernier de Cuba, par M. Fournier dont il lui a donné le nom. *V.* Sciène. T. xv, p. 256.

F. 1. Lutjan museau pointu, *Lutjanus acutirostris*, Desmarest, Décade, p. 13. Espèce de Cuba figurée ici pour la première fois. *V.* T. ix, p. 545. (B.)

Pl. C.   F. 1. Lutjan d'Aubriet, *Lutjanus Aubrietii*, Desmarest, Décade, p. 17. Espèce de Cuba, qui n'avait jamais été figurée.

E. 2. Acanthure de Broussonet, *Acanthu-rus Broussonetii*, Desmarest, Décade, p. 26. Espèce de la Martinique, où on la confond avec ses congénères sous le nom de *Chirurgien*. Il n'avait jamais été représenté. Il doit être placé près du Noiraud. *V.* Acanthure, T. i, p. 41. (B.)

Pl. CI.   F. 3. Glyphisodon Vidal, *Glyphisodon lacrymatus*, Cuvier, Hist. T. v, p. 478, sous le nom de G. à gouttelettes. Il a été rapporté des mers de l'île Guam par MM. Quoy et Gaimard, qui l'ont aussi figuré dans le beau Voyage de l'Uranie , pl. 62 , fig. 7.

F. 1. Chétodon miliaire, *Chetodon miliaris*, Cuv., Hist. T. vii , p. 26 , figuré ici d'après Quoy et Gaimard. (Voyage de l'Uranie, pl. 62, fig. 5.) Espèce fort élégante des mers des îles Sandwich.

F. 2. Chétodon Taunay, *Chetodon bifascialis* (et non *trifascialis* comme on l'a imprimé par ignorance du dessinateur), Cuv., Hist. T. vii , p. 48, figurée ici sans discernement d'après une représentation également vicieuse qu'on trouve dans l'Uranie (pl. 62, fig. 5.) C'est un très-petit poisson des mers de l'île Guam. *V*. Chétodon, T. iv, p. 50. (b.)

Pl. CII.

Holacanthe couronné, *Holacanthus coronatus*, Desmarest, Décade, p. 44. Holacanthe ciliaire, Cuv., Hist. T. vii , p. 154. La figure qu'on voit ici est parfaitement exacte quant aux formes ; mais quant à la coloration générale, qui ne convient guère aux autres figures qu'on possède du même poisson , elle a pu être altérée dans la liqueur et perdre de ces nuances de vert doré ou de violet dont il est question dans Cuvier. *V*. T. viii , p. 257.

Pl. CIII.

Piméleptère Morriac , *Pimelepterus Vaigiensis*. Quoy et Gaimard, dans l'Uranie, dont cette figure est reproduite , pl. 62, fig. 4. Il

a été dit, à l'article Piméleptère du Dictionnaire, *V*. T. xiii, p. 573, qu'on ne connaissait qu'une espèce de ce genre ; depuis ce
temps on en compte quatre. Lacépède le
forma d'après Bosc, mais en fit au moins un
triple emploi ; car ses Xystères et ses Dor-
suaires sont la même chose selon Cuvier dans
sa seconde édition du Règne Animal. *V*. Xys-
tère et Dorsuaire aux T. xvi et v.

Pl. CIV.   F. 1. Scombéroïde commersonnien, Lacépède. *V*. T. vii, p. 159.

F. 2. Saure milien, Bory. *V*. T. xv, p.
188, au mot Saumon.

Pl. CV.   Acinacée batarde, *Acinacea notha*, Bory.
V. T. i, p. 93. (b.)

a. Coupe par le travers du corps. — b. Mâchoire supérieure du tiers ou du quart de
grandeur naturelle pour montrer la disposition des dents.

Pl. CVI.   Coryphæne Doradon, *Coryphæna Hippurus*, Linn. *V*. T. iv, p. 528.

Pl. CVII.   Coryphæne de Bory, *Coriphæna Boryi*,
Drap. *V*. T. iv, p. 528.

Pl. CVIII.   Sidjan marbré, *Amphacanthus marmoratus*.
Quoy et Gaimard, dans le Voyage de l'Ura-
nie, pl. 62, ont décrit cette espèce, dont
l'auteur de l'article Sidjan, *V*. T. xv, p. 416,
n'a pas parlé ; elle vient des mers polyné-
siennes.

Pl. CIX.   Muge gaimardien, *Mugil gaimardianus*.

Cette espèce de Cuba, certainement nouvelle, a été figurée à la demande et sous la direction de M. Desmarest, qui n'en a pas donné la description, la publication de ses Décades ichthyologiques ayant été interrompue.

Pl. CX.   ANAMPSÈS DE CUVIER, *Anampses Cuvieri*, Quoy et Gaimard, Voyage de l'Uranie, pl. 55, p. 1, dont la présente figure est copiée. Le sous-genre Anampsès, omis dans le texte du Dictionnaire, a été assez récemment établi par Cuvier, et on le trouve mentionné dans la seconde édition de son Règne Animal, T. II, p. 259, parmi les Labres, à la suite des Girelles, et distingué de celles-ci en ce que les mâchoires n'ont chacune que deux dents plates, saillant hors de la bouche et recourbées en dehors. On n'en connaissait encore qu'une espèce des mers de l'Inde, le *Labrus Tetrodon* de Schnéider.

Pl. CXI.   GAMPHOSE DE LACÉPÈDE, *Gamphosus tricolor*, Quoy et Gaimard, Voyage de l'Uranie, p. 55, fig. 2. *Gamphosus viridis* de Cuvier. Ce poisson, des mers de l'Inde, est un manger délicieux. Il grossit le nombre des espèces d'un sous-genre où l'on n'en connaissait que deux. *V.* T. VII, p. 153. (B.)

Pl. CXII.   SCARE A BANDELETTES DE CUBA, *Scarus Tæniopterus*, Desmarest. T. XV, p. 244. (LESS.)

Pl. CXIII.   F. 2. SPARE DE MILIUS, *Sparus Milii*. Ce poisson a été mentionné ici et figuré d'après un dessin qu'en avait fait M. Milius quand il le prit dans la baie des Chiens-Marins en pêchant à la ligne. Aucune description n'était jointe à la figure qu'on a rapportée au genre Spare d'après son faciès seulement. La distribution des couleurs y est fort remarquable, et il sera très-facile aux voyageurs qui le pourraient rencontrer de le reconnaître à l'instant.

F. 1. Callorhynque de Milius, *Callorhynchus Milii*, Bory. *V*. T. vi , p. 62. (b.)

Pl. CXIV.   F. 1. Picarel Railliard , *Smaris Mauricianus*, Quoy et Gaimard, Voyage de l'Uranie. Cette espèce avait échappé à tous les naturalistes qui ont visité l'Ile-de-France, où elle paraît cependant n'être pas rare.

F. 2. Leiche de Laborde , *Scymnus Mauricianus*, Quoy et Gaimard , Voyage de l'Uranie, pl. 44 , fig. 2. Remarquable par la petitesse de sa dorsale, à ajouter au nombre des espèces dont il a été donné l'énumération à l'article Squale. *V*. T. xv, p. 598.

Pl. CXV.   F. 1. Baliste Taupine , *Balistes Talpina*, Bory. Espèce nouvelle établie sur un dessin fait à la baie des Chiens-Marins par Milius.

F. 2. Baliste de Milius, *Balistes Milii*, Bory. *V*. T. ii , p. 169. (b.) Ces deux Balistes sont gravées pour la première fois.

Pl. CXVI.   Pastenaque Torpédine, *Trigonobatus Tor-*

pedinus, Desmarest, Décade, p. 6. V. T. xiv, p. 448, à l'article RAIE. (B.) Cette espèce n'avait jamais été figurée.

***

REPTILES.

V. T. XIV, p. 5o8 et ERPÉTOLOGIE, T. VI p. 274. (B.)

***

ORDRE DES SAURIENS. V. T. xv, p. 193. (B.)

PL. CXVII.   Fig. 1. ICHTHYOSAURE COMMUN, *Ichthyosaurus communis*. V. T. viii, p. 501. (B.)

F. 2. PLÉSIOSAURE A LONG COL, *Plesiosaurus dolichodeirus*. V. T. xiv, p. 51. (B.)

PL. CXVIII.   CROCODILE DE GRAVES, *Crocodilus Gravesii*, Bory. V. T. v, p. 12. (B.) Figuré pour la première fois.

PL. CXIX.   CROCODILE DE JOURNU, *Crodilus Journéi*, Bory. V. T. v, p. 111. (B.) Figuré pour la première fois.

PL. CXX.   F. 1. PHYLLURE DE MILIUS, *Phyllurus Milii*, Bory.

F. 2. PHYLLURE DE CUVIER, *Phyllurus Cuvieri*, Bory. V. T. xii, p. 464. (B.) Ces deux espèces n'avaient pas encore été gravées.

PL. CXXI.   CAMÉLÉON ZÈBRE, *Camœleon Zebra*, Bory. V. T. iii, p. 97. (B.) Cette espèce est figurée pour la première fois.

⁕ Vertébrés à sang chaud.

OISEAUX.

V. T. XII, p. 149. (dr..z.)

Pl. CXXVIII.   F. 1. Tangara du Canada, *Tangara rubra. V*. T. xvi, p. 33. (dr..z.)

F. 2. Manakin tijé, *Pipra paveola. V*. T. x, p. 153. (dr..z.)

Pl. CXXIX.   F. 1. Manakin a gorge blanche, *Pipra gutturalis. V*. T. x, p. 152. (dr..z.)

F. 2. Platyrinque brun, *Todus Platyrinchos. V*: T. xiv, p. 39. (dr..z.)

Pl. CXXX.   Gubernète du Brésil, *Gubernetes Cunninghami*, Such., *Zool. Journ.* T. ii, p. 110. Genre de l'ordre des Passereaux, tribu des Dentirostres et de la famille des Laniadées, qui se place naturellement entre les Sporacles et les Langrayens, trop récemment établi pour avoir pu trouver place dans le Dictionnaire, et dont les caractères consistent dans un bec épais un peu déprimé, assez élargi à la base ; à arête arrondie ; à mandibule supérieure légèrement échancrée au sommet ; narines ovalaires ; soies roides et épaisses ; ailes médiocres ; rémiges de la première à la cinquième à peu près égales, la première la plus courte et la deuxième la plus longue ; tarses médiocres, scutellés ; doigts réticulés en dessous ; les écailles ovales ; queue très-longue, fourchue. La seule espèce connue de Gubernète qu'on a figurée ici moitié environ de grandeur naturelle, est un oiseau de l'Amérique Méridionale long en tout de quatorze pouces. (b.)

Pl. CXXXI.   Mérion natté et Mérion leucoptère, *Ma*

lurus textilis et *Malurus leucopterus*. *V*. T. x, p. 425. (DR..Z.)

Pl. CXXXII. COLIBRI TOPAZE ET COLIBRI A CRAVATE VERTE, *Trochilus pella* et *Trochilus maculatus*. *V*. T. IV, p. 315. (DR..Z.)

Pl. CXXXIII. F. 1. TODIER TACHETÉ, *Todus maculatus*. N'appartient plus au genre Todier réduit comme il l'a été à une seule espèce par Temmink, mais rentre dans celui qui porte le nom de Moucherolle, où l'espèce ici figurée se trouve décrite.

F. 2. TODIER GRIS. Appartient également au genre Moucherolle. *V*. T. XI, p. 224. (DR..Z.)

Pl. CXXXIV. F. 1. CORBEAU PIE-HOUPETTE, *Corvus cristatellus*, Temmink. *V*. T. IV, p. 467, au mot CORBEAU-HOUPETTE. (DR..Z.)

F. 2. CALAO A CASQUE CONCAVE, *Buceros cristatus*. *V*. T. III, p. 31. (DR..Z)

Pl. CXXXV. COUCOU CUIVRÉ, *Cuculus cupreus*. *V*. T. IV, p. 566. (DR..Z.)

Pl. CXXXVI. F. 1. CAROUGE GASQUET, *Xanthornus Gasquet*, Quoy et Gaimard, dans le Voyage de l'Uranie. On chercherait vainement cette espèce aux articles CAROUGE et TROUPIALE du Dictionnaire, qui ont été traités avec beaucoup de négligence ou de confusion, les genres formés récemment par les ornithologistes n'y étant pas distingués. C'est au Supplément que l'on rétablira l'ordre sur ce point d'histoire naturelle.

F. 2. Mégapode de Freycinet, *Megapodus Freycinetii*, Gaimard. *V*. T. x, p. 308. (dr..z.)

Pl. CXXXVII.   F. 1. Martin-Chasseur de Gaudichaud, *Dacelo Gaudichaudii*, Gaimard. *V*. T. x, p. 222. (dr..z.)

F. 2. Colombe Pinon, *Columba Pinonii*, Gaud. *V*. T. xiii, p. 559. Pigeon Pinon. (dr..z.)

Pl. CXXXVIII.   F. 1. Ara tricolore, *Macrocercus tricolor*, *V*. T. i, p. 402 (dr..z.), et à l'article Perroquet. T. xiii, p. 247.

F. 1. Kakatoès noir. Cet oiseau appartient maintenant au sous-genre Microglosse. *V*. T. xiii, p. 270. (dr..z)

F. 3. Argus femelle. *V*. T. i, p. 557. (dr..z.)

Pl. CXXXIX.   Argus male. *V*. T. i, p. 557. (dr..z.)

—

MAMMIFÈRES.

V. T. X, p. 73 (is. g. st.-h.) et Mammalogie, *ibid.* p. 63.

—

Pl. CXL.   Baleines. *V*. T. ii, p. 155. (a. d..ns.)

Pl. CXLI.   F. 1. Dauphin de Bory, *Delphinus Boryi*,

Desmarest, Encycl. Méth. *V.* T. v, p. 556. (a. d..ns.) Figuré ici pour la première fois.

F. 2. Dugong. *V.* T. v, p. 460. (a. d..ns.)

Pl. CXLII. Ornithorhynque paradoxal, *Ornithorhynchus paradoxus.* *V.* T. xii, p. 593, et Monotrèmes, T. xi, p. 103. (is. g. st.-h.)

Pl. CXLIII. Anatomie de l'Ornithorhynque.

F. 1. Pates postérieures et abdomen ouvert d'un côté, vu par la face inférieure, chez un individu femelle (d'après Meckel.)

nn. Glande sous-abdominale, considérée par Meckel comme une véritable glande mammaire. *V.* le texte, T. xii, p. 394 et 395. — z. Ouverture extérieure du vestibule commun ou cloaque. — f. Trou existant à la place où se trouve l'ergot chez les mâles. — k. Rudimens de l'ergot rendus apparens.

F. 2. Vestibule commun vu en dedans, pénis et fourreau du pénis du mâle (d'après Geoffroy.)

b. — Fourreau du pénis. — *b.* Son orifice dans le vestibule commun. — p. Pénis. — c. c. Glands du pénis. — z. Intérieur du vestibule commun. — *b. x.* Orifice de l'intestin dans le vestibule commun. — s. Orifice du canal uréthro-sexuel.

F. 3. Extrémité du clitoris gravée (d'après Geoffroy.)

D. D. Tubercules ou petites épines. — E. E. Grandes épines.

F. 4. Organes génito-urinaires de la femelle (d'après Geoffroy.)

R Rein. — U. Uretère. — *u.* — Son orifice dans le canal de l'urèthre. — v. Vessie. — *v.* Son orifice dans le canal de l'urèthre. — c. Canal de l'urèthre. — o. Ovaire. — T. Trompe ou tube de Fallope. — A. A. Adutérums. — *a.* — Leur orifice dans le canal de l'urèthre. — s. Canal uréthro-sexuel. — *s.* — Son orifice dans le vestibule commun. x. Rectum. — z. Vestibule commun. — *z.* Son orifice extérieur où l'anus.

N. B. Dans les trois figures représentant les organes génito-urinaires de l'Ornithorhynque, les petites lettres désignent toujours les orifices des canaux ou des organes désignés par les lettres majuscules correspondantes.

Voyez pour plus de détails le texte où les organes de la génération dans les deux sexes sont décrits avec beaucoup de soin.

Pl. CXLIV. Antilopes. *V.* T. I, p. 441, 445 et 446. (A. D..NS.)

Pl. CLXV. Antilope laineuse, mal à pros *Antilopa lanata* au lieu de *lanigera*, Ham. Smith. *Lin. Soc.* T. 13, pl. 4. Cet animal est évidemment une Chèvre. Le *Rupicapra americana* de M. Blainville. La Chèvre colombienne de ce Dictionnaire. *V*. T. III , p. 580. (A. D..NS.)

PL. CXLVI.

F. 1. CHEVROTAIN DE JAVA, *Moschus Java nicus. V*. T. III , p. 586. (A. D..NS.)

F. 2. KOIROPOTAME DE DESMOULINS. Espèce voisine du Sanglier que feu notre collabora teur avait fait dessiner d'après un individu rapporté par de Lalande du midi de l'Afrique. La mort ne lui ayant pas permis d'en donner la description, elle doit être renvoyée au Supplément où se trouveront toutes les particuarités dont l'histoire du genre *Sus* doit s'enrichir.

PL. CXLVII.

F. 1. CHAT MANUL, *Felis Manul. V*. T. III, p. 433. (A. D..NS.)

F. 2. RENARD DE LALANDE , *Canis Lalandii. V*. T. IV, p. 18. (A. D..NS.)

PL. CXLVIII.

F. 2. HYÈNE BRUNE , *Hyena fusca. V*. T. VIII , p. 444. (IS. G. ST.-H.)

F. 1. DIDELPHE D'AZARA, *Didelphus Azaræ.* Cette espèce a été établie mais non figurée dans le T. I des Monographies mammalogiques de M. Temmink ; elle est voisine du *Didelphus Opossum*, mais en est pourtant fort distincte. Les individus qu'on en connaît se trouvent dans les galeries du Muséum d'Histoire naturelle , et y ont été rapportés du Brésil par MM. de Lalande et Auguste de Saint-Hilaire.

Pl. CLX.

Mappemonde plate, où l'on a indiqué par quinze teintes différentes la distribution primitive à la surface du globe des espèces qui forment le genre Homme. *V.* ce mot, T. viii, p. 269 (b.)

La même carte indique la nouvelle nomenclature adoptée pour désigner les continens ainsi que les mers dans l'article Mer. T. x, p. 370. (b.) Elle doit aussi être consultée pour l'intelligence des articles Géographie, T. vii, p. 240, et Montagnes, T. xi, p. 152 (b.)

FIN DE L'ILLUSTRATION DES PLANCHES.

ORGUES GÉOLOGIQUES.

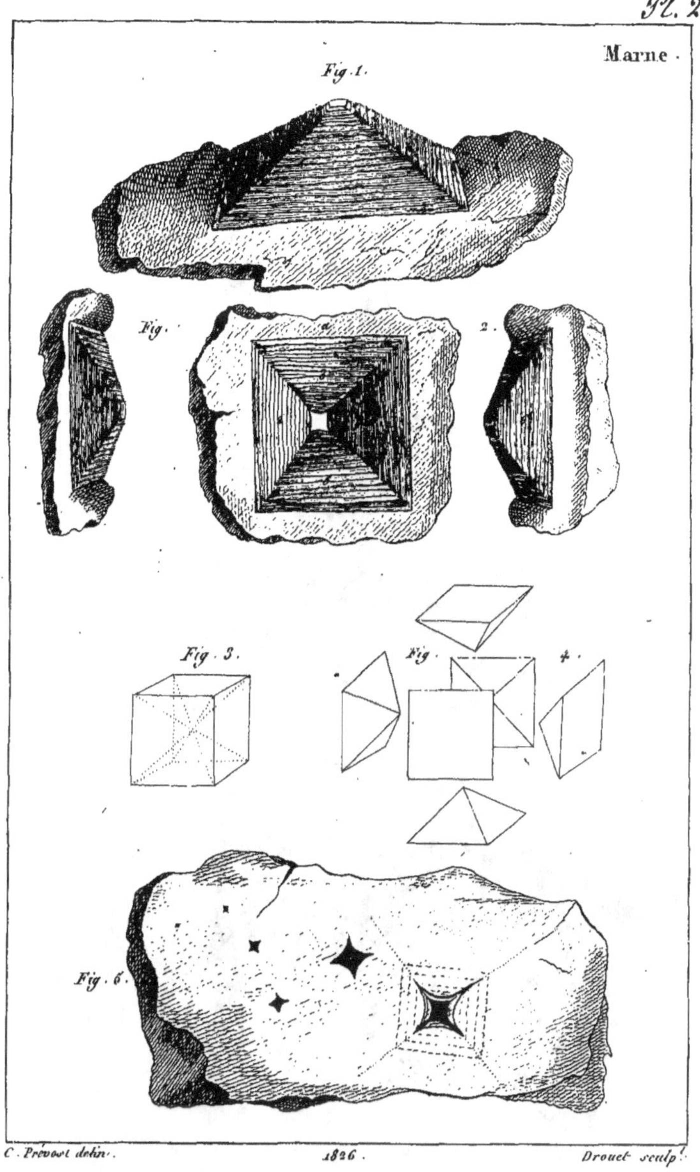

Fig. 1. Pyramide quadrilatère dans la Marne, de Montmartre.

Fig. 2. Système complet des six Pyramides.

Fig. 3 et 4. Explication théorique.

Fig. 5. Cavités cubiques dans une Marne compacte de Montmorency.

SAUGE *écarlate*.

SALVIA formosa l'Hérit.

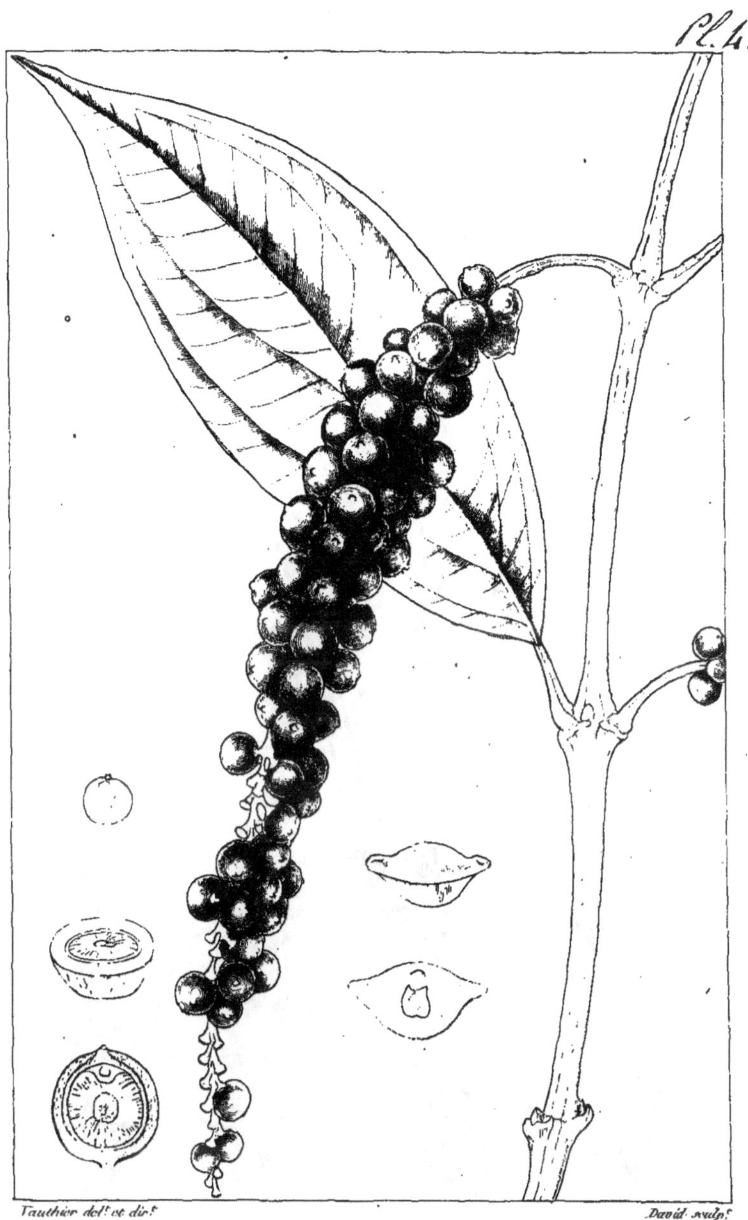

POIVRE NOIR. *PIPER NIGRUM.* Lin.

ORYZOPSIDE SÉTACÉE. *ORYZOPSIS SETACEA.* Rich.

Pl. 6.

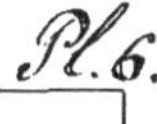

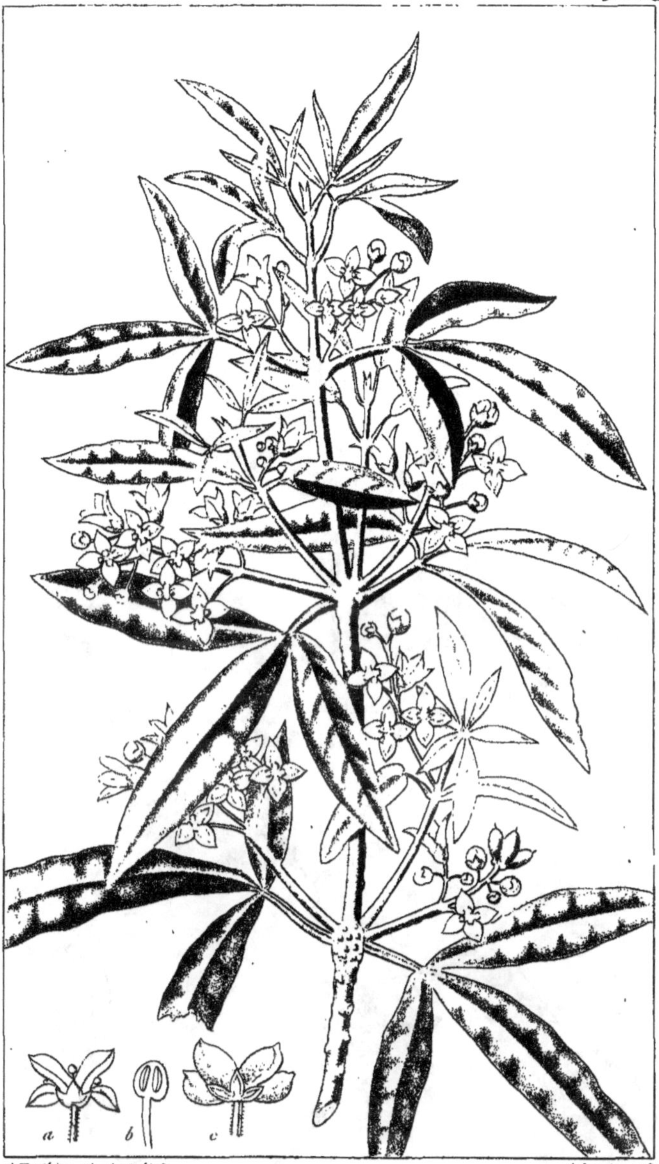

C. Vauthier pinx.t et dir.t

Schmelz sc.t

ZIERIA DE SMITH. *ZIERIA SMITHII.*

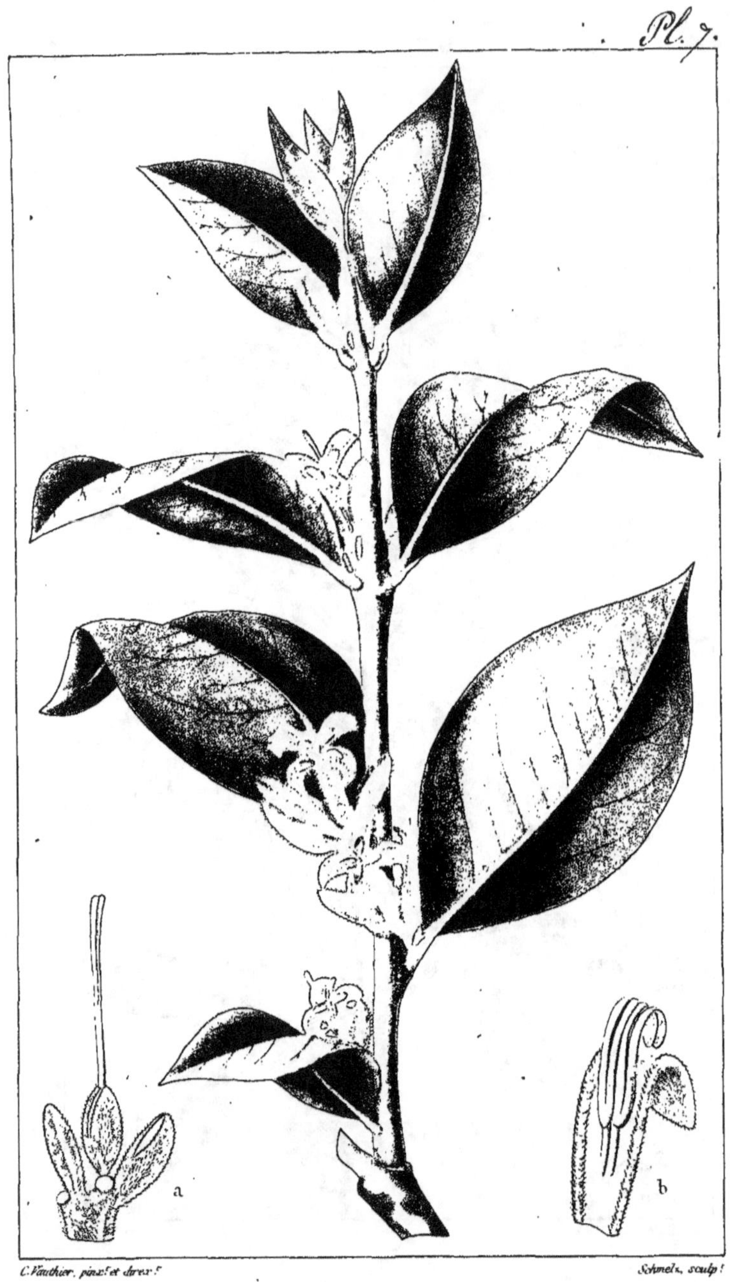

PERSOONIA FERRUGINEUSE . *PERSOONIA FERRUGINEA* . Smith.

C. l'anthier pinx.t et dir.t   Plée père sculp.t

SAUVAGÉSIE PETITE.   *SAUVAGESIA PUSILLA.*   Martius.

LAMARCK ÉCARLATE. *MARKEA COCCINEA.* Rich.

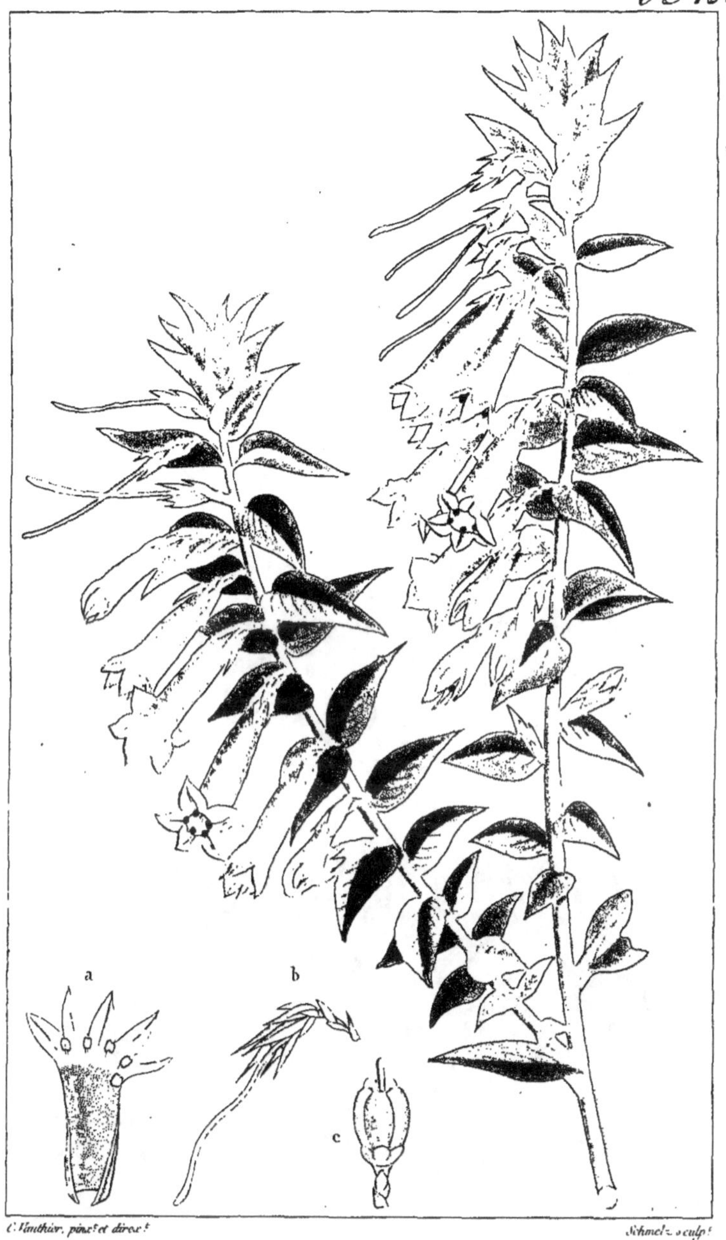

EPACRIS À GRANDES-FLEURS. *EPACRIS GRANDI FLORA.* Wilden.

C. Vauthier, pinx.¹ et dir.¹

Schmeltz sculp.¹

IPOMOPSIS ÉLÉGANTE.   *IPOMOPSIS ELEGANS.* Michx.

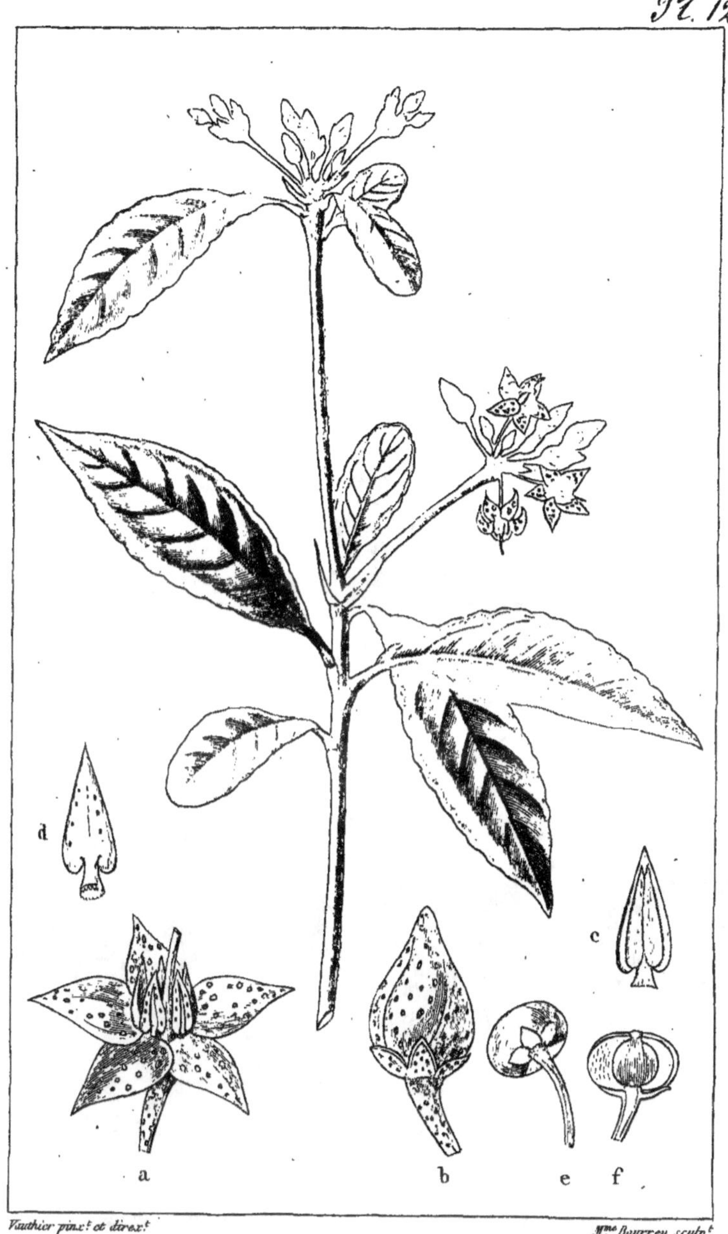

ARDISIE CRÉNELÉE. *ARDISIA CRENULATA*. Ventenat.

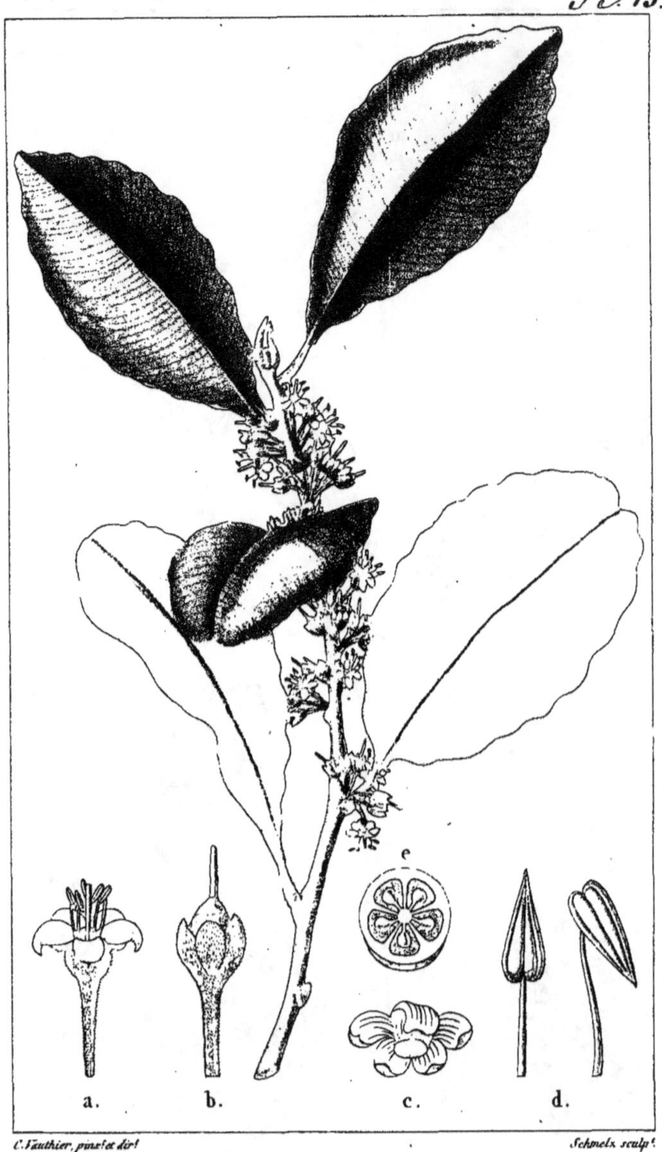

C. Vauthier, pinx.^t et dir.^t

Schmelx sculp.^t

NYCTÉRISITION À FEUILLES ARGENTÉES. *NYTERISITION ARGENTEUM*. Kunth.

C. Vauthier Pinx.^t et Direx.^t   Mlle Coignet j.^{ne} Sculp.^t

DAMPIÈRE *à feuilles ovales*.

DAMPIERA *ovatifolia*.

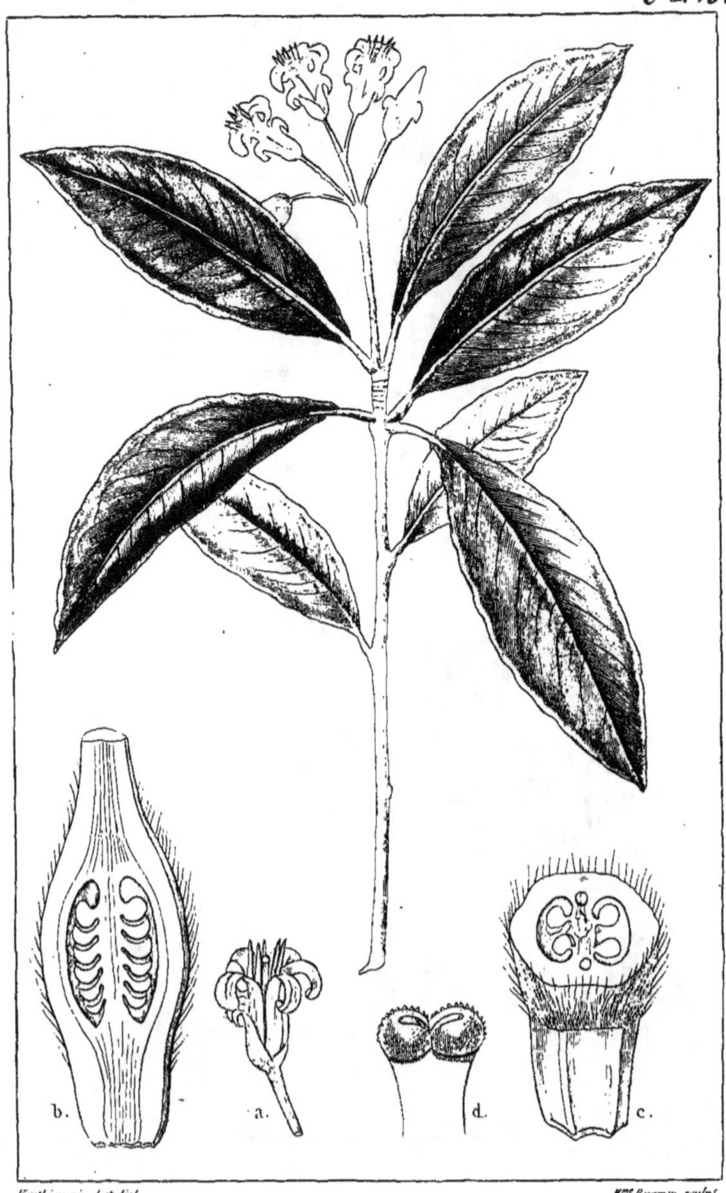

PITTOSPORE ONDULÉ. *PITTOSPORUM UNDULATUM*. Andr.

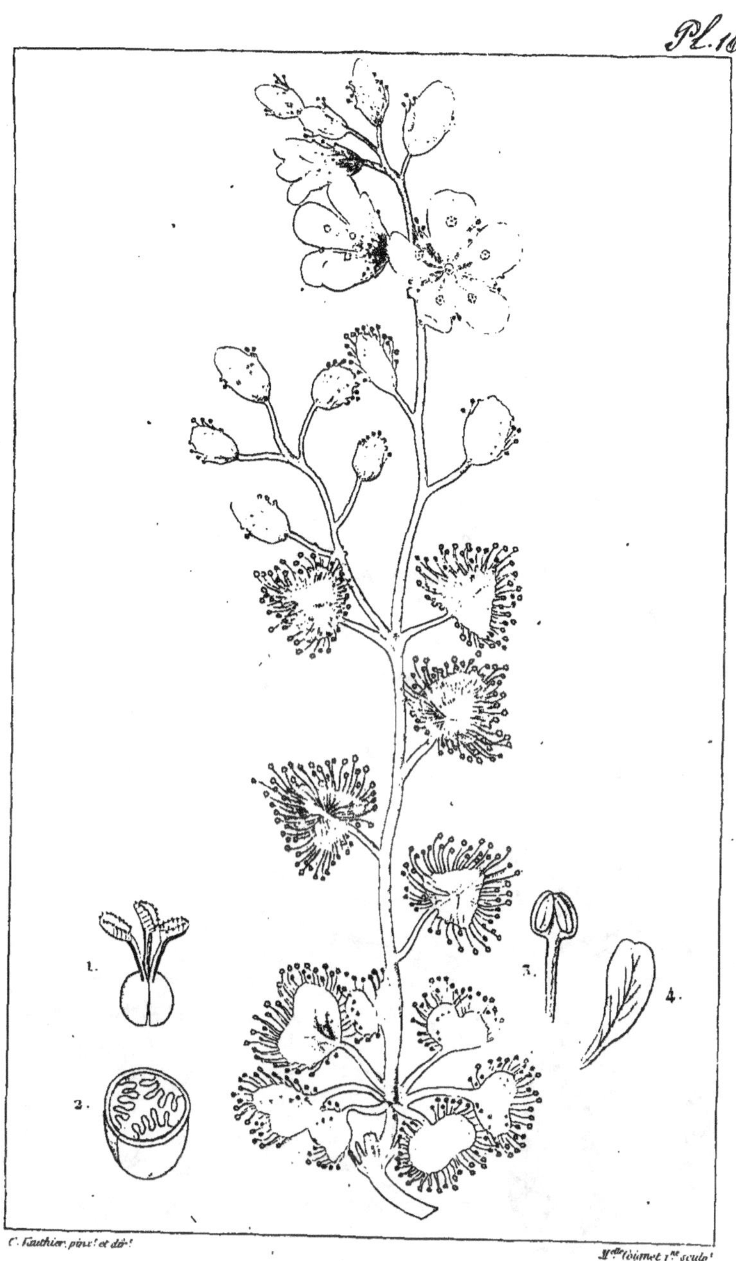

DROSÈRE PELLETÉE. *DROSERA PELTATA.*

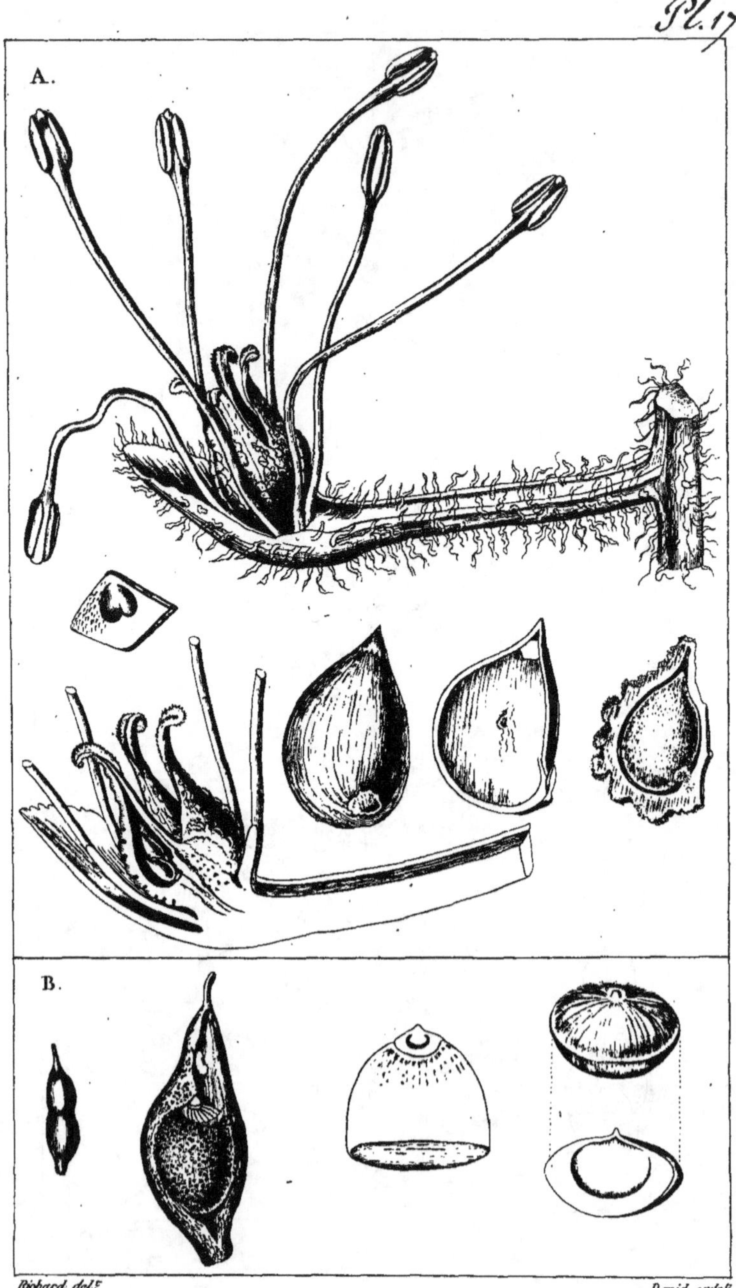

A. SAURURE PENCHÉ.   *SAURURUS CERNUUS*. Lin.

B. HYDROPELTIS POURPRE.   *HYDROPELTIS PURPUREA*. Michx.

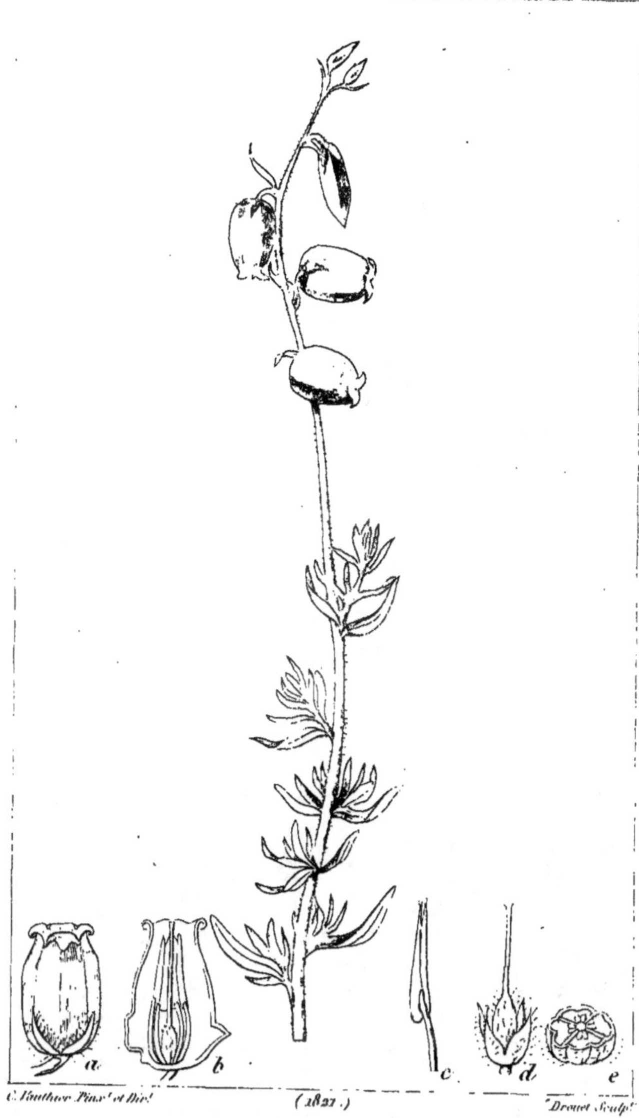

MENTZIEZIE à feuilles de Polium.

MENTZIEZIA Polifolia Juss.

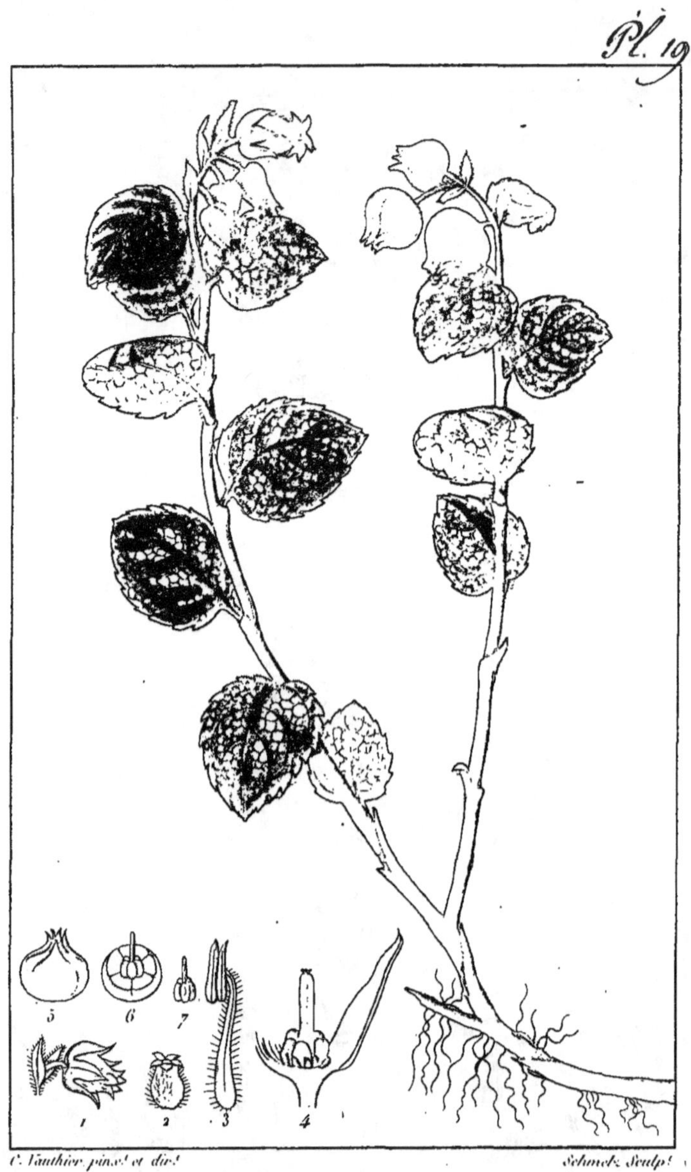

GUALTHÉRIE DES SPHAIGNES .   *GUALTHERIA SPHAGNICOLA* Rich.

C. Vauthier pinx.t et dir.t

M.elle Coignet J.ne sculp.t

RHÉXIE IMBRIQUÉE. *RHEXIA MURICATA.* Bonpl.

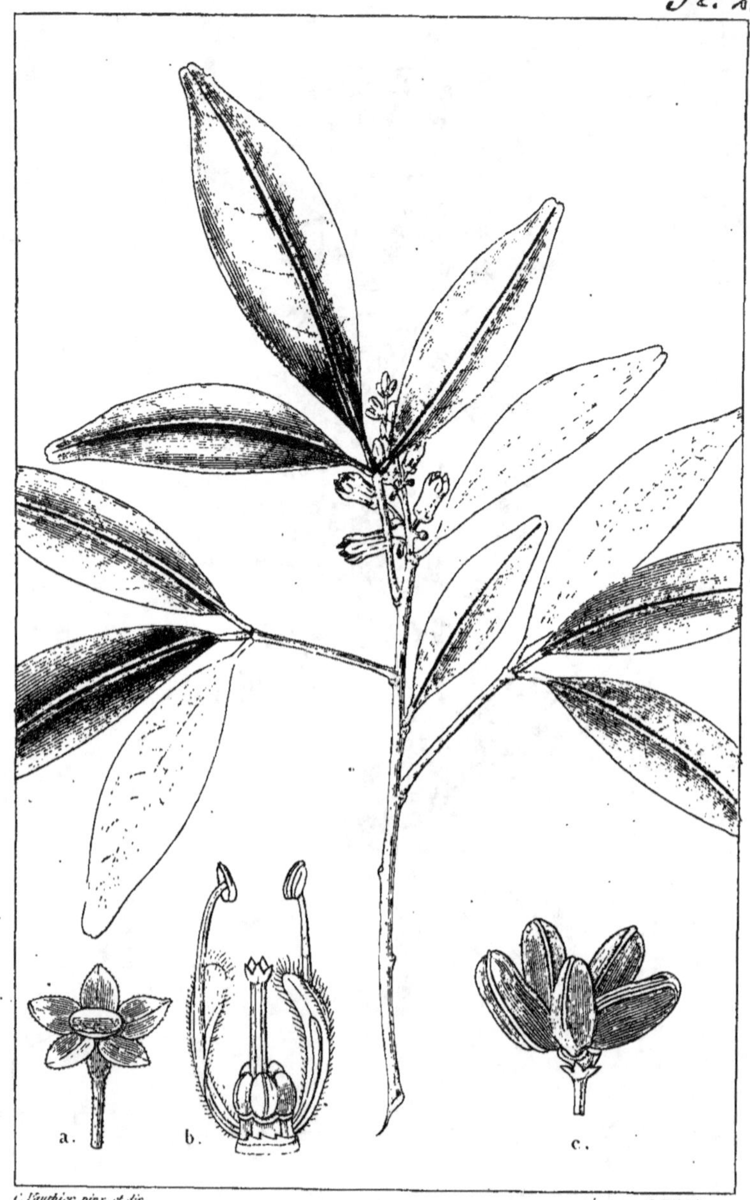

C. Vauthier pinx. et dir.

F. Plée fils sc.

QUASSIE PETITE.   QUASSIA PUMILA.

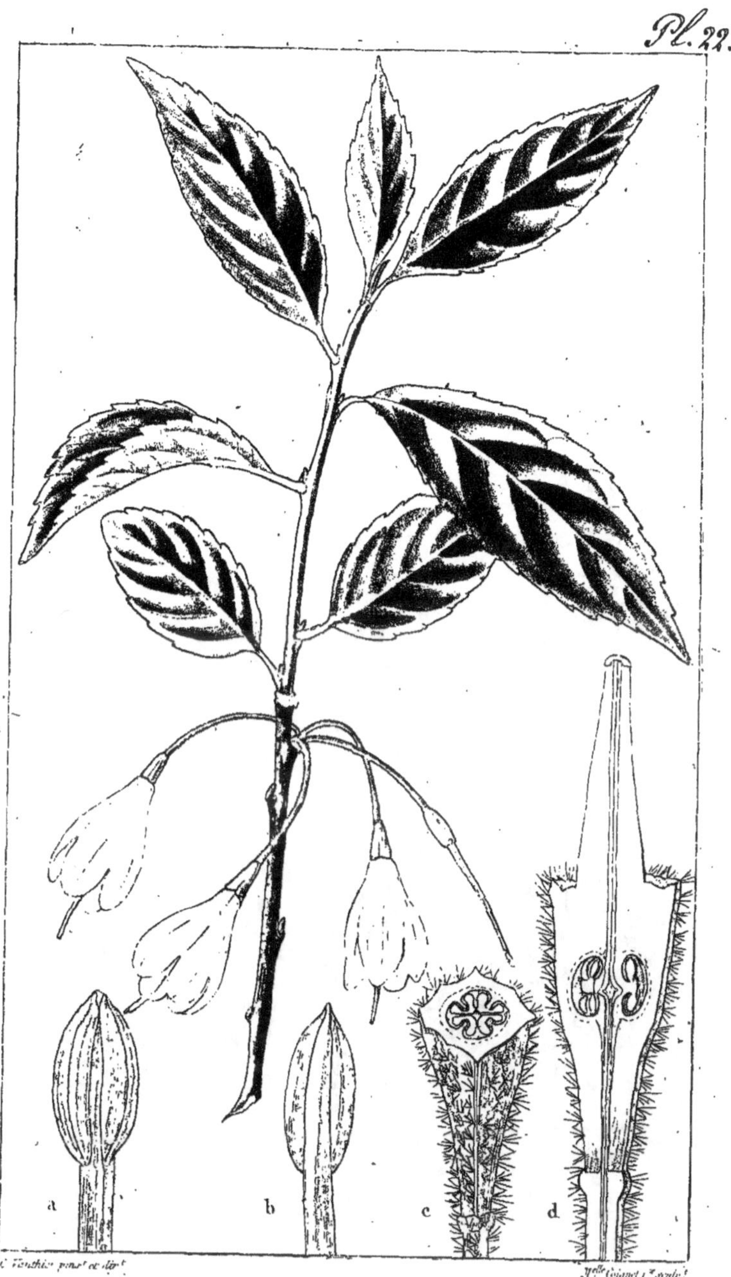

HALÉSIE À QUATRE AILES.   HALESIA TETRAPTERA. (Linn.)

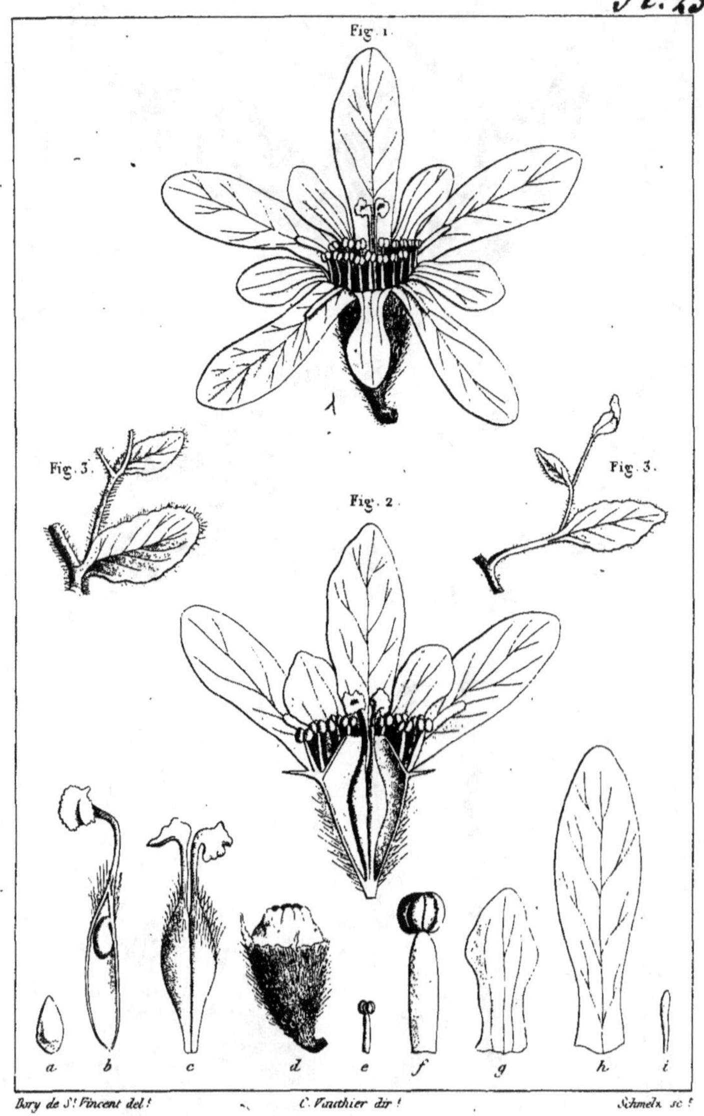

Bory de St Vincent del. C. Vauthier dir. Schmelz sc.

BRAYERE ANTHELMINTIQUE. *BRAYERA ANTHELMINTICA.* Kunth.

CISTE À FEUILLES DE LAURIER. *CISTUS LAURIFOLIUS*. Lin.

COURATARI *de la Guyanne.*

COURATARI guyannensis (*Aublet.*)

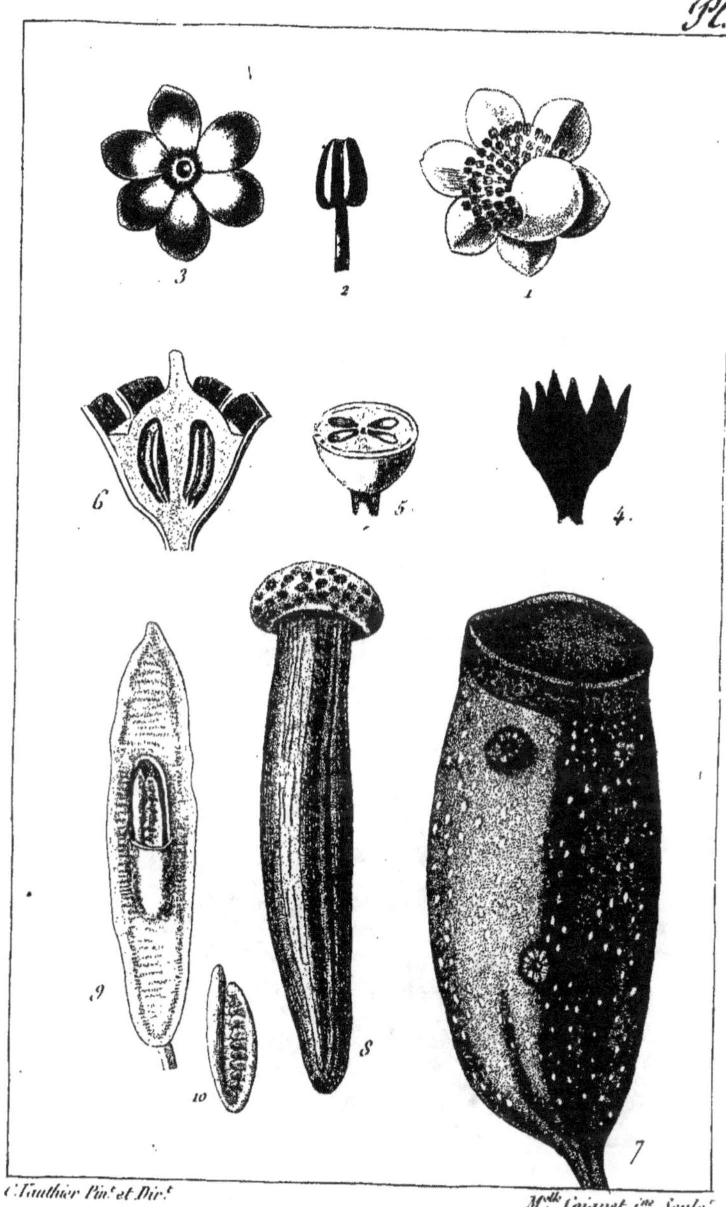

COURATARI de la Guyanne.

COURATARI Guyannensis. (Aublet)

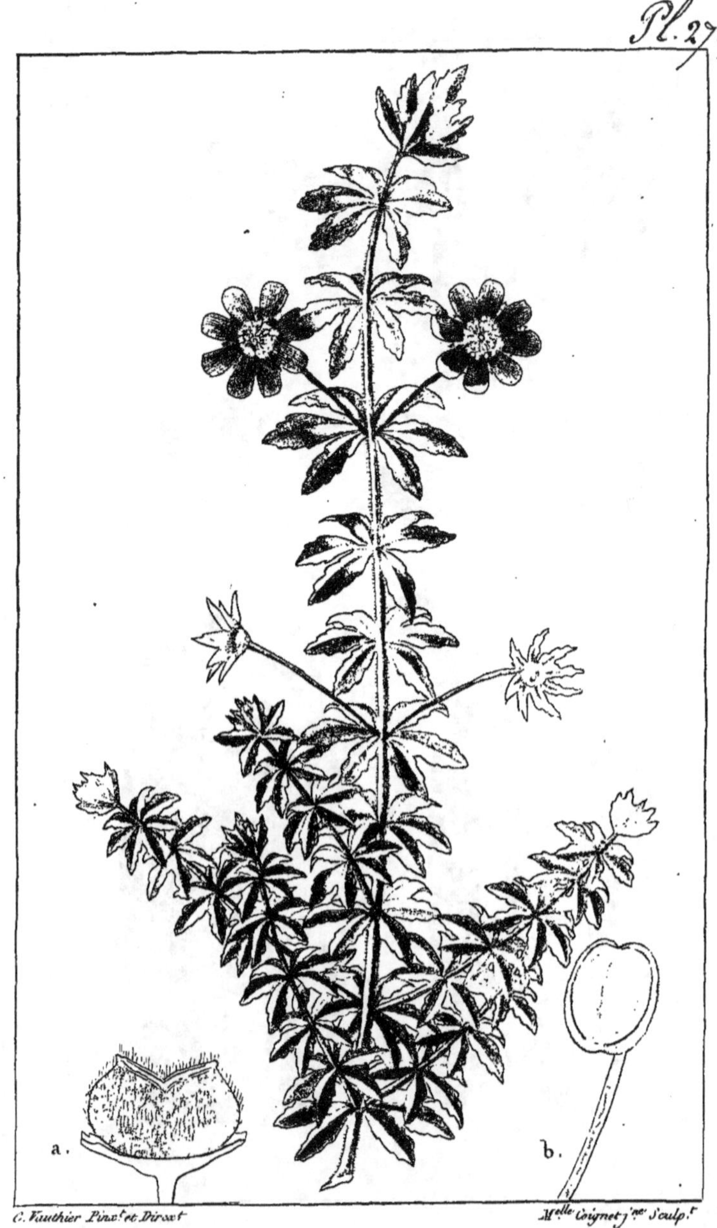

C. Vauthier Pinx.^t et Direx.^t

Melle Coignet j.^{ne} Sculp.^t

BAUERI *à feuilles de Garance.*

BAUERA *Rubiæ folia.*

Pl. 28.

Pauthier pinx.t et direx.t

M.me Bourrey sculp.t

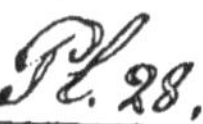

XYLOPIE FRUTESCENTE. *XYLOPIA FRUTESCENS.* Aublet.

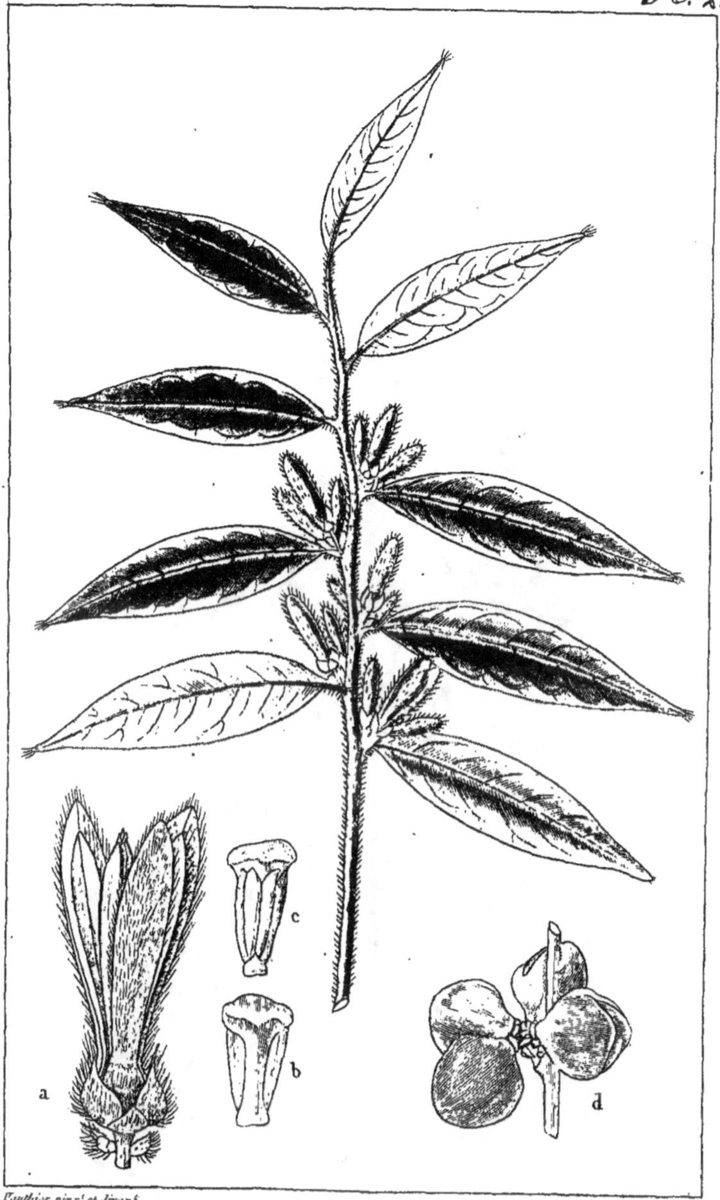

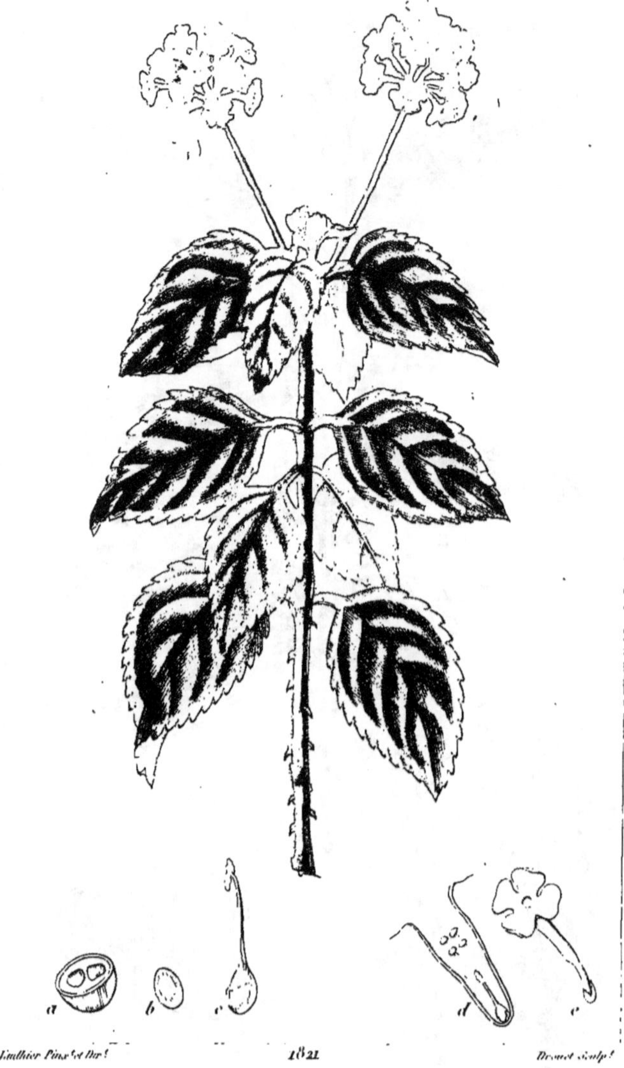

LANTANA *Epineux.*

LANTANA Spinosa Lin.

MYOPORE À FEUILLES ÉLLIPTIQUES. *MYOPORUM ELLIPTICUM.* (Brown)

C. Vauthier Pinx.^t et Dir.^t   C. Schmelz Sculp.^t

JULIENNE SAUVAGE. *HESPERIS APRICA*. Poir.

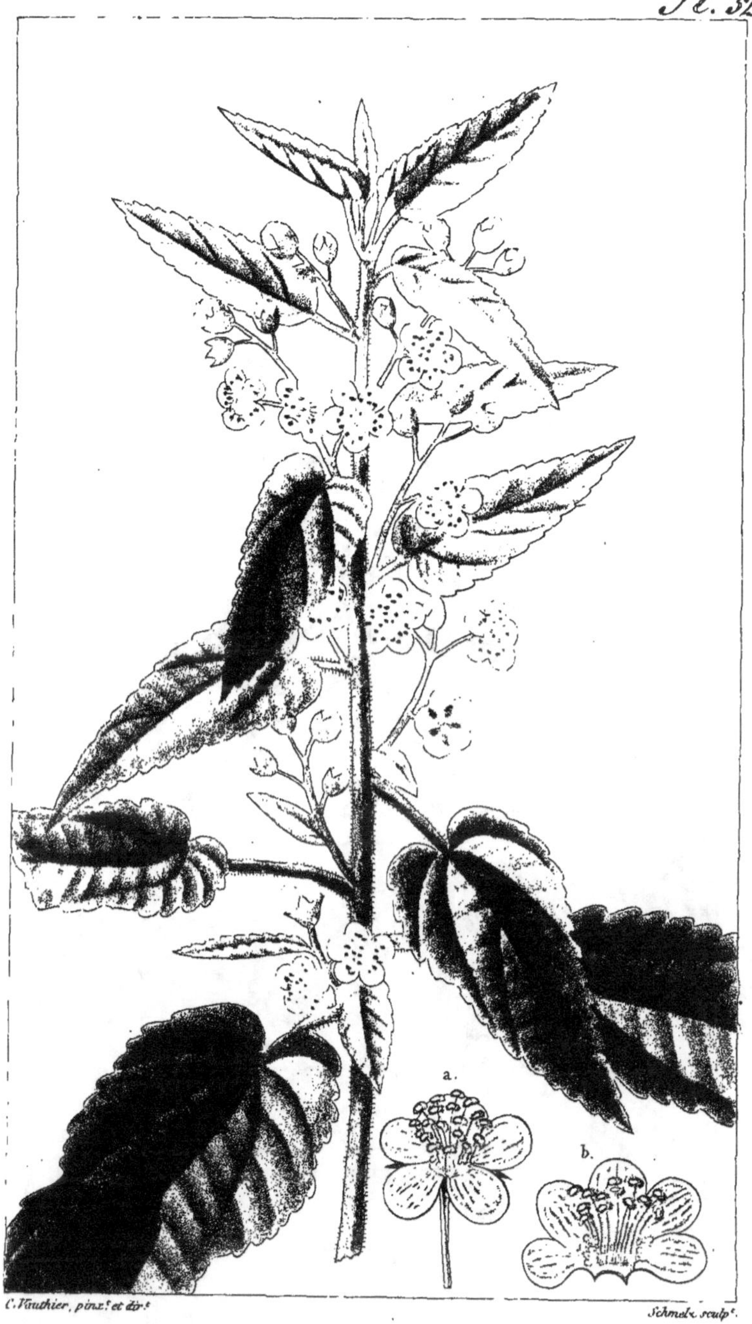

SIDA GENTILLE.   *SIDA PULCHELLA.* Cavanilles.

Gauthier Pinx.t et Dir.t   1821   Drouet Sculp.t

INGA Orné.

INGA Ornata Kunth.

POLYGALA À FEUILLES EN CŒUR. *POLYGALA CORDIFOLIA*. Thunb.

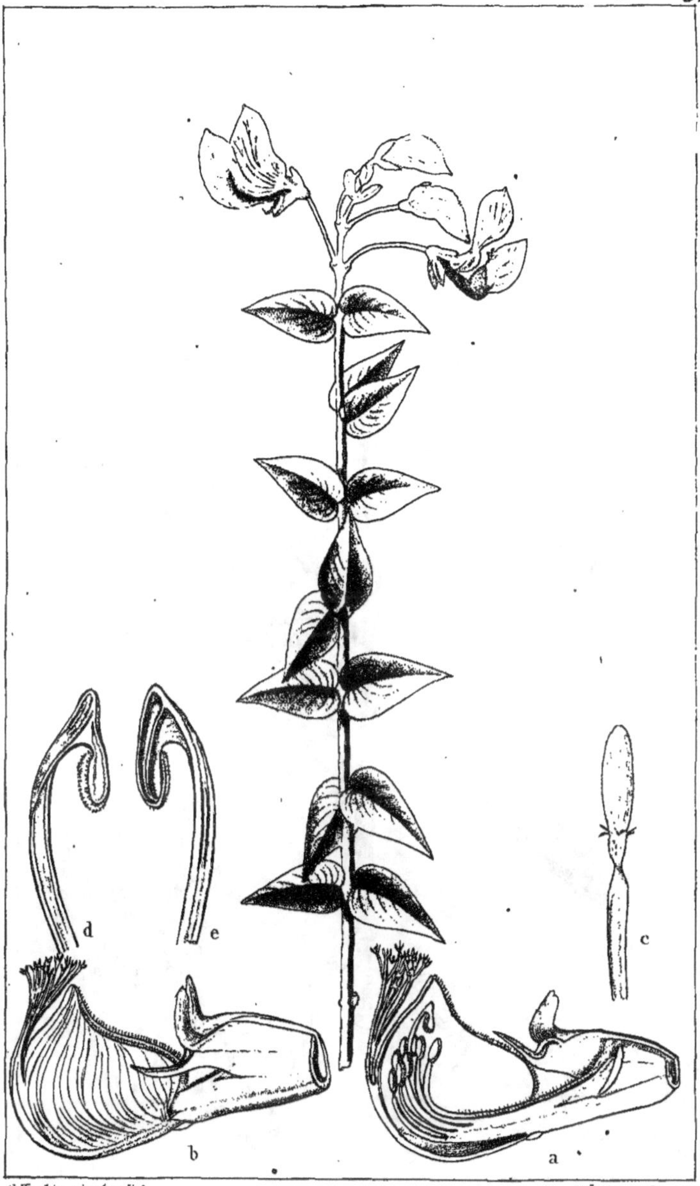

TRISTANIE À FEUILLES DE NÉRION.   *TRISTANIA NERII-FOLIA*. R. Brown.

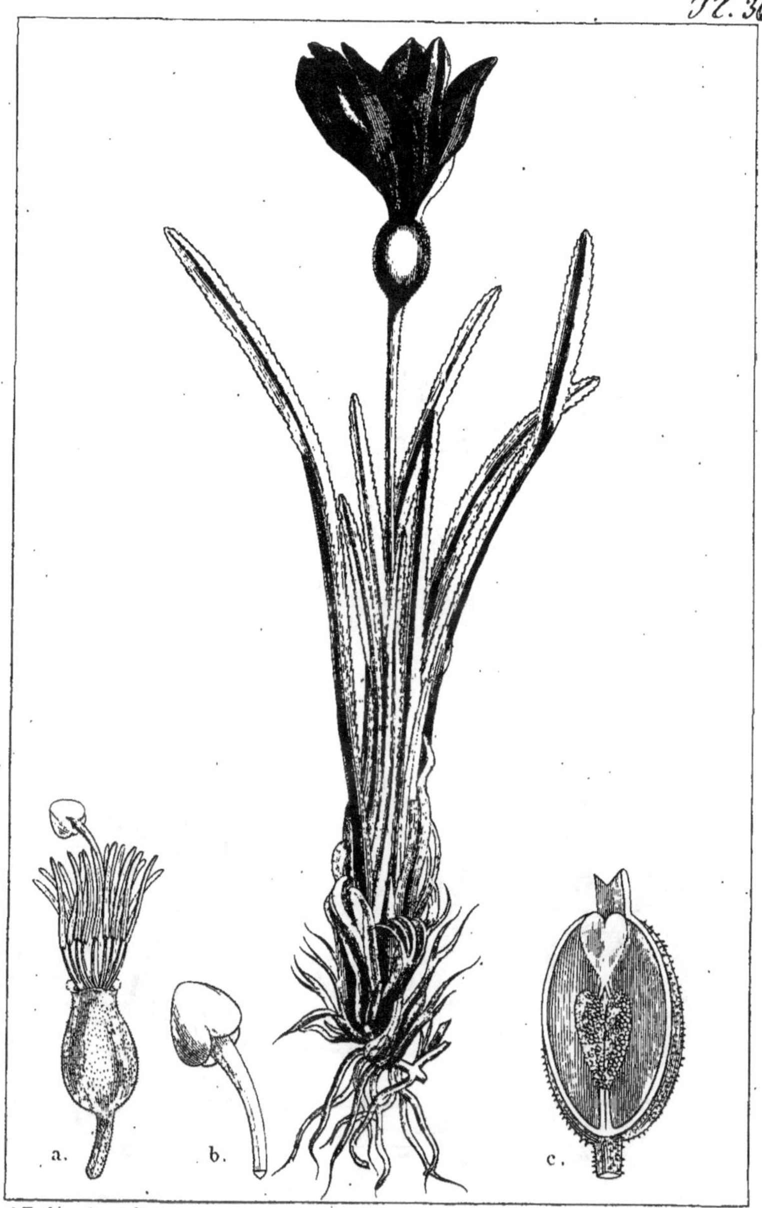

C. Vauthier pinx. et dir.

F. Plée fils sc.

VÉLLOSIE RUDE.

VELLOSIA ASPERULA. Martius.

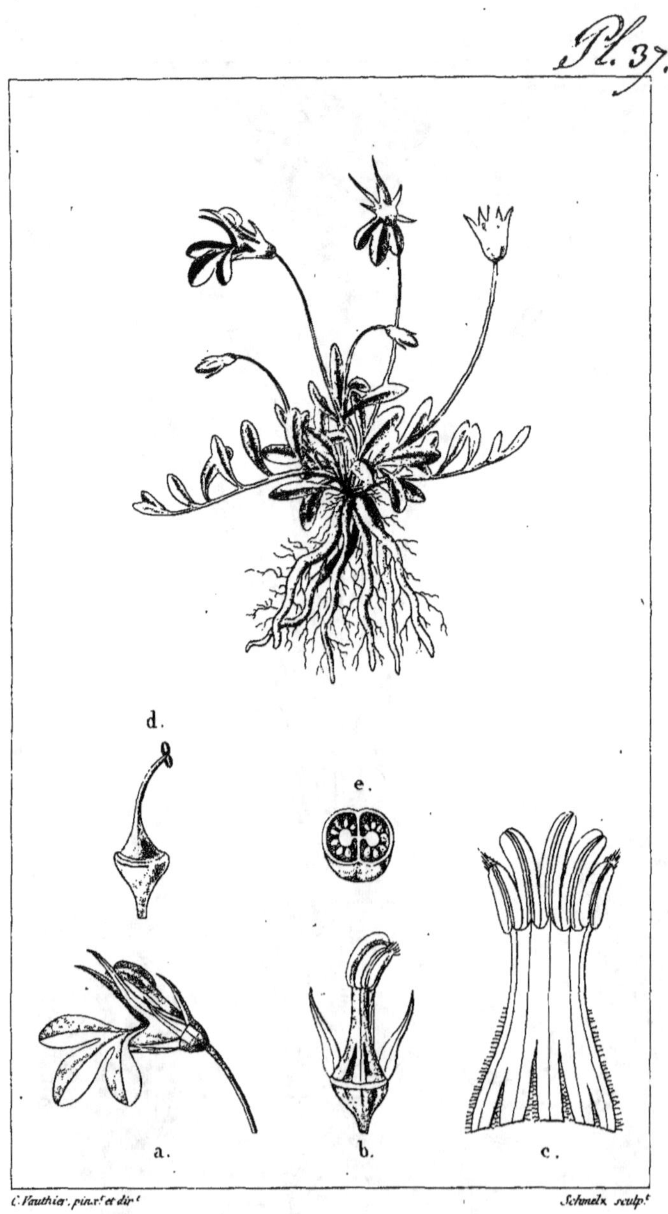

LOBÉLIE NAINE. *LOBELIA NANA.* Kunth.

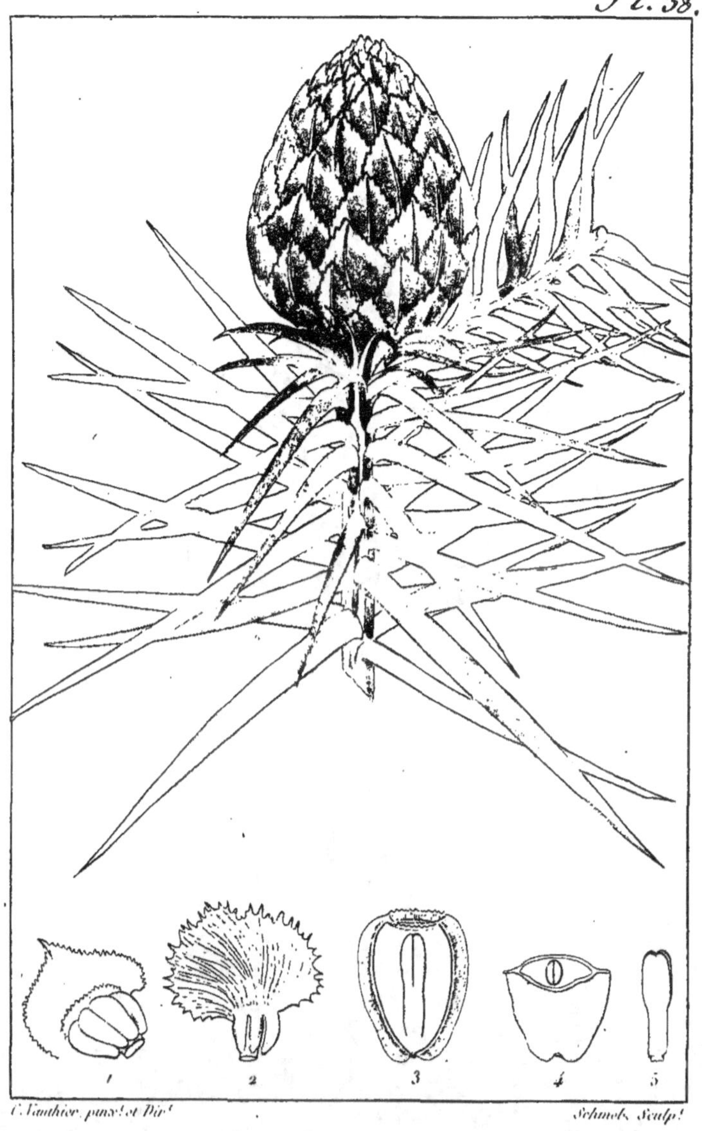

CUNNINGHAME DE LA CHINE. *CUNNINGHAMIA SINENSIS*, Rich.

BANANIER.

MUSA PARADISIACA. Lin.

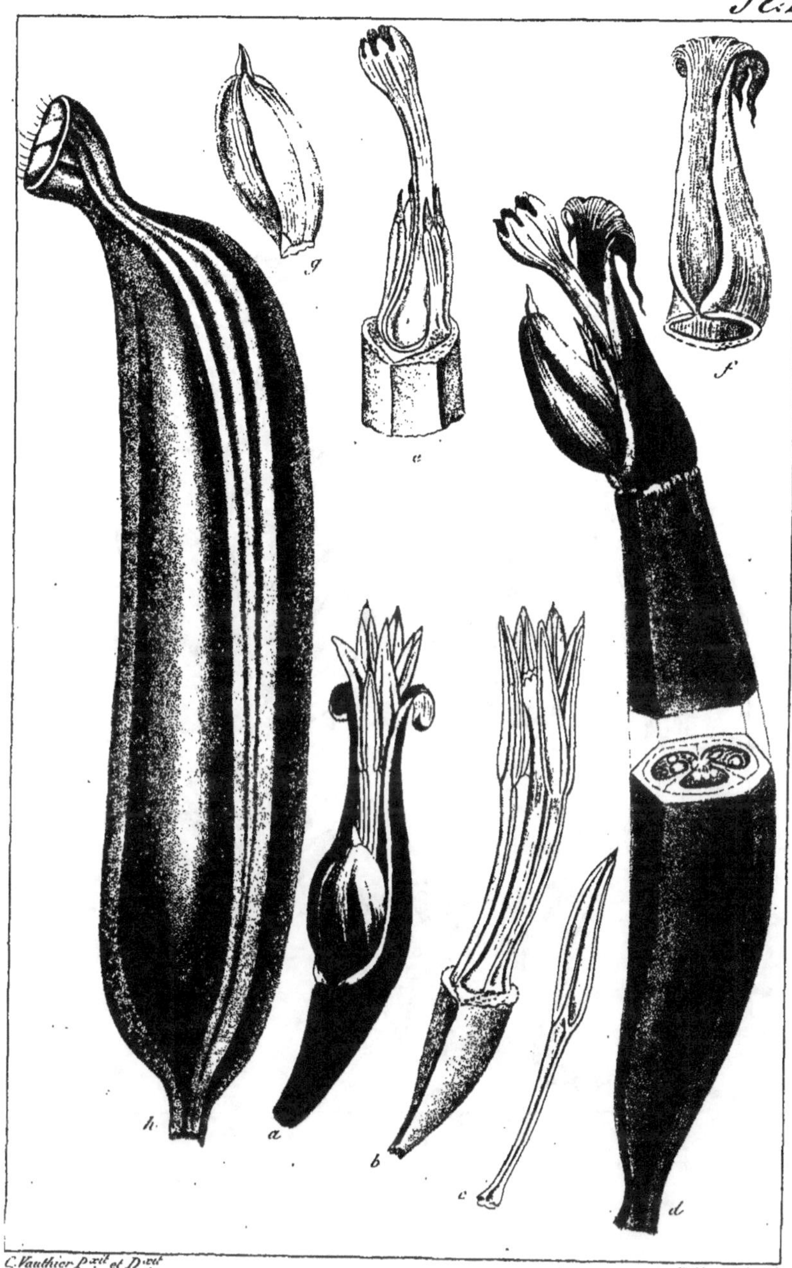

BANANIER *commun*.

MUSA PARADISIACA. L.

SELLIGUE DE FÉE. *SELLIGUEA FEEI.* Bory.

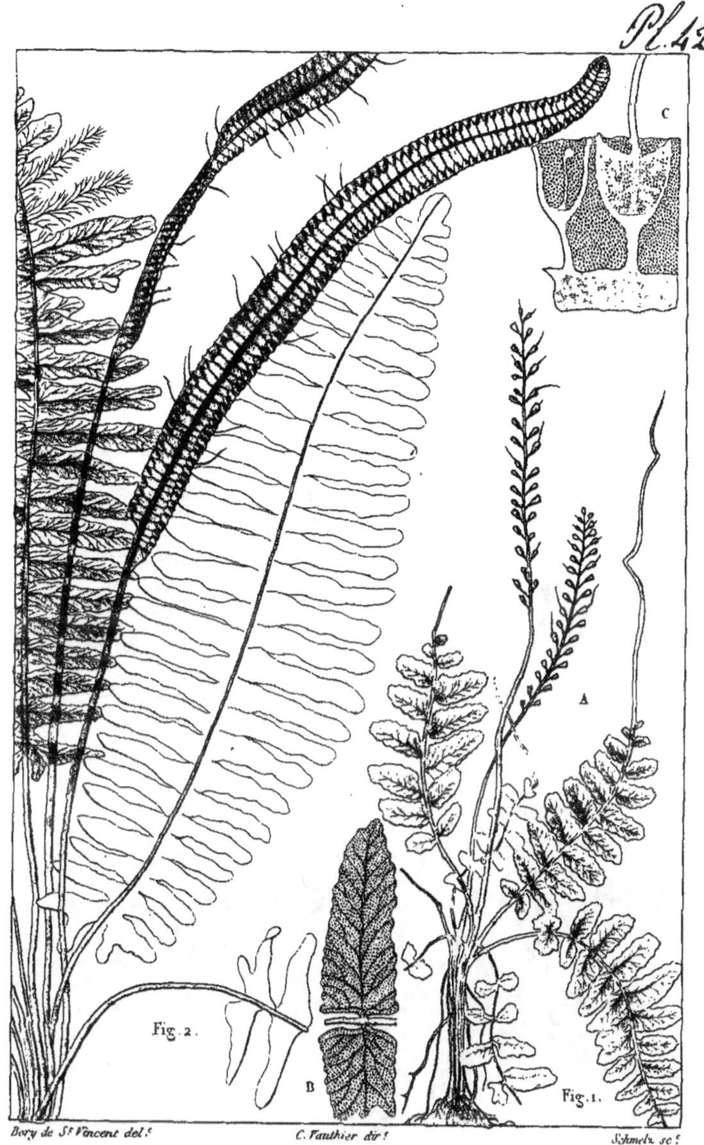

Fig.1. **FÉÉA NAINE**. *FEEA NANA*. Bory.

Fig.2. **HYMÉNOSTACHYDE DIVERSIFRONDE.**
HYMENOSTACHYS DIVERSIFRONS. Bory.

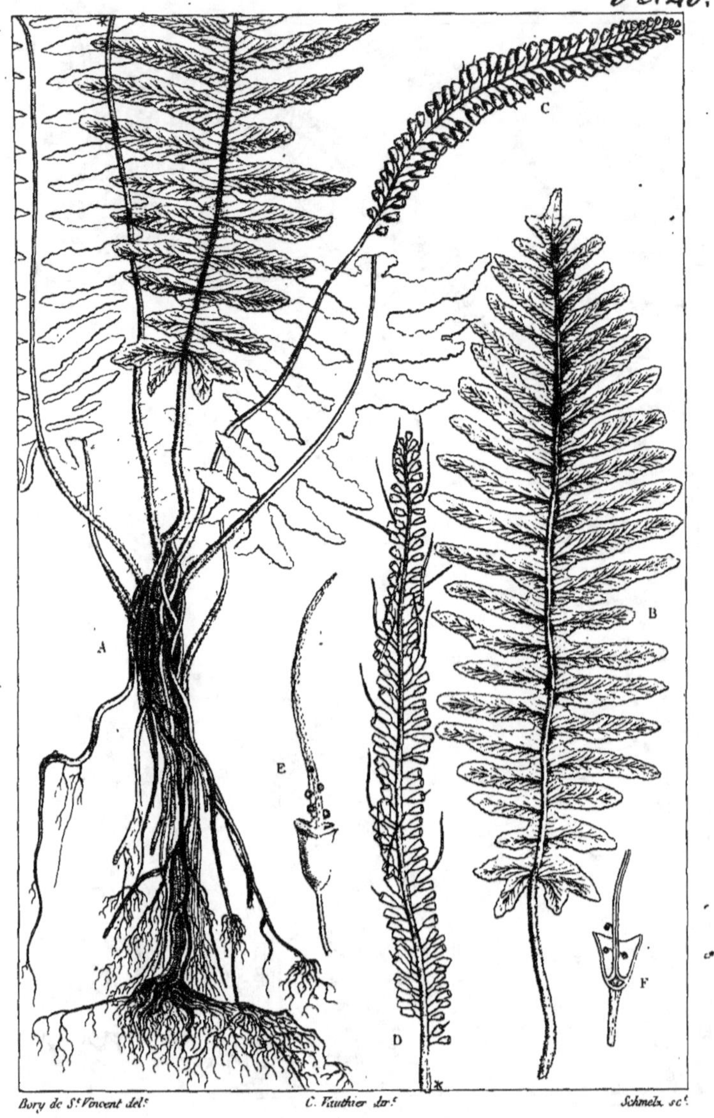

FÉÉA POLYPODINE :   *FEEA POLYPODINA.* Bory.

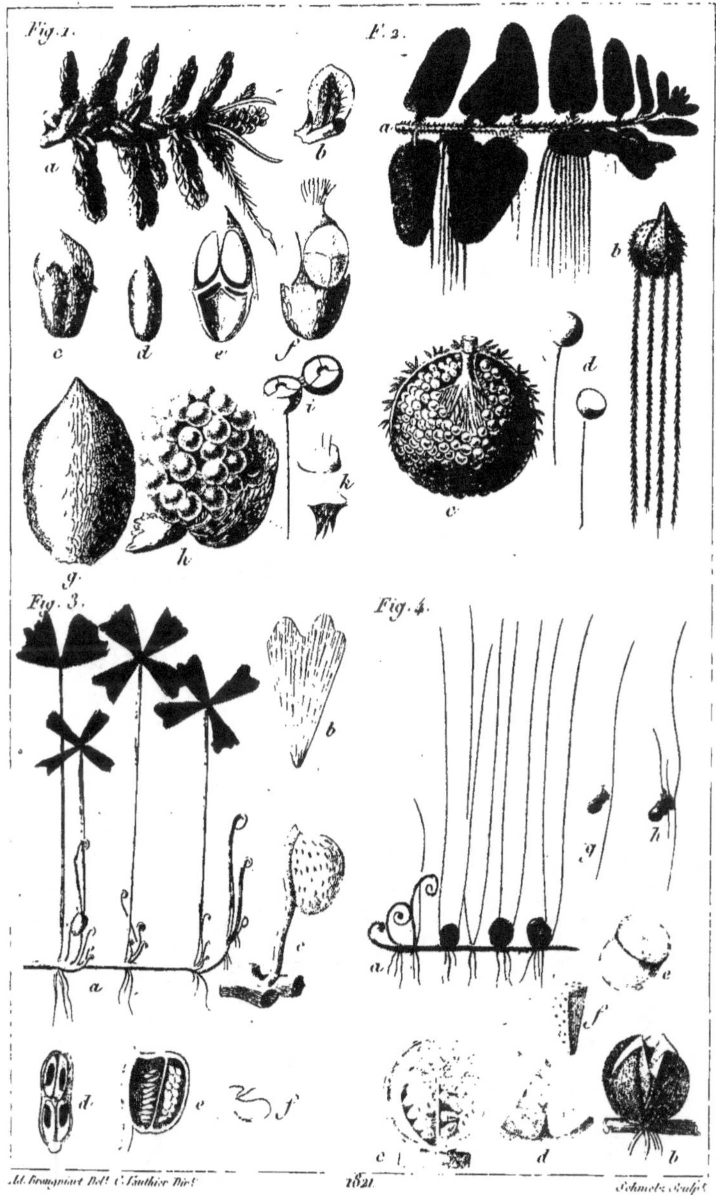

Fig. 1. **AZOLLE** pinnée

AZOLLA pinnata (d'après R. Brown)

Fig. 2. **SALVINIE** flottante.

SALVINIA natans. Willd.

Fig. 3. **MARSILÉE** d'Egypte

MARSILEA Egyptiaca. Willd.

Fig. 4. **PILULAIRE** à Globules.

PILULARIA Globulifera. L.

C. Vauthier pinx. et dir.

J. & C. Coignet J.ne sculp.

JONGERMANNE TAMARIX. *JUNGERMANNIA TAMARISCI.* L.

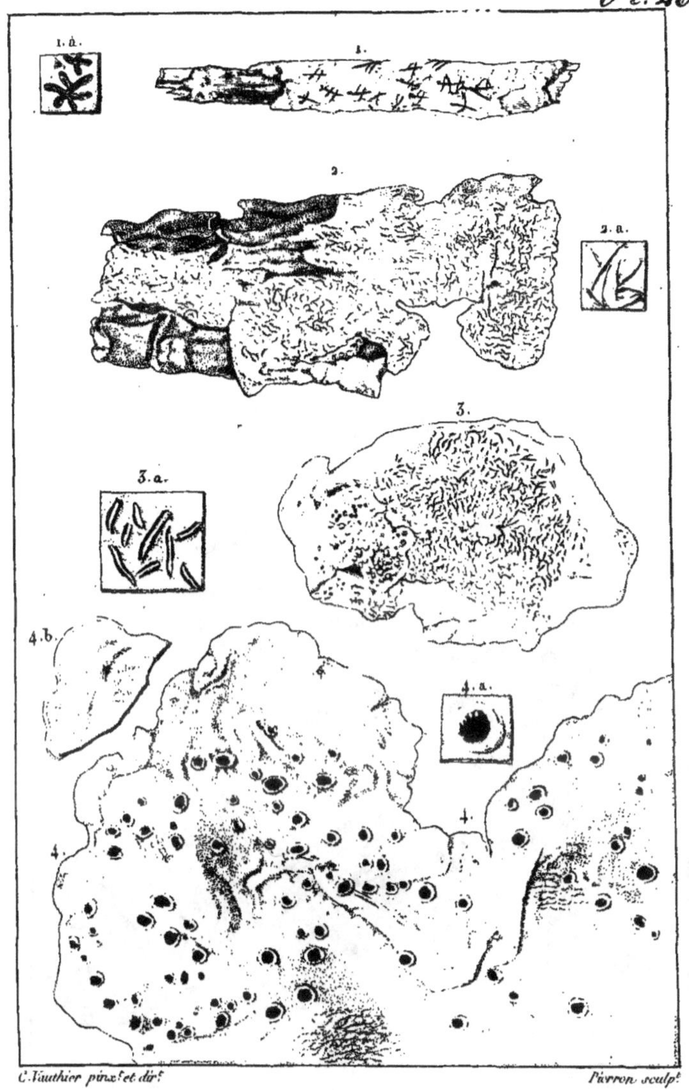

Fig. 1. GRAPHIS JAUNE ET NOIR. *GRAPHIS ATRO-FLAVA.* Fée.

Fig. 2. GRAPHIS À LIRELLES GRELES. *GRAPHIS GRACILENTA.* Fée.

Fig. 3. GRAPHIS A THALLE BICOLOR. *GRAPHIS BICOLOR.* Fée.

Lécanore anguleuse. var. américaine. *Lecanora angulosa. ach. var. americana.* Fée.

Fig. 4. STICTE DE FÉE. *STICTA FEEI. (Delise.)*

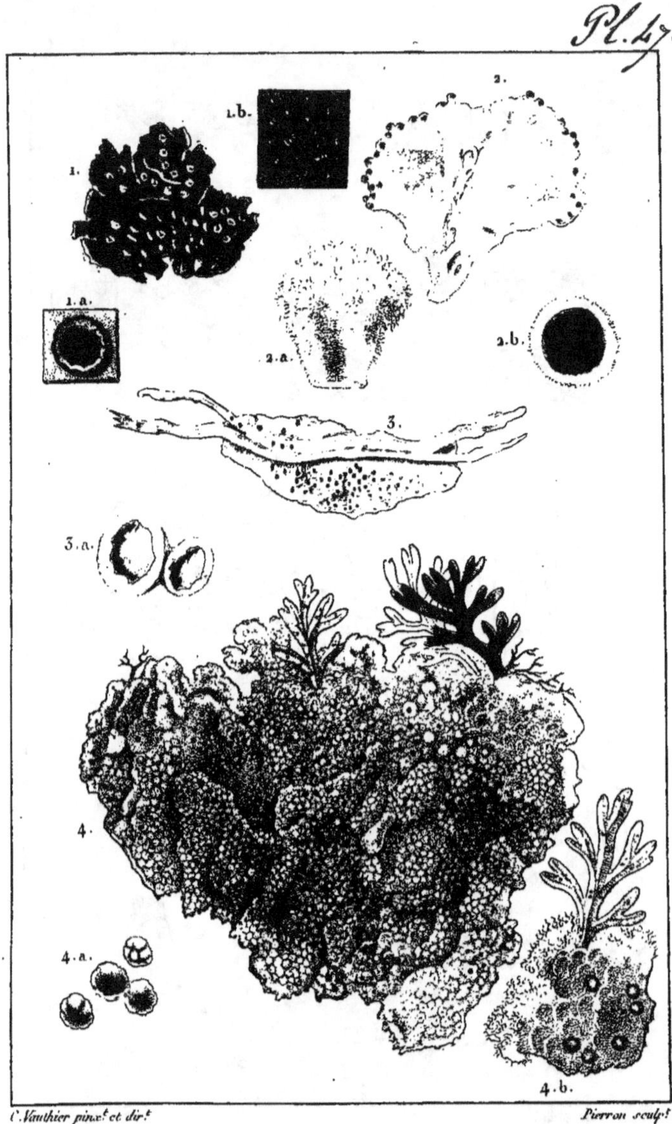

Fig. 1. OMBILICAIRE DES HOTTENTOTS.   *UMBILICARIA HOTTENTOTA.*   Fée.

Fig. 2. ERIODERME A FRUITS NOMBREUX.   *ERIODERMA POLYCARPA.*   Fée.

Fig. 3. LÉCANORE COCHENILLE.   *LECANORA COCCINEA.*   Fée.

Fig 4. LECIDÉE DE DU PETIT THOUARS.   *LECIDEA THOUARSII.*   Fée.

2. voyez Peltigères dans le texte du Dictionnaire.

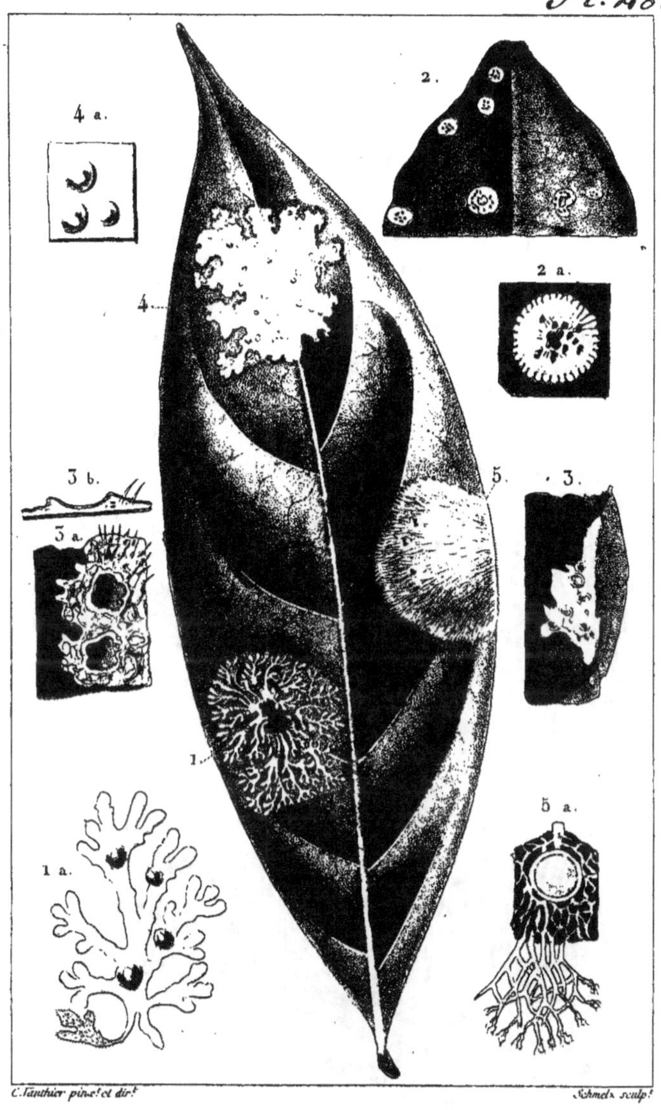

Fig. 1. CIRCINAIRE DES FEUILLES. *CIRCINARIA EPIPHYLLA.* Fée.
Fig. 2. PHYLLOCHARIS PLANE. *PHYLLOCHARIS COMPLANATA.* Fée.
Fig. 3. ECHINOPLACA DES FEUILLES. *ECHINOPLACA EPIPHYLLA.* Fée.
Fig. 4. PORINE AMÉRICAINE. *PORINA AMERICANA.* Fée.
    Var. des Feuilles. *Var. Epiphylla.* Fée.
Fig. 5. CAENOGONIE DE LINK. *CAENOGONIUM LINKII.* Ehrenb.

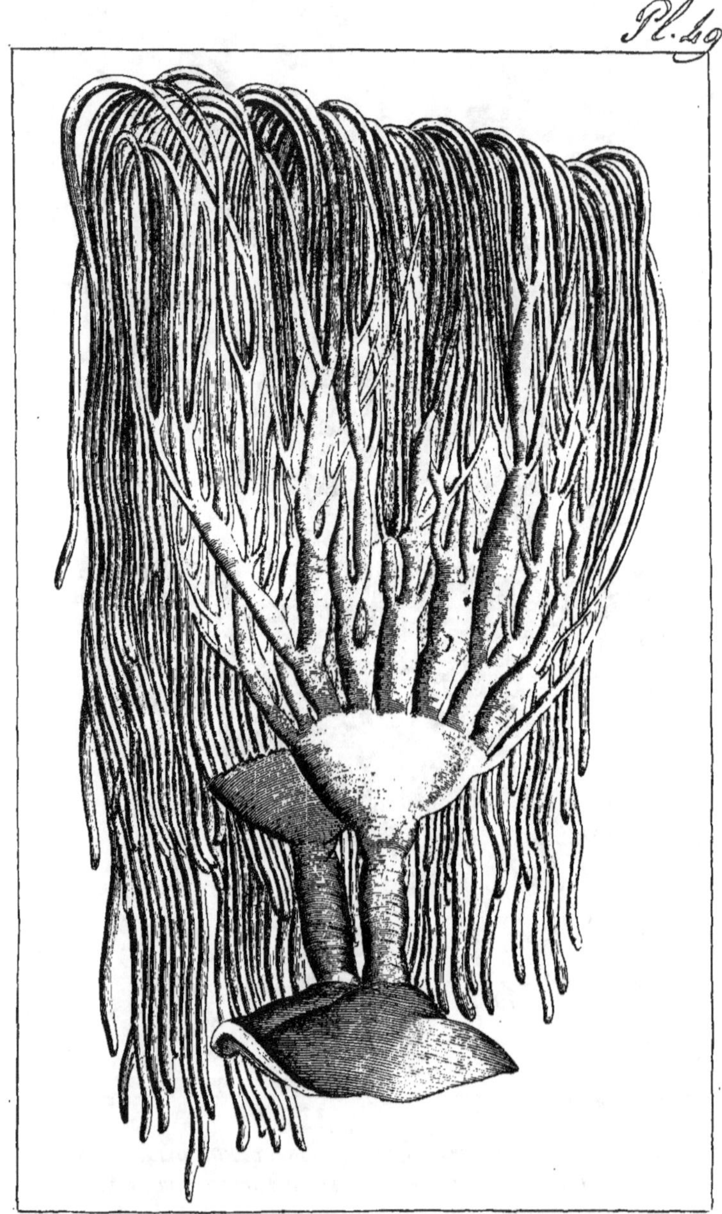

DURVILLÉE UTILE. *DURVILLÆA UTILIS.* Bory.

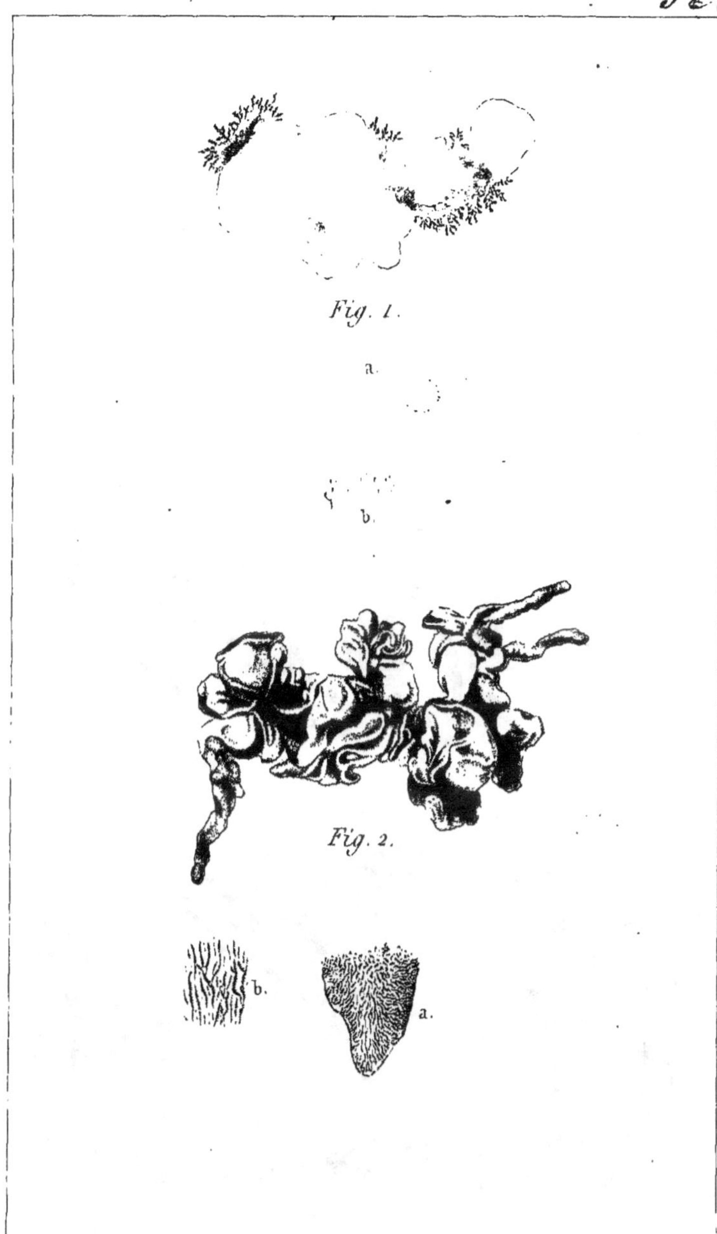

Bory de St Vincent del.

Mondain sc.

CLAVATELLES.

Fig. 1. *Clavatella Nostoc-Marina.* Bory.
Fig. 2. *Clavatella Viridissima.* Bory.

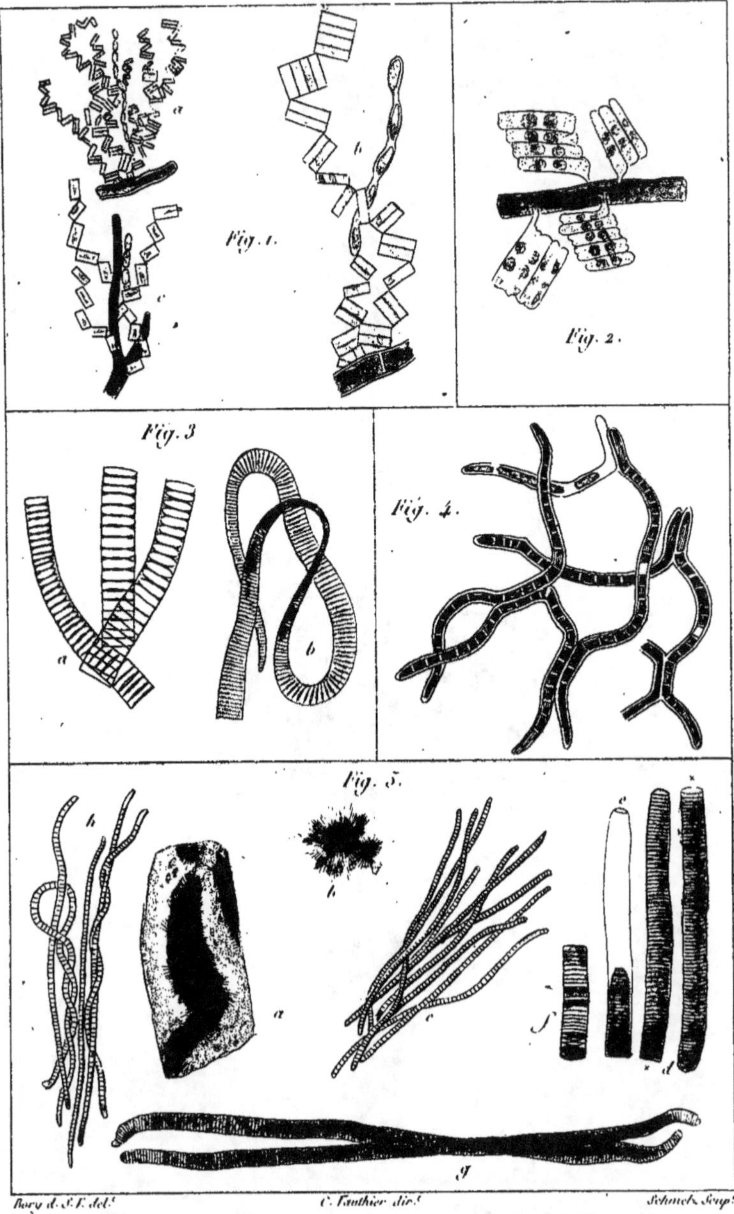

Fig. 1.	a-b. DIATOME vulgaire.	DIATOMA vulgaris.
	c. DIATOME danois.	DIATOMA danica.
Fig. 2.	ACHNANTHE adnée.	ACHNANTHES adnata.
Fig. 3.	a. NÉMATOPLATE argentée.	NEMATOPLATA argentea.
	b. NÉMATOPLATE capucine.	NEMATOPLATA capucina.
Fig. 4.	DILLWINELLE serpentine.	DILLWYNELLA serpentina.
Fig. 5.	a-c. OSCILLAIRE urbique.	OSCILLARIA urbica.
	d-f. OSCILLAIRE ténioïde.	OSCILLARIA tenioides.
	g. OSCILLAIRE de Grateloup.	OSCILLARIA Grateloupi.
	h. OSCILLAIRE élégant.	OSCILLARIA elegans.

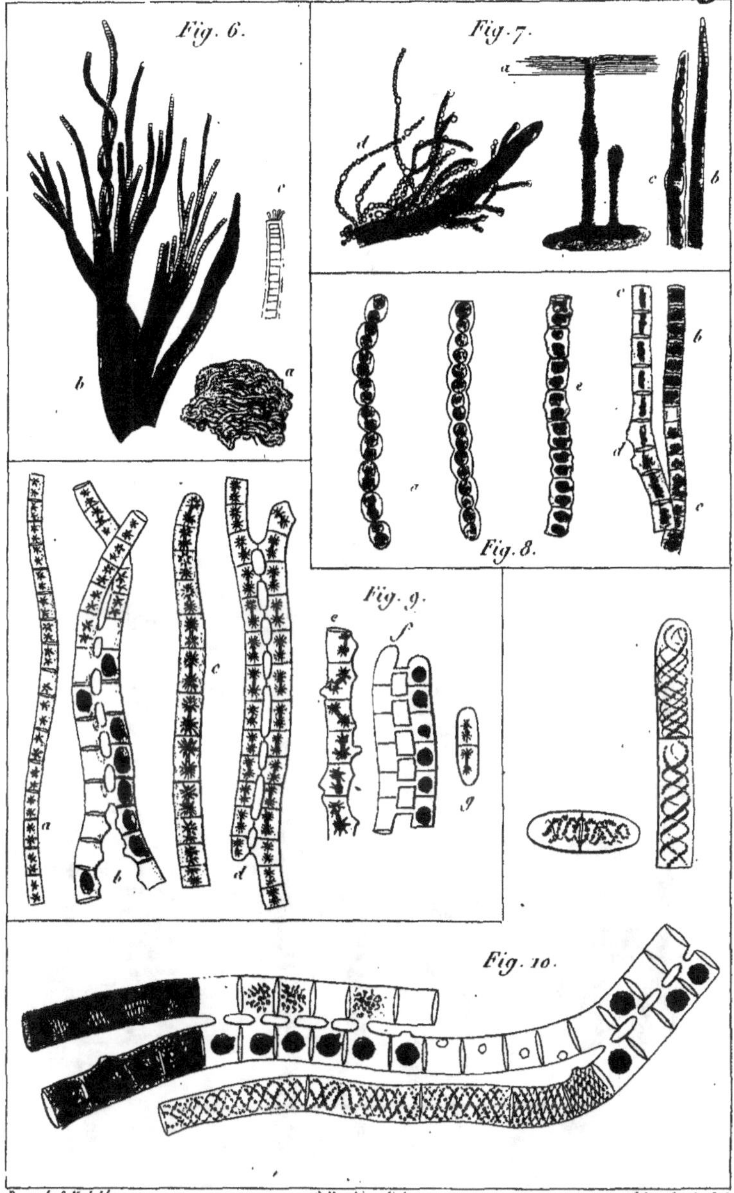

Bory d. S. V. del.   C. Vauthier dir.   Schmelz Sculp.

Fig. 6 VAGINAIRE terrestre .   VAGINARIA terrestris .
Fig. 7 a-c ANABAINE fausse oscillaire .   ANABAINA oscillarioides .
        d ANABAINE membranine .   ANABAINA membranina .
Fig. 8 a LÉDA moniline .   LEDA monilina .
        b-c LÉDA des Landes .   LEDA ericetorum .
Fig. 9 a-b TENDARIDÉE Pollux .   TENDARIDEA Pollux .
        c-g TENDARIDÉE Castor .   TENDARIDEA Castor .
Fig. 10 SALMACIDE brillante .   SALMACIS nitida .

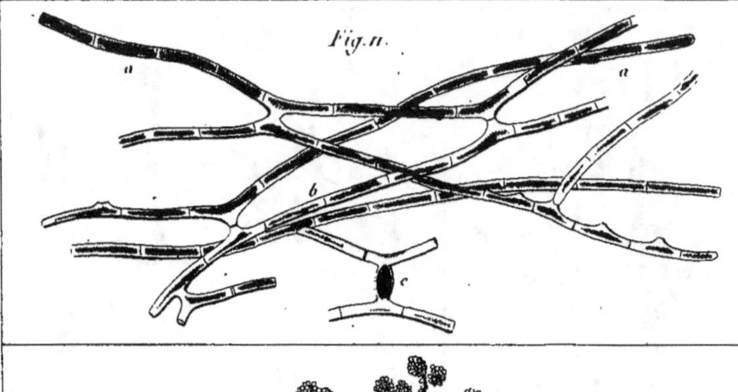

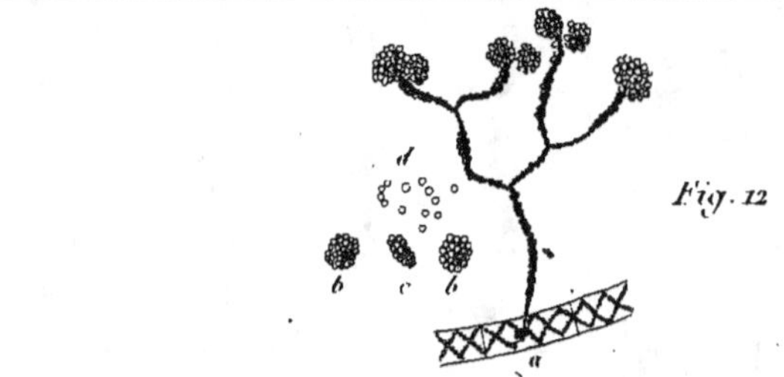

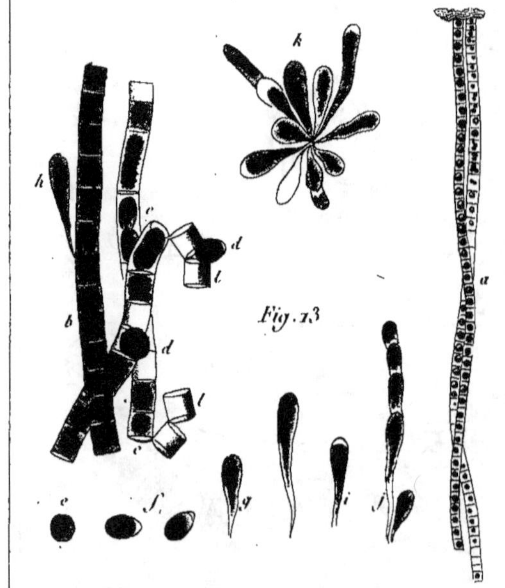

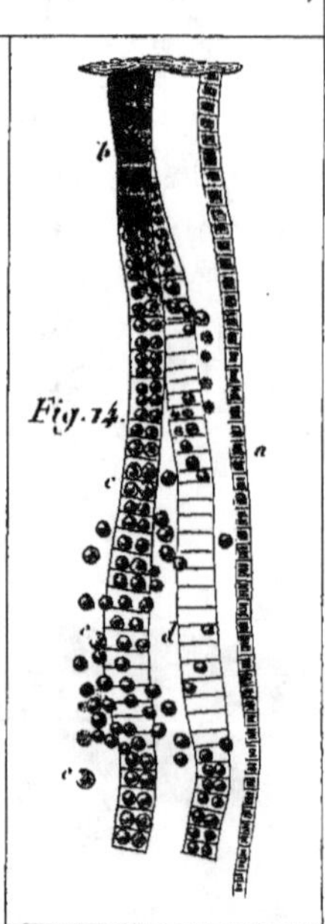

ARTHRODIÉES

Fig. 11   **ZIGNÈME** bulleuse............ *ZIGNEMA* bullosa.
Fig. 12   **ANTHOPHYSE** dichotome..... *ANTHOPHYSIS* dicholoma.
Fig. 13   a. **THRÉSIAS** en collier............ *TIRESIAS* moniliformis.
            b. l. **TIRÉSIAS** crépue.............. *TIRESIAS* crispa.
Fig. 14   **CADMUS** soyeuse............ *CADMUS* sericea.

Vauthier del. et d.ᵗᵉ

Smith sculp.

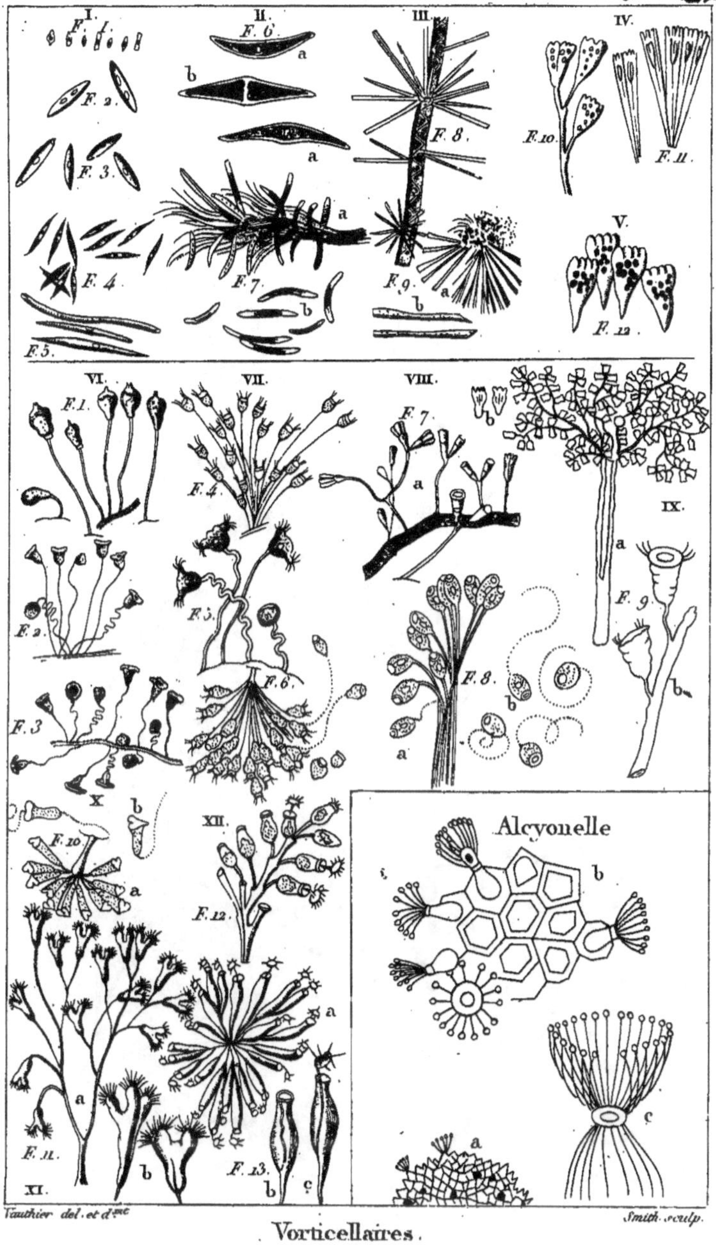

Vorticellaires.

PSYCHODIÉS.

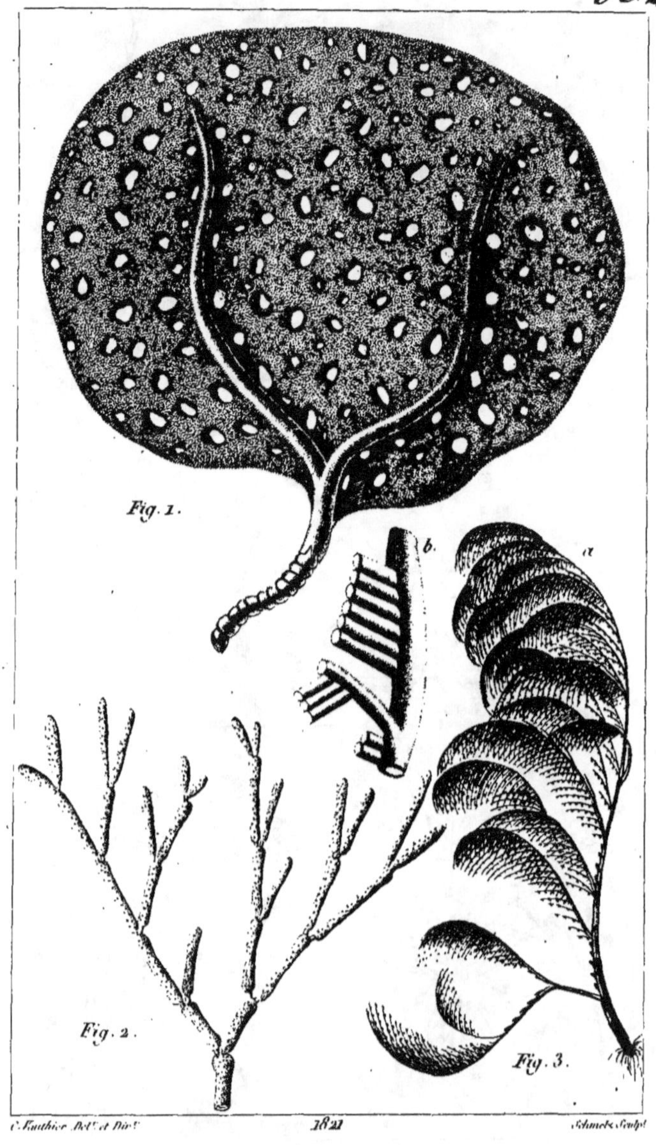

Fig. 1. **ADÉONE** Grise.

Fig. 2. **AMPHIROE** de Gaillon.

Fig. 3. **AMATIE** unilatérala. a. g.eur nat.lle b. grossie.

Pl. 56.

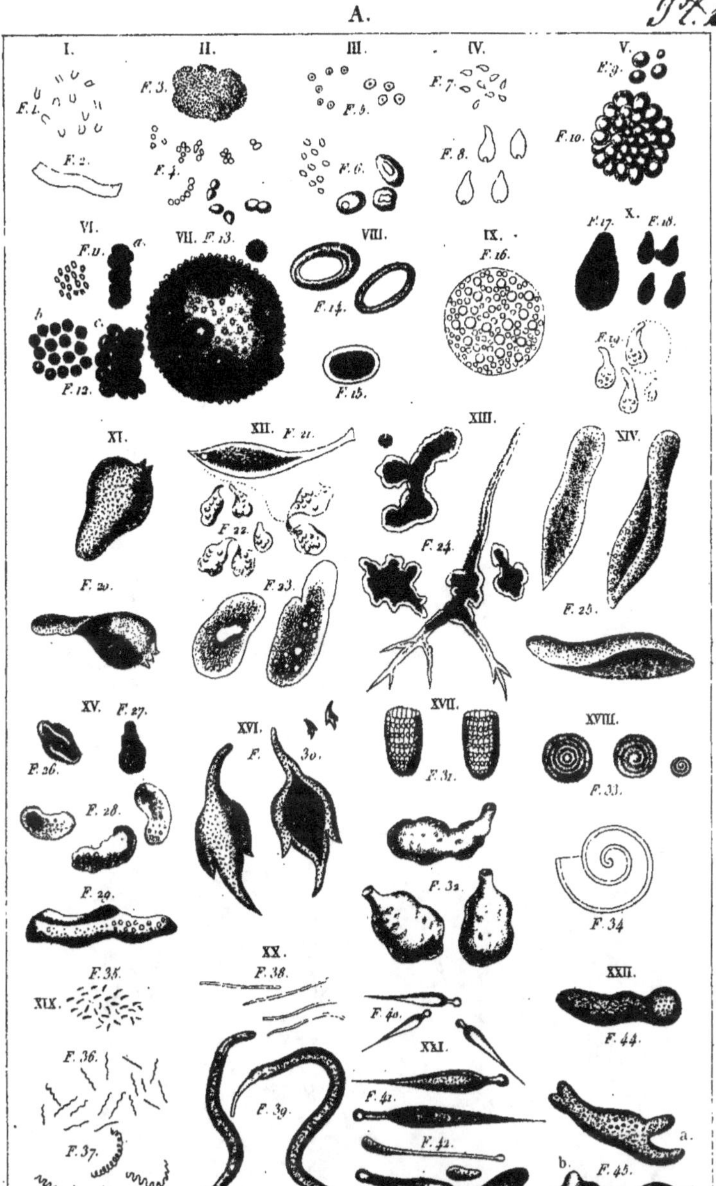

Vauthier del et dir.

MICROSCOPIQUES.

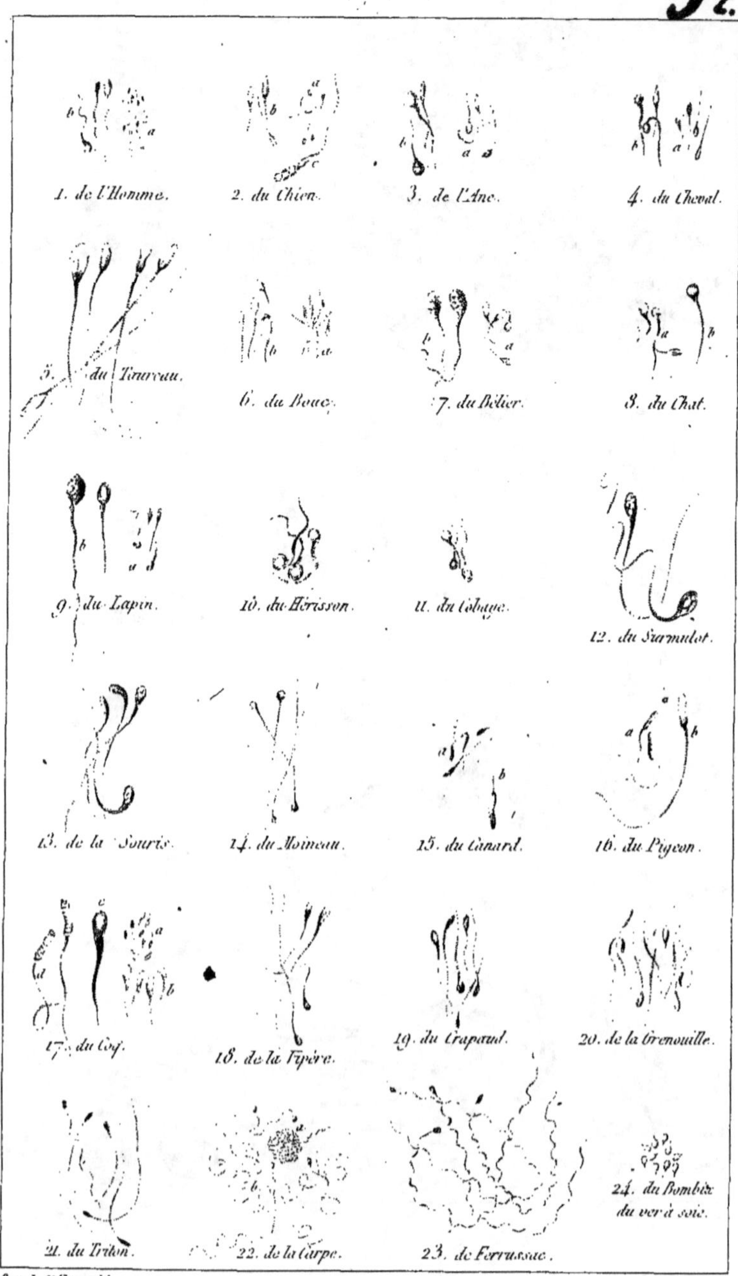

Microscopiques Gymnodés.
ZOOSPERMES.

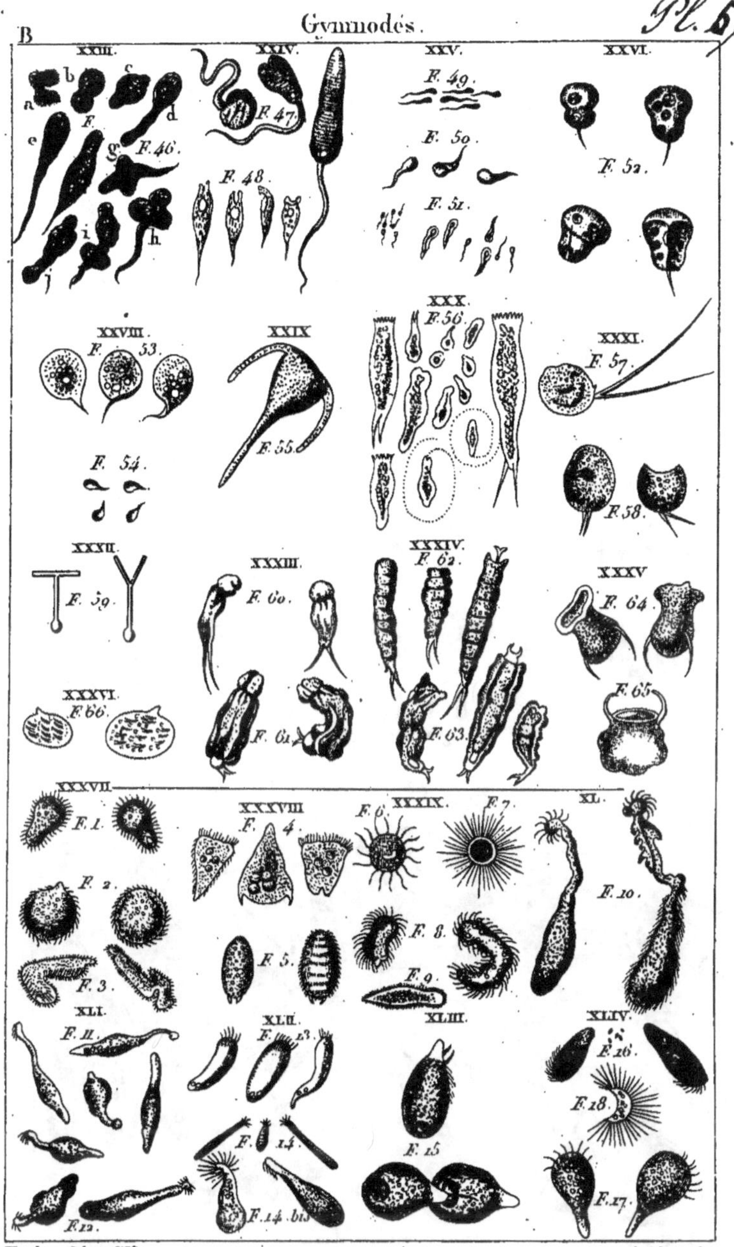

Vauthier del. et d^{rit}.   Smith sculp.

Trichodés.

MICROSCOPIQUES.

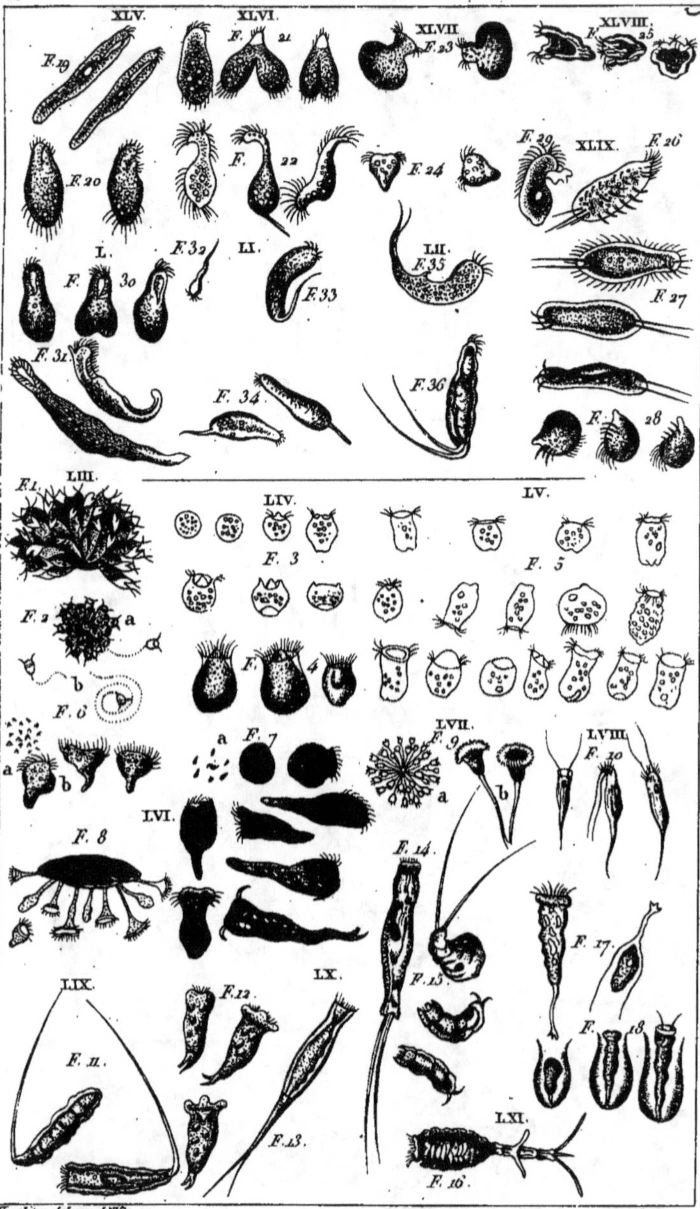

Vauthier del. et d.^{sse}   Smith sculp.

Urcéolaries.

MICROSCOPIQUES.

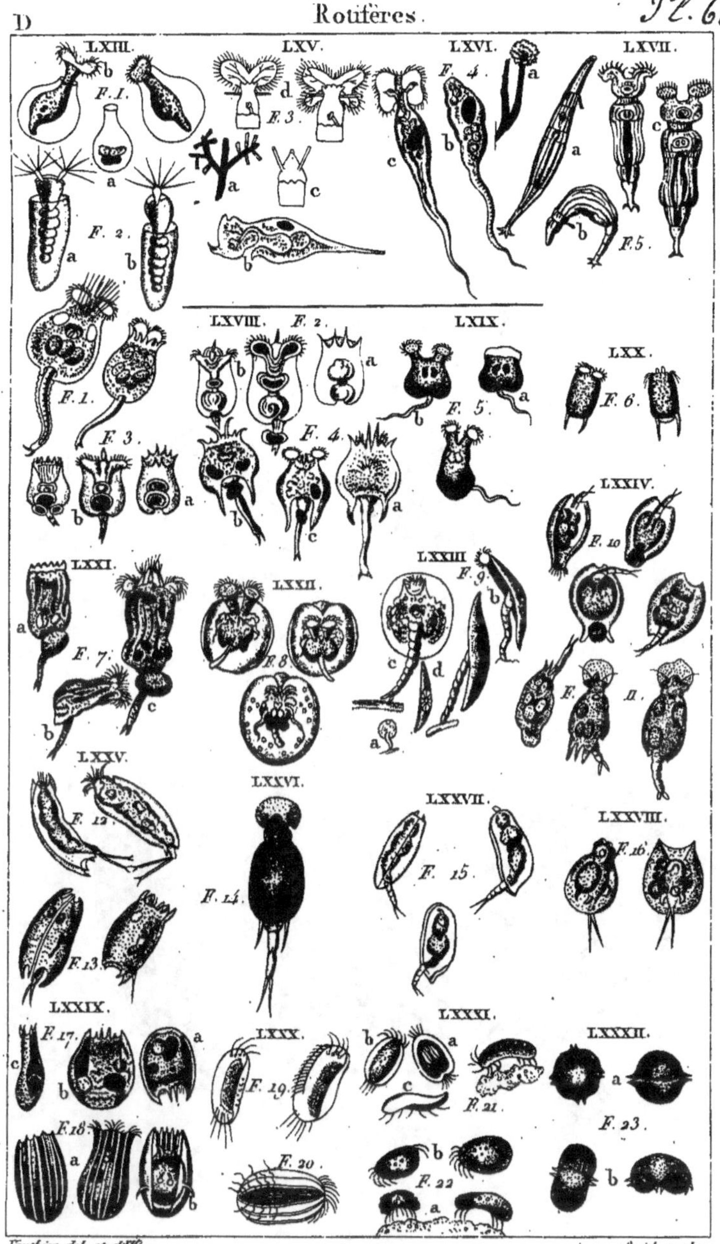

Vauthier del. et dir.   Smith sculp.

Crustodés

MICROSCOPIQUES.

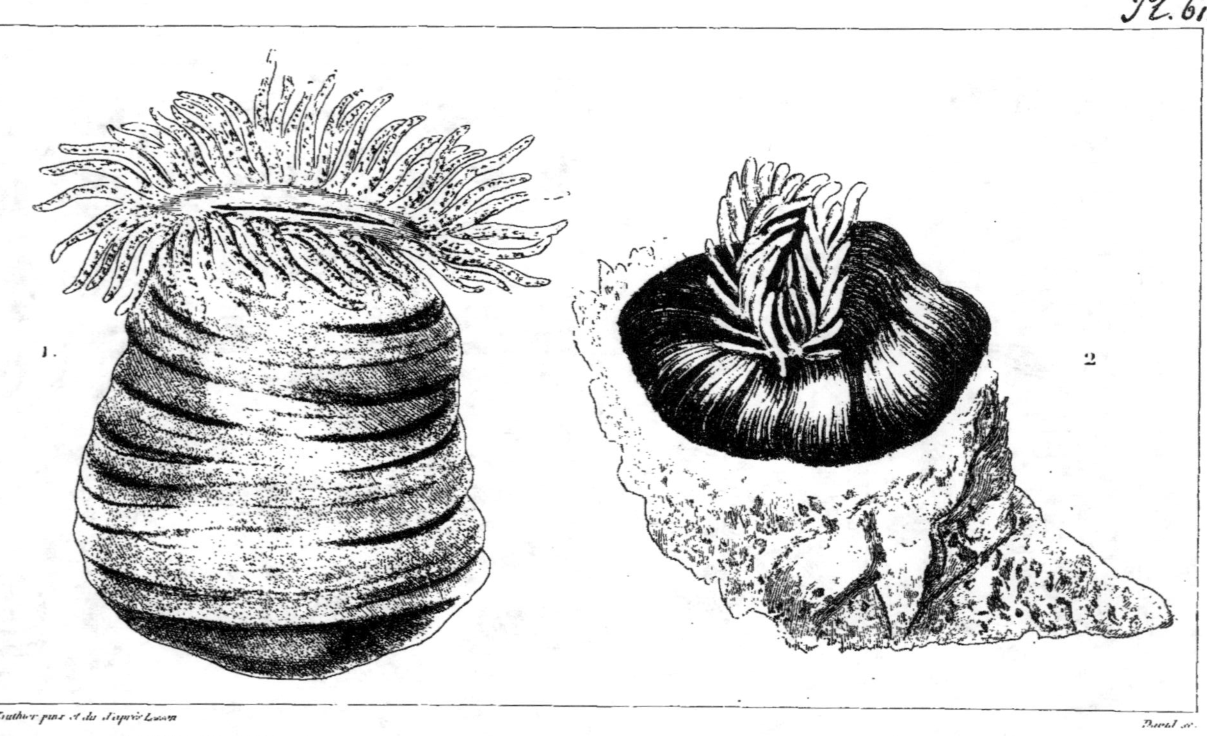

Gauthier pinx et du d'après Lesson   David sc.

1. ACTINIE DE LA NOUVELLE IRLANDE.   *ACTINIA NOVÆ HIBERNIÆ.* Less.
2. ACTINIE DU BRÉSIL.   *ACTINIA BRASILIENSIS.* Less.

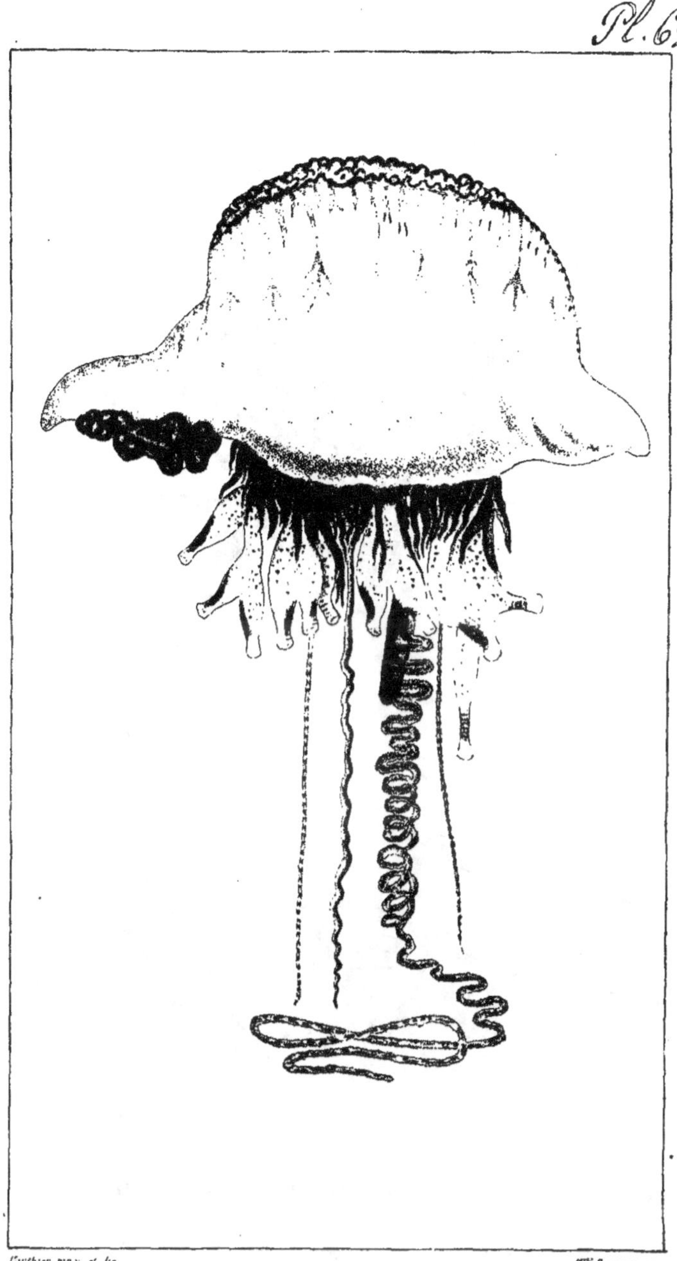

PHYSALE CYSTISOME.   *PHYSALIS CYSTISOMA.* Less.

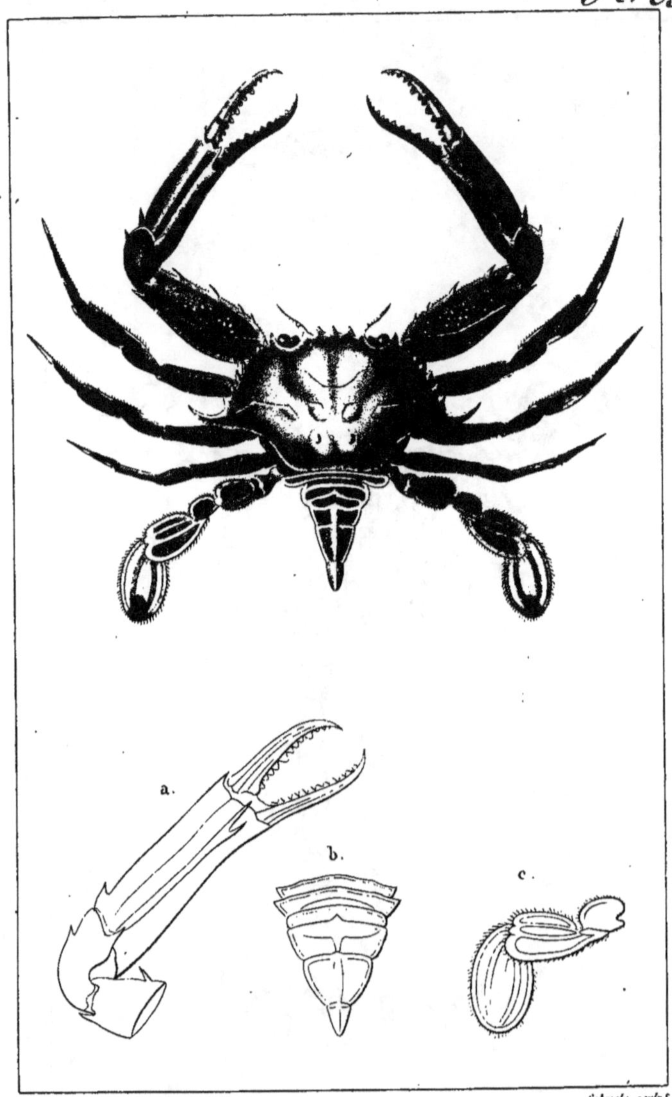

PORTUNE PORTE-HACHE. *PORTUNUS HASTATUS. CANCER HASTATUS.* Linn.

a. *Portion antérieure d'une des pinces.*
b. *Abdomen de la femelle en dessus.*
c. *Derniers articles des pieds postérieurs.*

Fig. 1. PAGURE SANGUINOLENT. *PAGURUS SANGUINOLENTUS*. Quoy et Gaim.

Fig. 2. PAGURE MOUCHETÉ. *PAGURUS GUTTATUS*. Oliv.

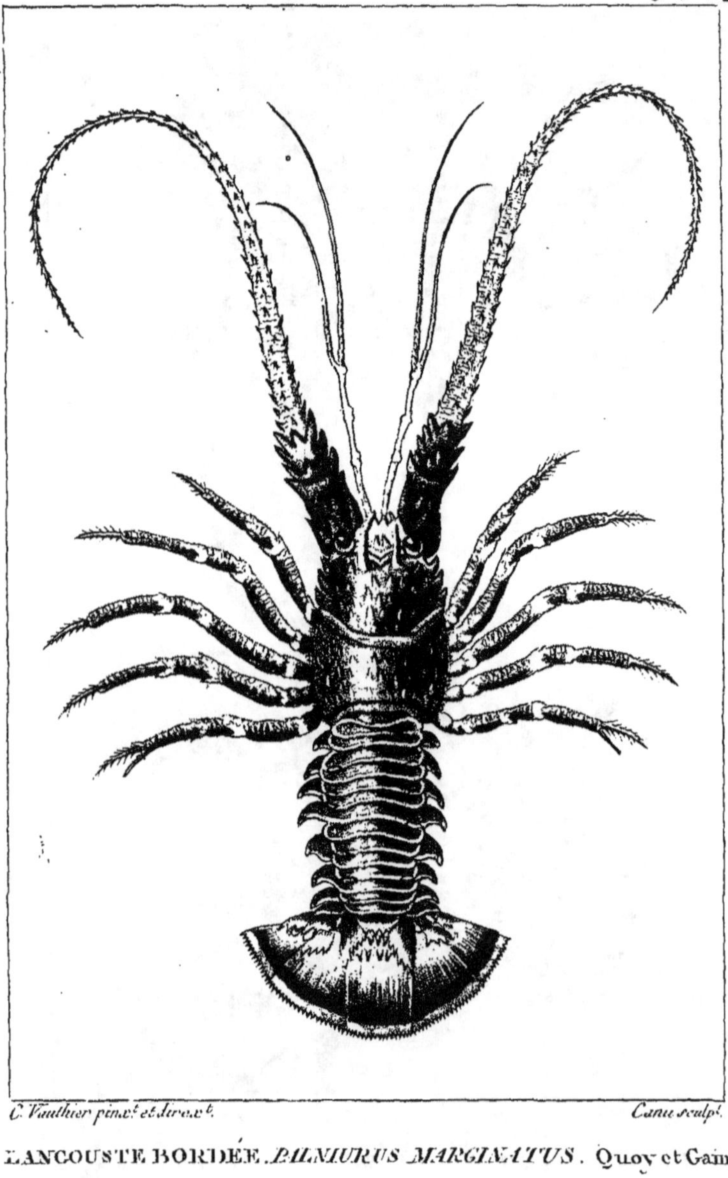

C. Vauthier pinx.t et direx.t

Canu sculp.t

LANGOUSTE BORDÉE. *PALINURUS MARGINATUS*. Quoy et Gaim.

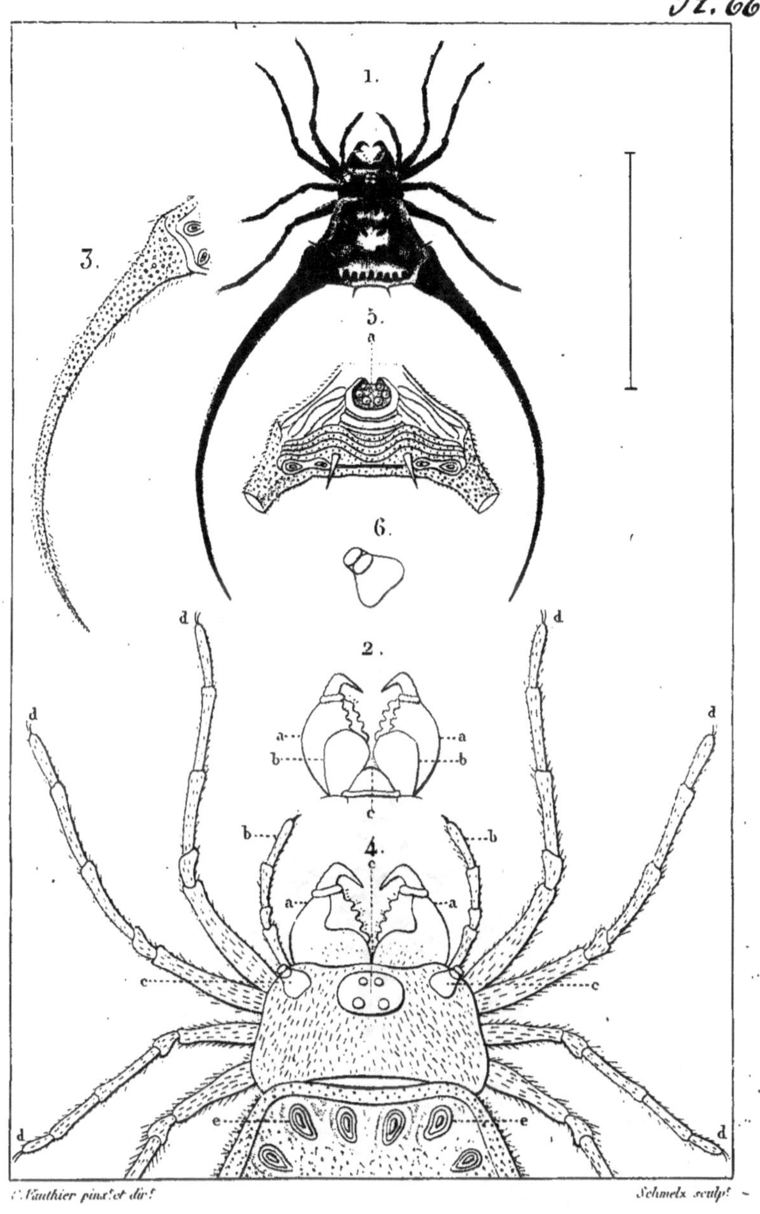

C. Vauthier pinx.^t et dir.^t   Schmelz sculp.^t

EPEÏRE À-QUEUES-COURBES. *EPEÏRA CURVICAUDA.* Vauthier.

Pl. 67.

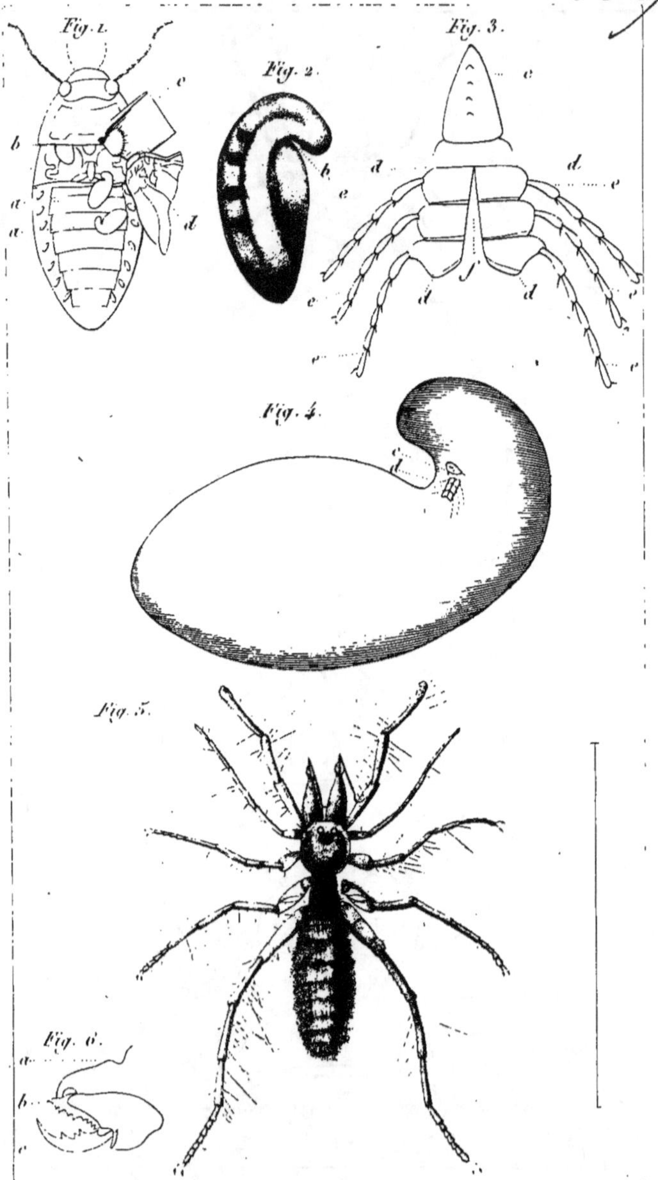

Vauthier del.t et dir.t — 1821. — Drouet Sculp.t

Fig. 1–4. ACHLYSIE du Dytique. ACHLYSIA Dytisci
(a a l'animal de grandeur naturelle.)

Fig. 5. 6. GALEODE araignée. GALEODES arachnoïdes.
(réduite 1/3 environ.)

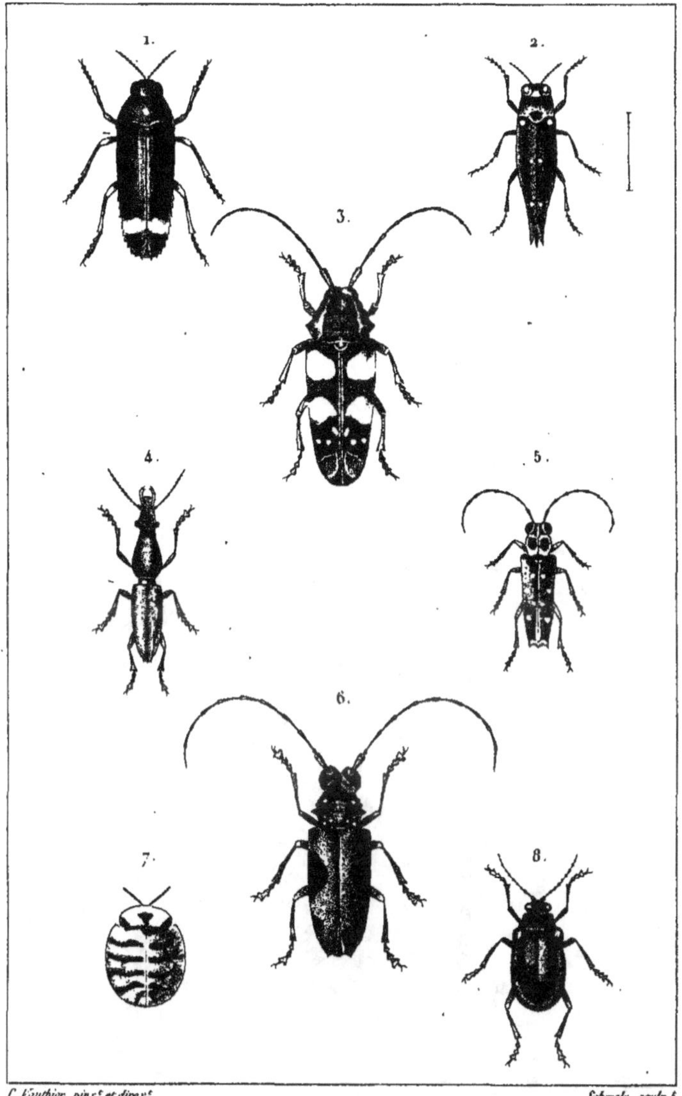

C. Vauthier pinx.t et direx.t — Schmelx sculp.t

Fig.1.	BUPRESTE AGRÉABLE.	*BUPRESTIS AMAENA.*	Kirby.
Fig.2.	BUPRESTE DE GUÉRIN.	*BUPRESTIS GUERINI.*	Dejean.
Fig.3.	LAMIE BELLE.	*LAMIA FORMOSA.*	Olivier.
Fig.4.	BRENTE À LÈVRES-LARGES.	*BRENTUS LATIROSTRIS.*	Dejean.
Fig.5.	SAPERDE 9 TACHES.	*SAPERDA IX GUTTATA.*	Dejean.
Fig.6.	MONOCHAME LATÉRAL.	*MONOCHAMUS LATERALIS.*	Dejean.
Fig.7.	CASSIDE ZÈBRE.	*CASSIDA ZEBRA.*	Dejean.
Fig.8.	GALLÉRUQUE À ANTENNES BLANCHES.	*GALLERUCA ALBICORNIS.*	Wiedemann.

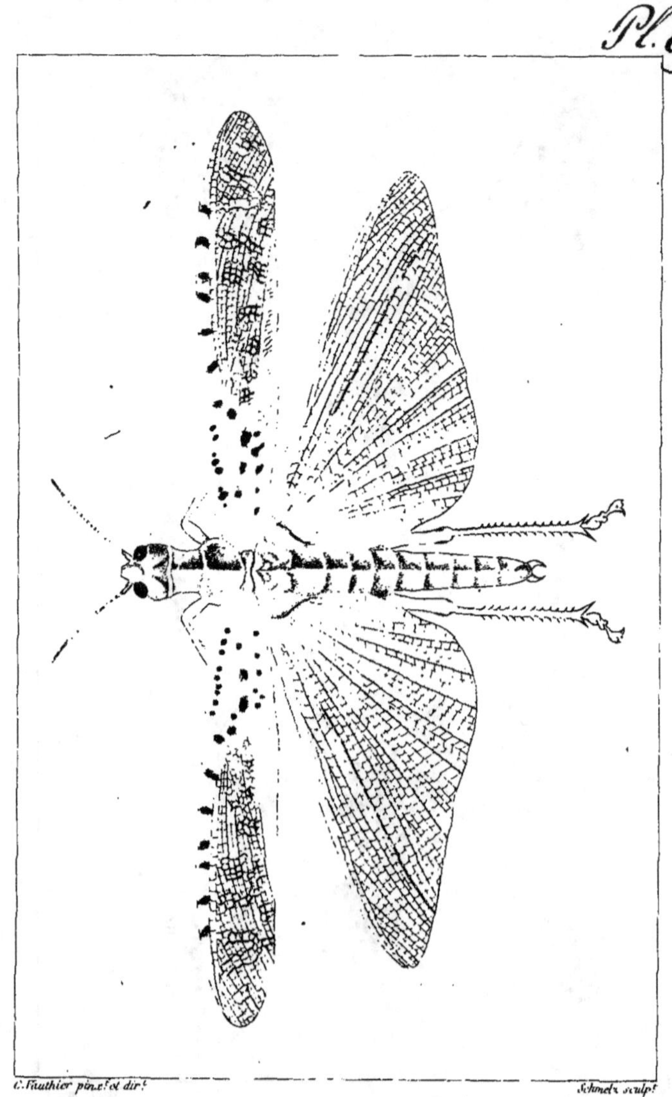

CRIQUET VOYAGEUR.   *ACRYDIUM PEREGRINANS*. Latr.

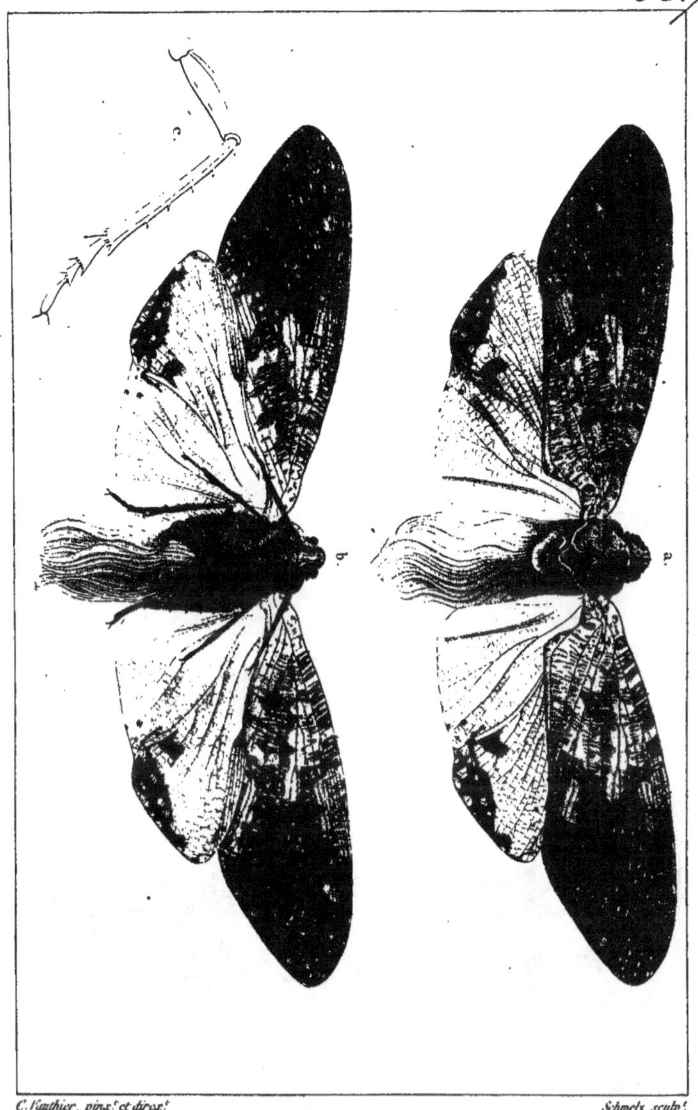

C. Vauthier. pinx.t et direx.t   Schmele sculp.t

Fig. a b. **FULGORE BIGARRÉE.**   *FULGORA VARIEGATA.* Oliv.

c. Patte postérieure grossie.

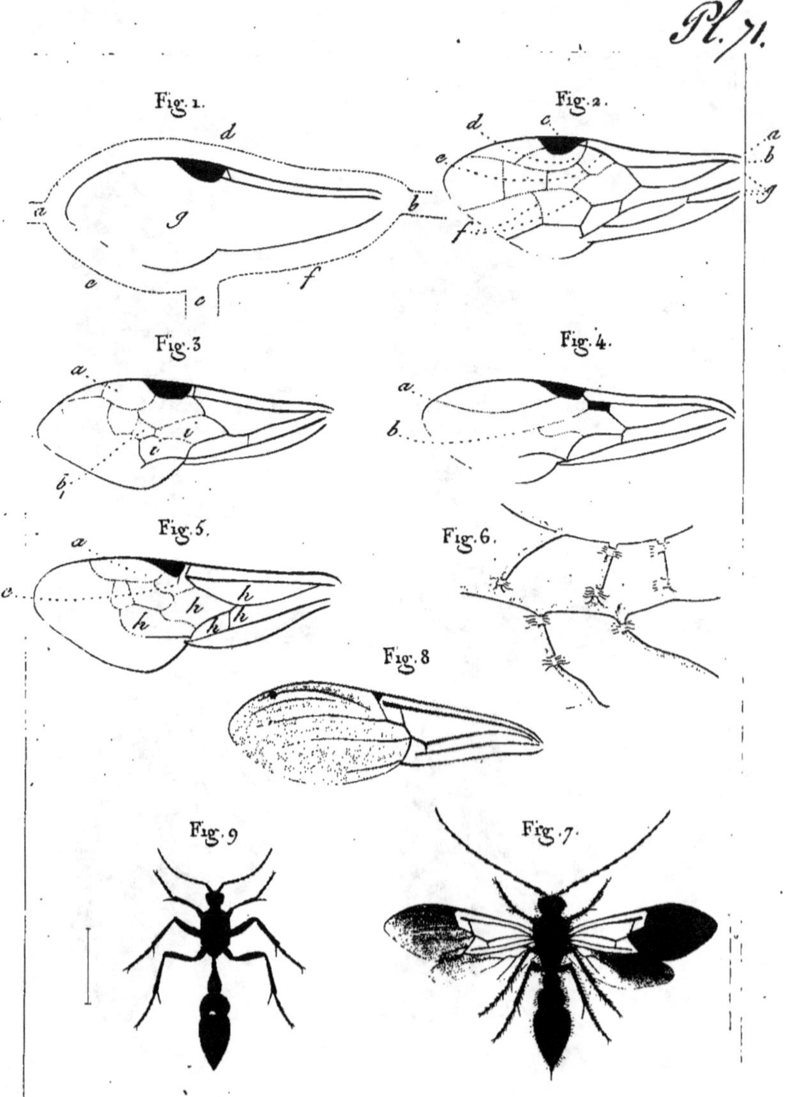

Fig. 1. Fig. 2. Fig. 3. Fig. 4. Fig. 5. Fig. 6. Fig. 8. Fig. 9. Fig. 7.

C. Vauthier, Del.t et Dir.t   C. Schmelz. Sculp.t

Fig. 1—5. Dénomination des parties de l'aile dans les Hyménoptères.
Fig. 6. Bulles d'air interrompant les nervures dans les Hyménoptères.
— (Voy. l'art. Ailes.)
Fig. 7. Aptérogyne unicolor (Mâle.) Apterogyna unicol. (mas) LATR.
Fig. 8. Aile gauche du Mesothorax de l'Aptérogyne unicolor.
Fig. 9. Aptérogyne d'Olivier (Fem.) Apterogyna Olivieri (Fem.) LATR.

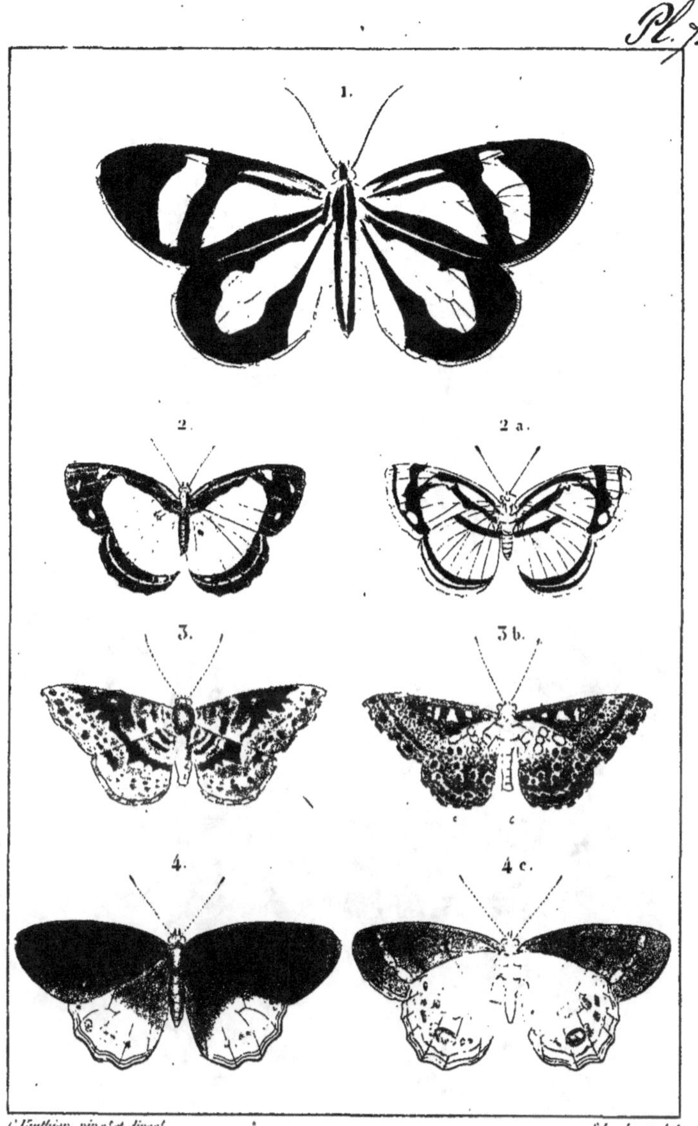

Fig. 1. CALLIMORPHE PHAESILÉA.   *CALLIMORPHA PHAESILEA.* Latr.
Fig. 2. a. ERYCINE ARTHÉMON.   *ERYCINE ARTHEMON.*   Lin.
Fig. 3. b. ERYCINE THERSANDRE.   *ERYCINE THERSANDRA.* Cram.
Fig. 4. c. SATYRE PAGYRIS.   *SATYRUS PAGYRIS.*   God.

C. Vauthier P.ce et D.t

C. Schmeltz sculp.t

URANIE PROMÉTHÉE. *Urania Prometheus.* DR. 7.

Fig. 1. Le dessus. Fig. 2. Le dessous.

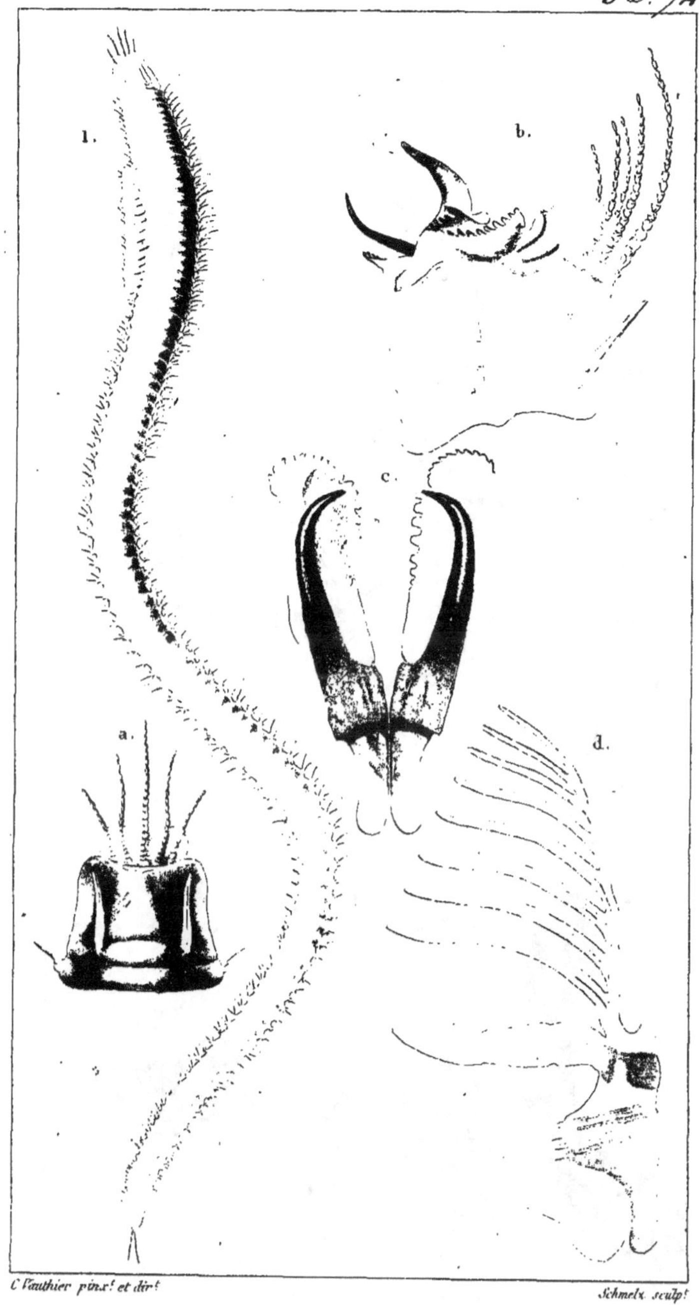

C.Vauthier pinx.^t et dir.^t

Schmelz sculp.^t

Fig. 1. LÉODICE ANTENNÉE (grossie) *LEODICE ANTENNATA.* Sav.

a. *Tête en dessus.*   b. *Tête de profil.*   c. *Mâchoires.*   d. *L'un des pieds.*

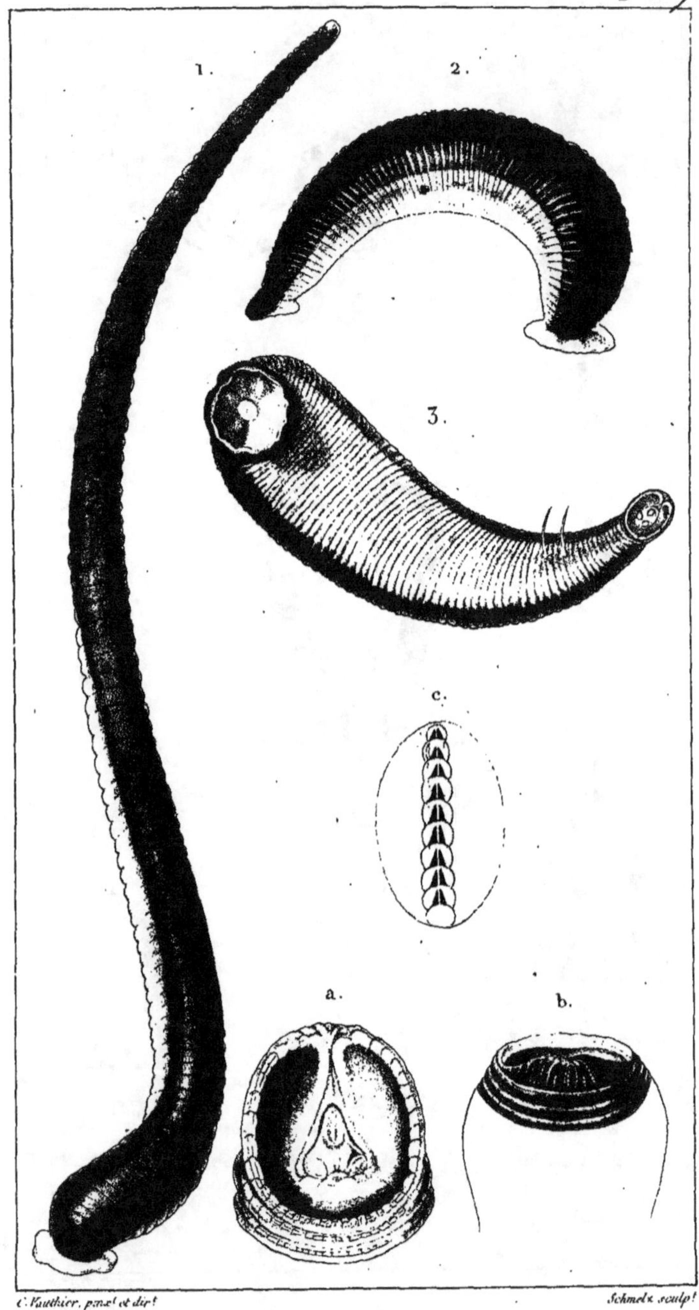

C. Vauthier, pinx.t et dir.t   Schmelz sculp.t

Fig. 1. 2. 3. BDELLE DU NIL.   *BDELLA NILOTICA.* Sav.

a. *Ventouse orale vue en dedans.*   b. *Ventouse contractée vue en dessus.*

c. *Mâchoire impaire et denticulée d'une espèce du Genre Hæmopis.*

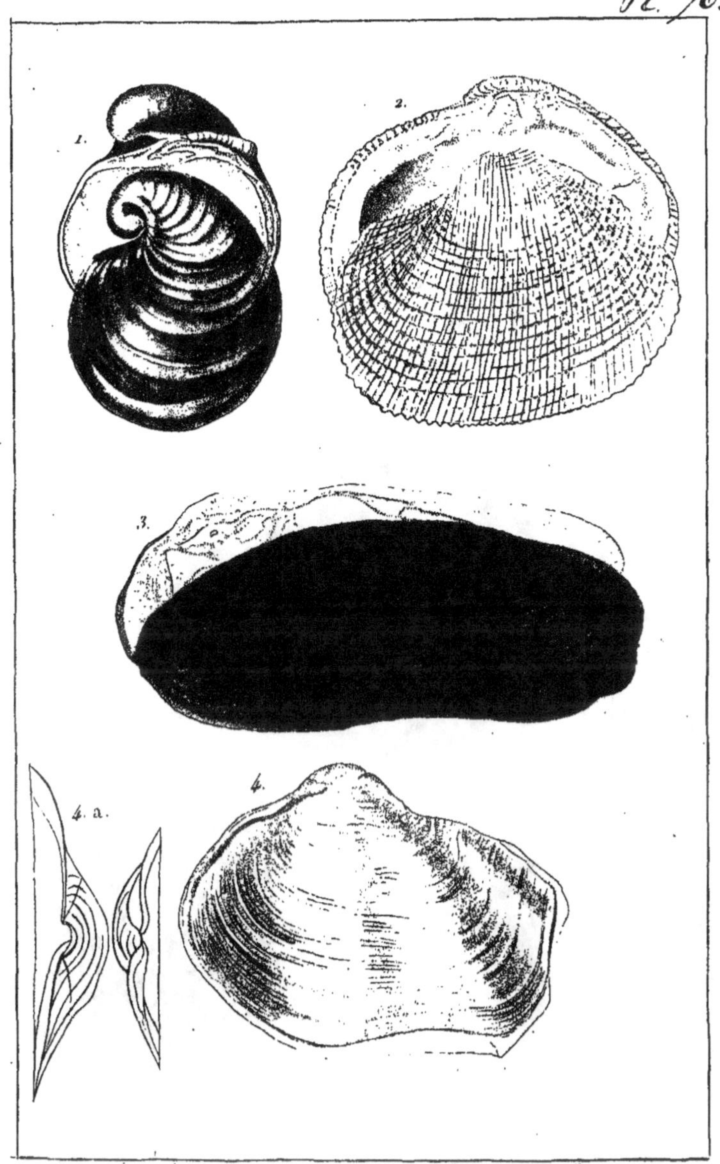

Fig. 1. YSOCARDE Cœur.   ISOCARDIA Cor. (Lam.)

Fig. 2. CORBEILLE Pétoncle.   CORBIS Petuncularis (Lam)

Fig. 3. GLYCYMÈRE Silique.   GLYCIMERIS Siliqua.

Fig. 4. TRACIE Corbuliforme.   THRACIA Corbuliformis. (Nob)

4. a. Charnières.

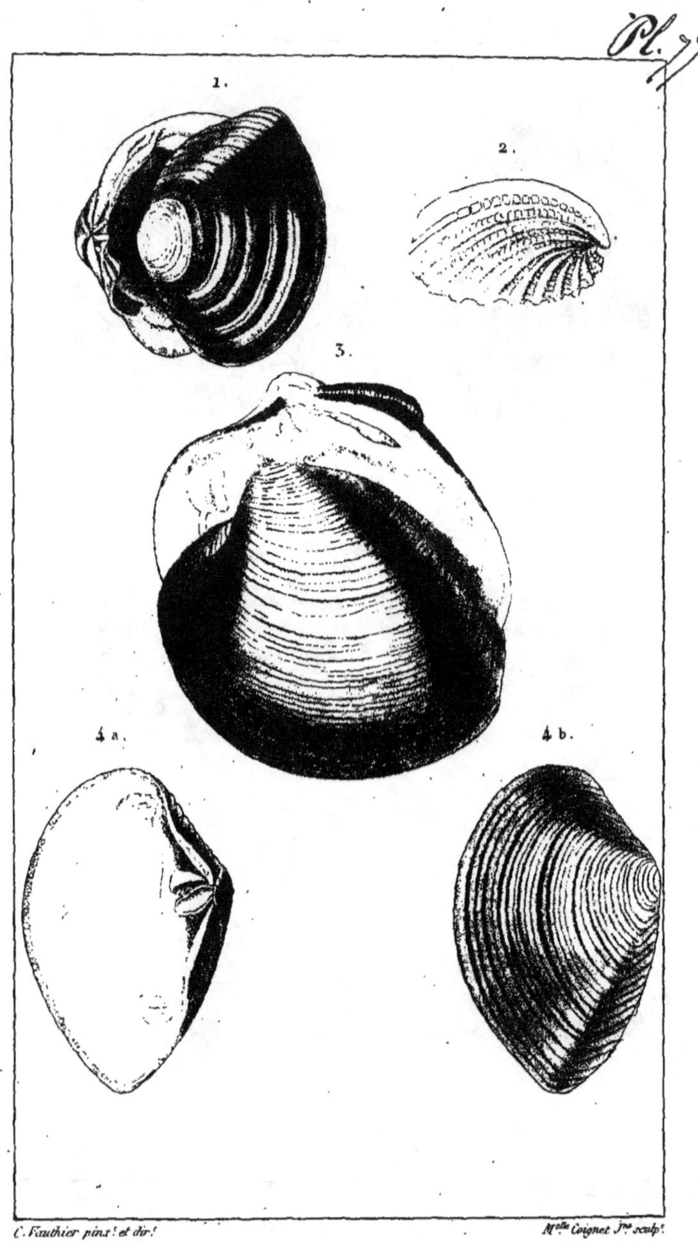

Fig. 1.   CYRÈNE DÉPRIMÉE.   *CYRENA DEPRESSA.*   Nob.
Fig. 2.   ÉMARGINULE ORNÉE.   *EMARGINULA ORNATA.*   Nob.
Fig. 3.   CYPRINE D'ISLANDE.   *CYPRINA ISLANDICA.*   Lamk.
Fig. 4 a b. CRASSATELLE SCUTELLAIRE. *CRASSATELLA SCUTELLARIA.* Nob.

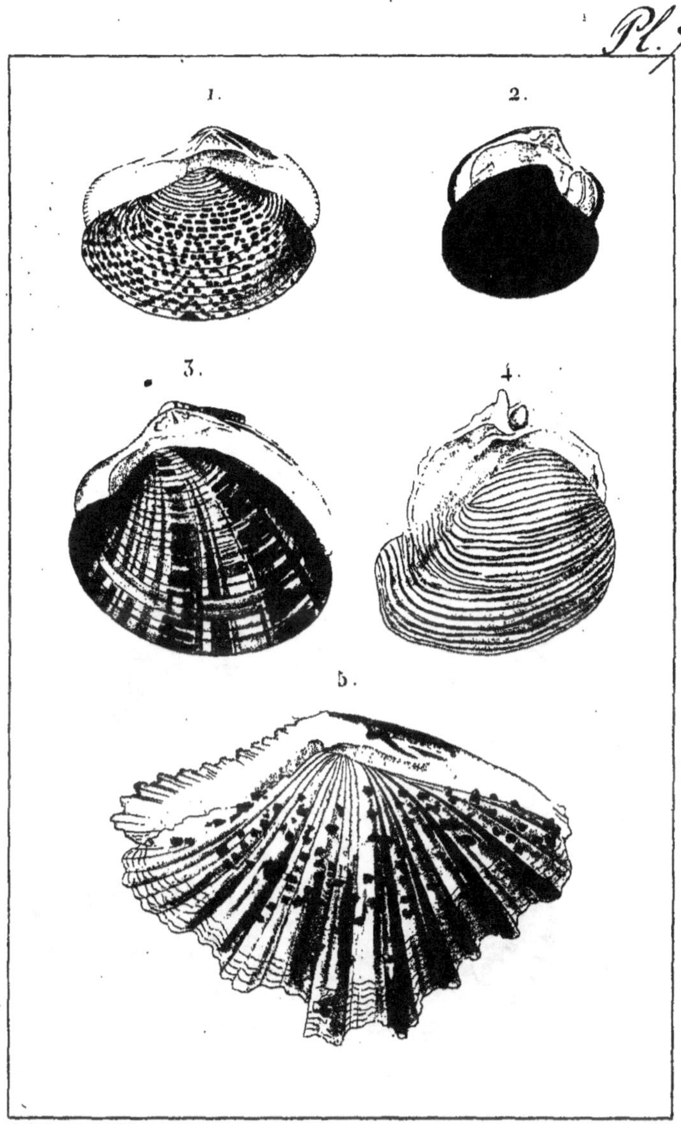

Fig. 1. DONACE À RÉSEAU. *DONAX MEROE*. Lin.
Fig. 2. CRASSINE CRASSATELLÉE. *CRASSINA DANMONIENSIS*. Lam.
Fig. 3. CYTHÉRÉE CÉDONULLI. *CYTHEREA ERYCINA*. Lam.
Fig. 4. CORBULE À GROS-SILLONS. *CORBULA EXARATA* Nob.
Fig. 5. HIPPOPE MACULÉE. *HIPPOPUS MACULATUS*. Lam.

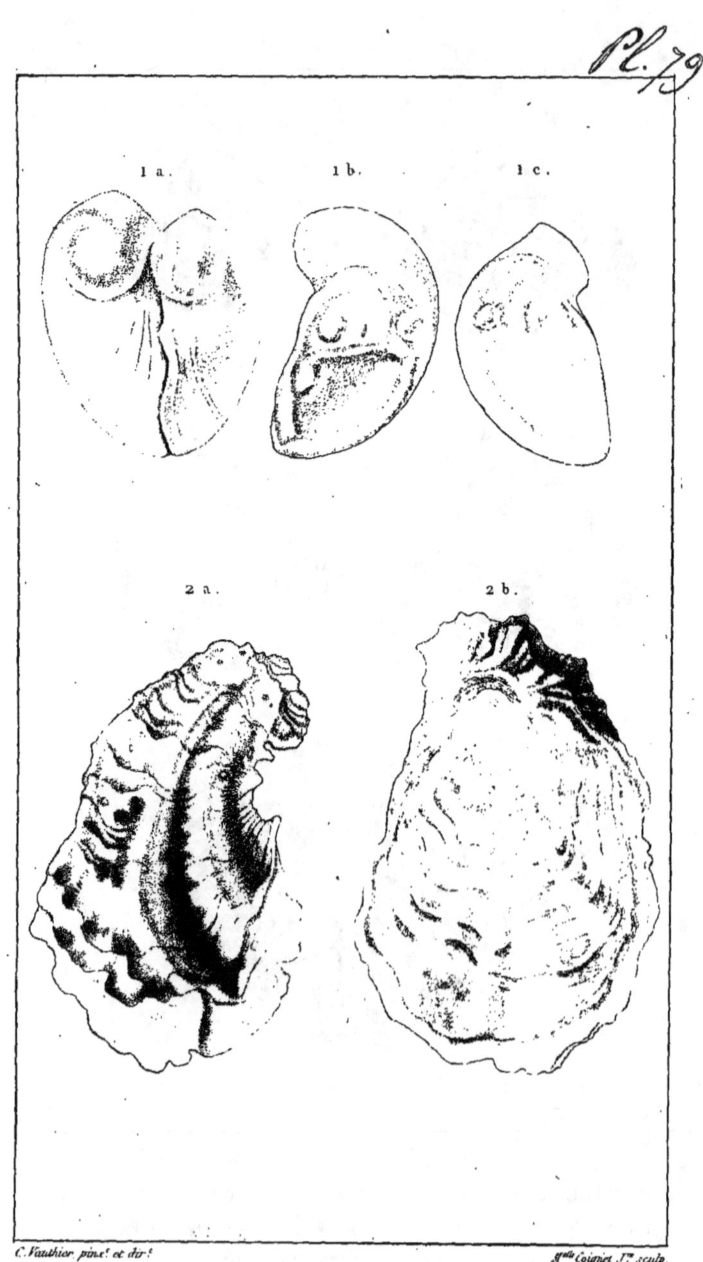

Pl. 79.

Fig. 1 a b c. **DICÉRATE GAUCHE.** *DICERAS SINISTRA.* Nob.

Fig. 2 a b. **GRYPHÉE ANGULEUSE.** *GRYPHAEA ANGULATA.* Lamk.

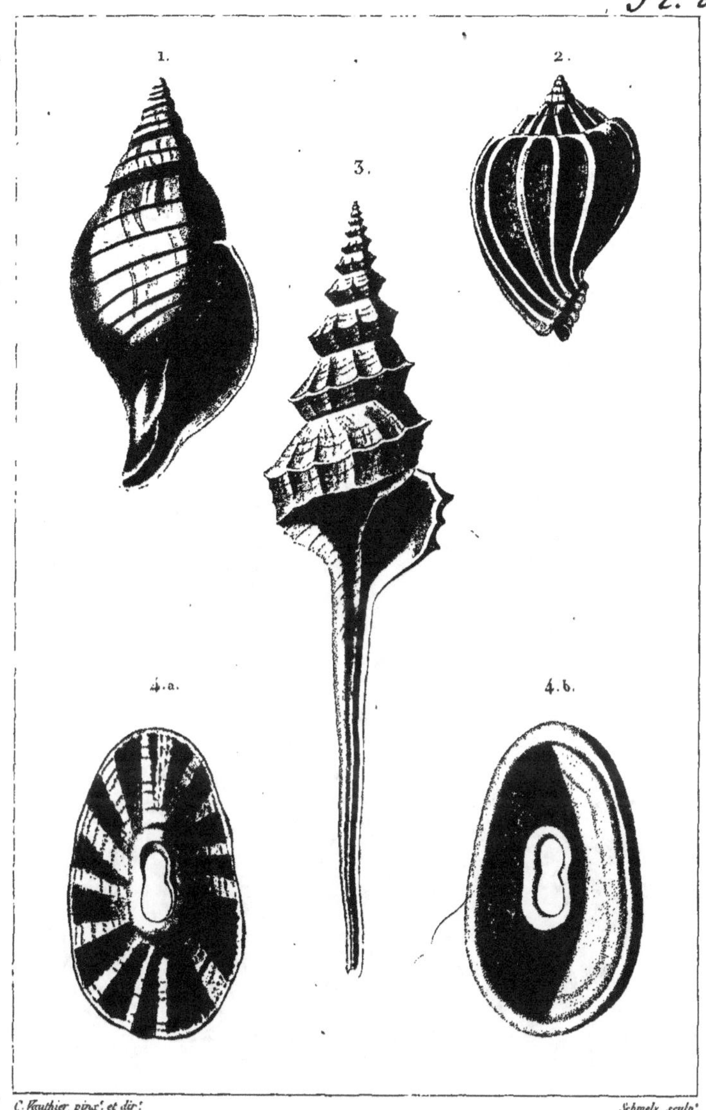

C. Vauthier, pinx.t et dir.t — Schmelz sculp.t

Fig. 1. FASCIOLAIRE DISTANTE. *FASCIOLARIA DISTANS*. Lamk.
Fig. 2. HARPE MUTIQUE. *HARPA MUTICA*. Lamk.
Fig. 3. FUSEAU DENT DE SCIE. *FUSUS SERRATUS*. Nob.
Fig. 4. a.b. FISSURELLE HIANTULE. *FISSURELLA HIANTULA*. Lamk.

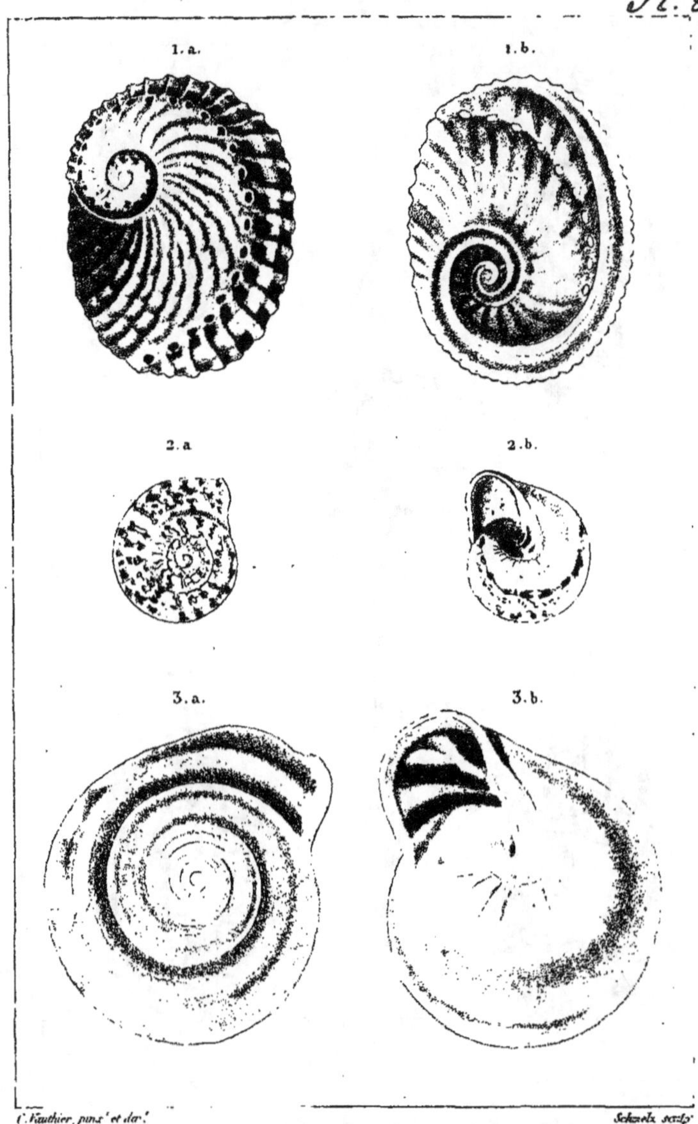

Fig. 1. a.b. HALIOTIDE NODULEUSE. *HALIOTIS PULCHERRIMA*. Martyns.

Fig. 2. a.b. HÉLICE SERPENTINE. *HELIX SERPENTINA*. Ménard

Fig. 3. a.b. HÉLICE ENFONCÉE. *HELIX CEPA*. Muller.

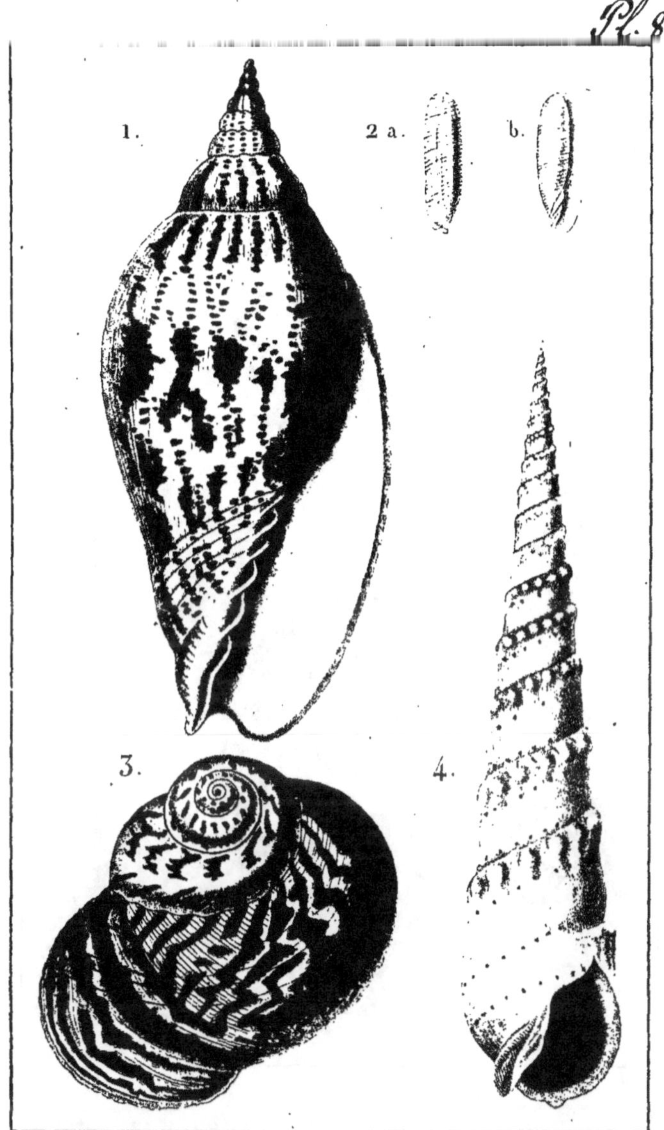

Fig. 1. VOLUTE PONCTICULÉE. *VOLUTA JAPONICA.* Lin.

Fig. 2. a.b. VOLVAIRE STRIÉ. *VOLVARIA STRIATA.* Lam.

Fig. 3. TURBO ONDULÉ. *TURBO UNDULATUS.* Gmel.

Fig. 4. VIS CRÈNELÉE. *TEREBRA CRENULATA.* Lam.

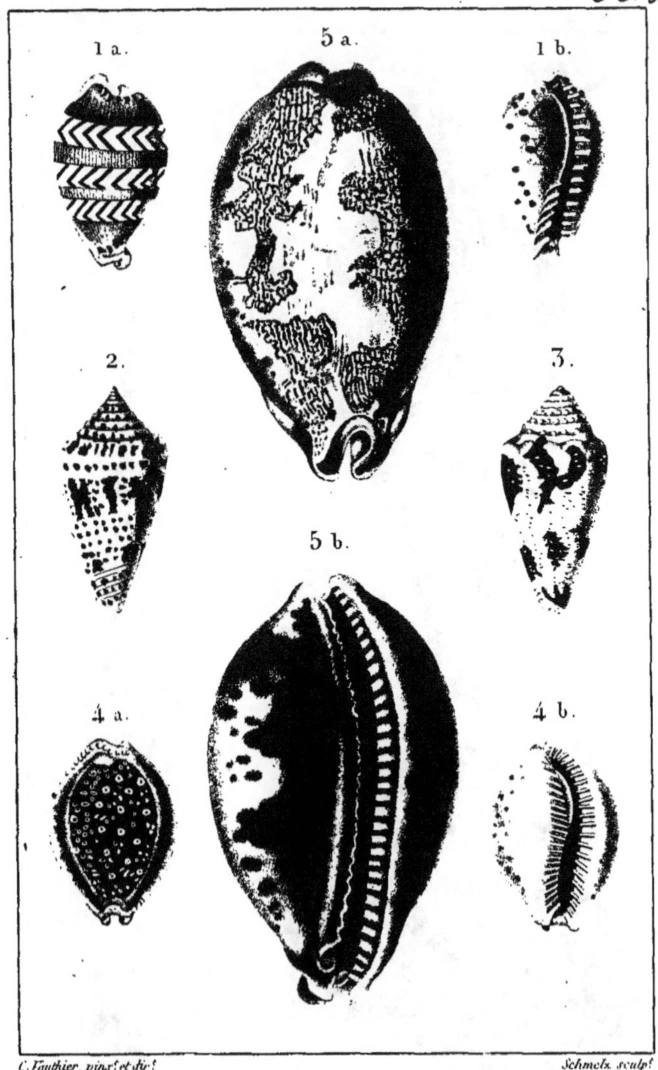

C. Vauthier, pinx? et dir?   Schmelz sculp?

Fig. 1. a, b. PORCELAINE À BANDES. *CYPRAEA VITTATA*. N.
Fig. 2. CÔNE ÉCRIT.   *CONUS SCRIPTUS*. N.
Fig. 3. CÔNE CÉDONULLI. *CONUS CEDONULLI*. Var. C, Fauve Citron. B.
Fig. 4. a, b. PORCELAINE OCELLÉE. *CYPRAEA OCELLATA*. N.
Fig. 5. a, b. PORCELAINE GÉOGRAPHIQUE. *CYPRAEA MAPPA*. L.

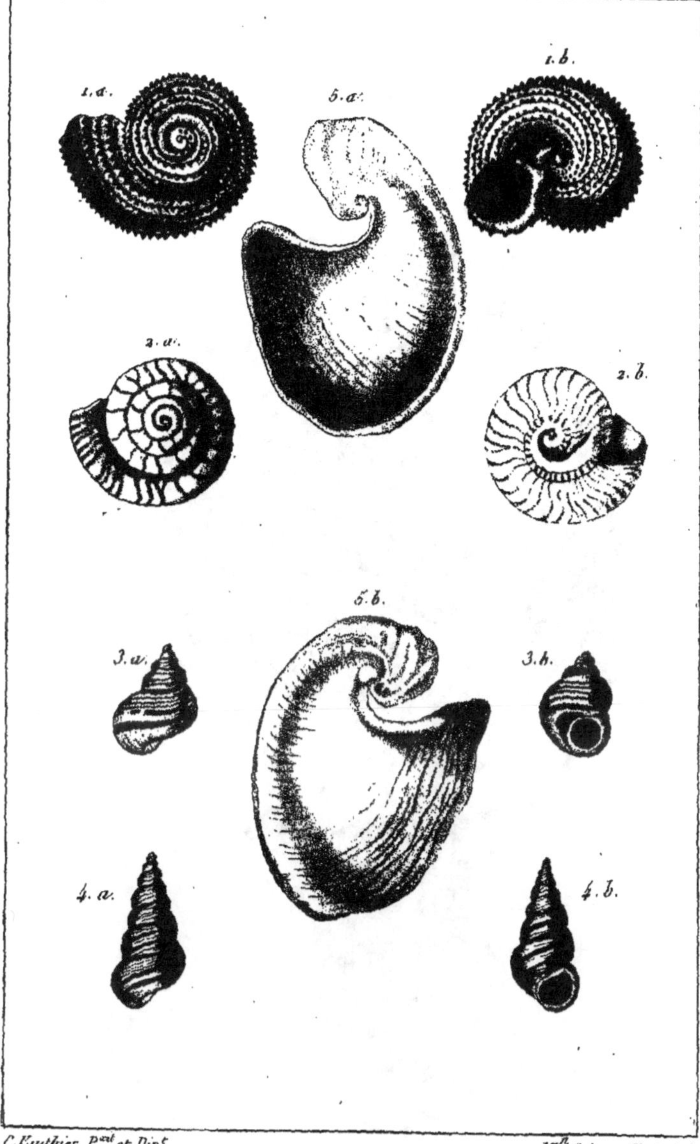

C. Vauthier P.xt et Dir.t   M.lle Coignet j.ne Sculp.t

Fig. 1. a. b. DAUPHINULE Linné.   DAUPHINULA Linné (Lam.)

Fig. 2. a. b. CADRAN Tacheté.   SOLARIUM Hybridum

Fig. 3. a. b. CYCLOSTOME Variable.   CYCLOSTOMA Variabilis (Nob.)

Fig. 4. a. b. CYCLOSTOME Momie.   CYCLOSTOMA Mumia

Fig. 5. a. b. DOLABELLE Calleuse.   DOLABELLA Callosa. (Lam.)

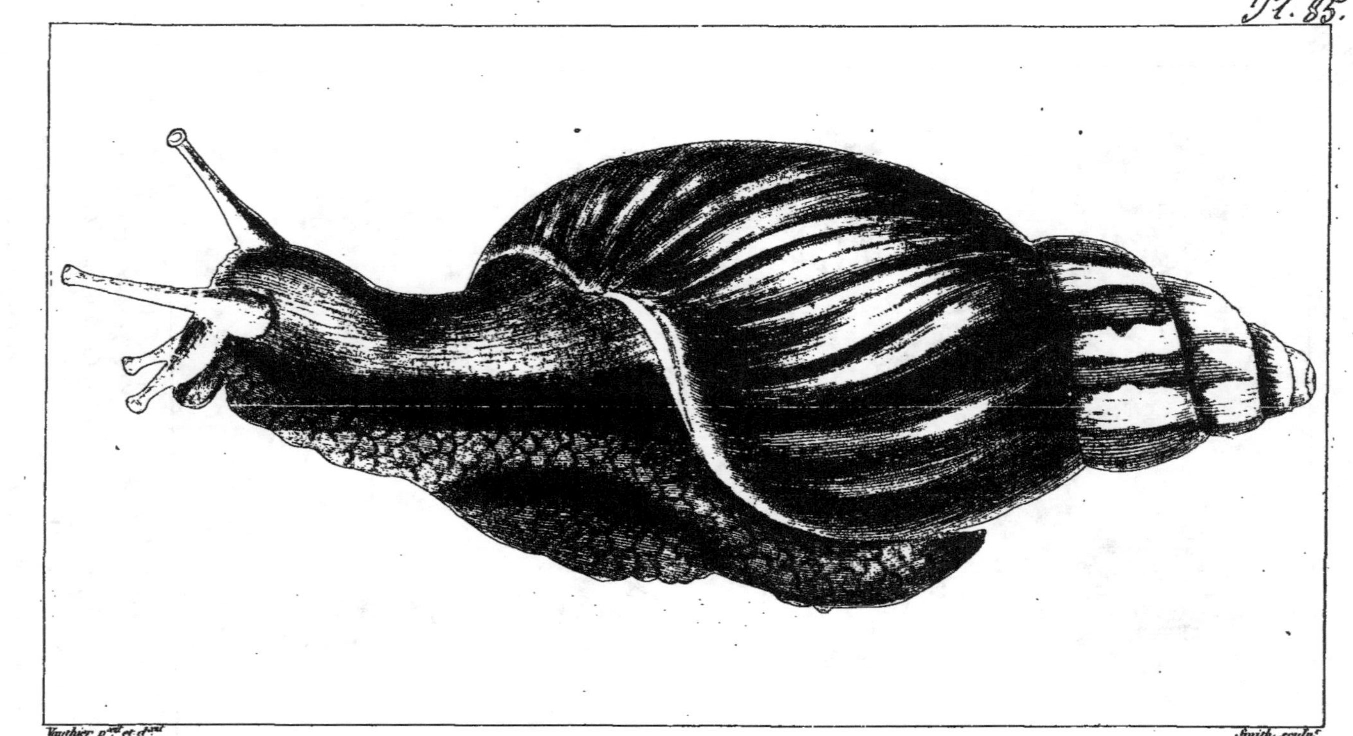

AGATHINE FASCIÉE   *AGATHINA FASCIATA.*

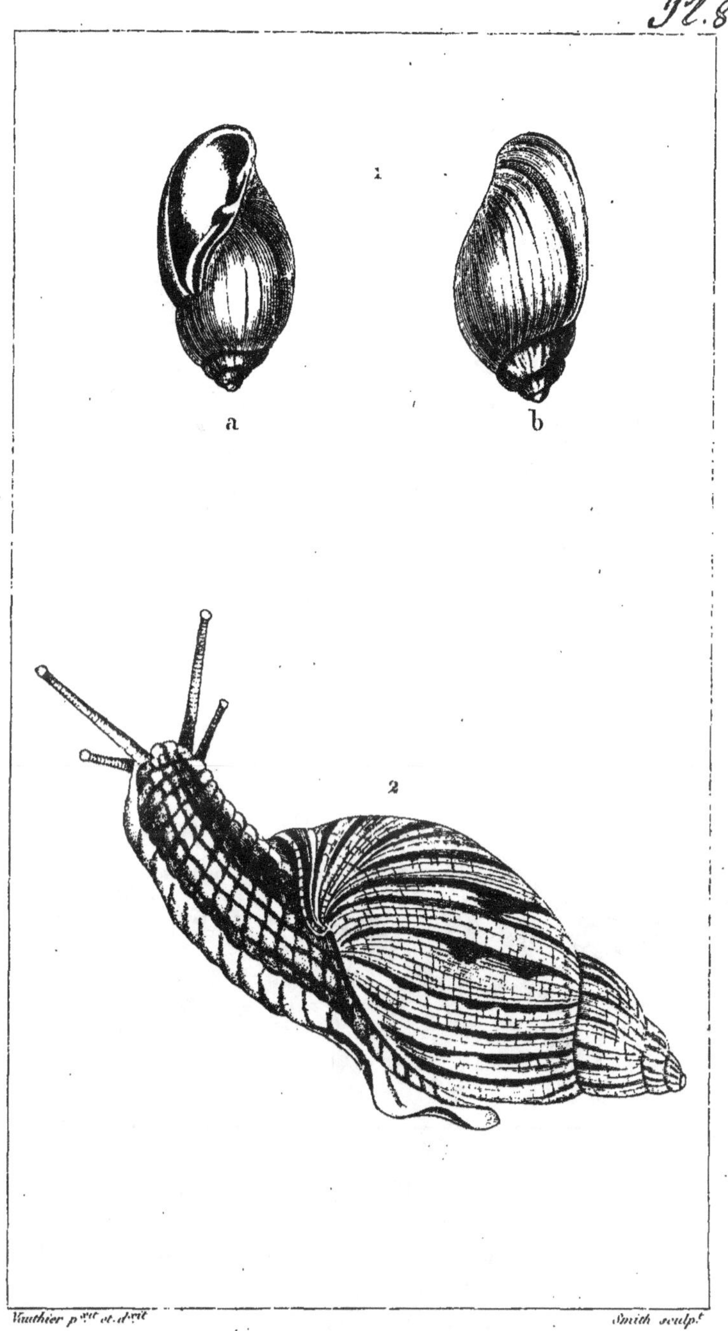

1. a. b. AURICULE DE DOMBEY. *AURICULA DOMBEYANA*. Lmk.

2. HÉLICE SERPENT. *HELIX SERPENTINA*. Molina.

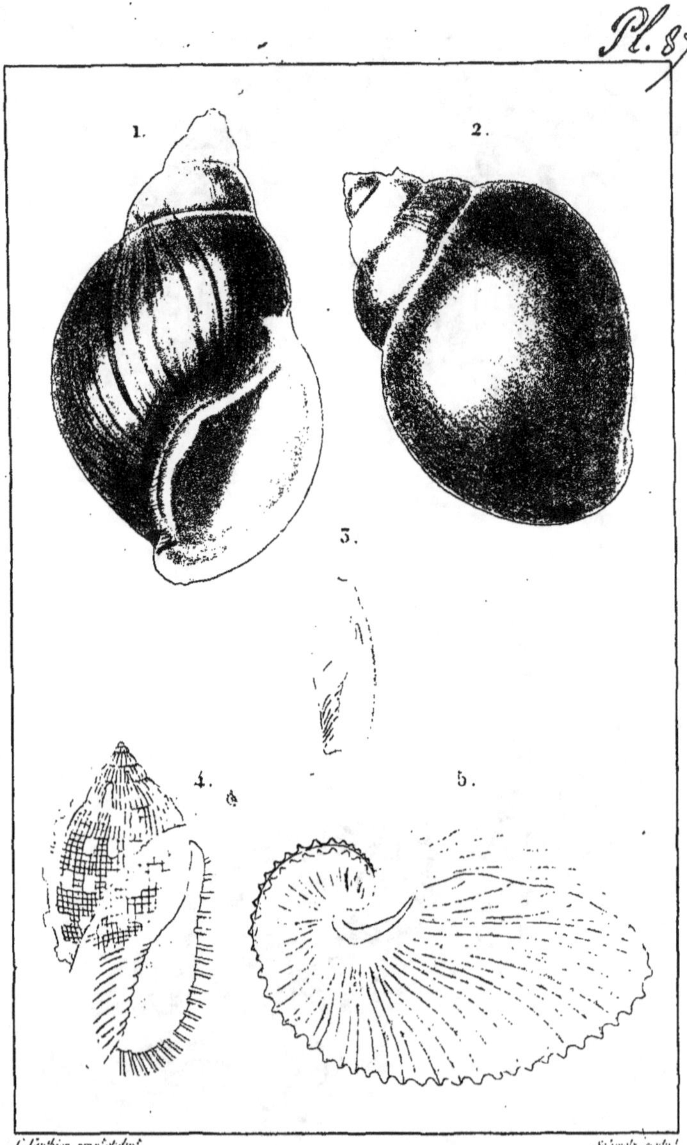

C. Gauthier, pinx.t et dir.t — Schmelz sculp.t

Fig. 1. AGATHINE POURPRE.   *ACHATINA PURPUREA*.   Lam.
Fig. 2. AMPULLAIRE VERTE.   *AMPULLARIA VIRESCENS*. Nob.
Fig. 3. ANCILLAIRE BLANCHE.   *ANCILLARIA CANDIDA*.   Lam.
Fig. 4. CASQUE TREILLISSÉ.   *CASSIS DECUSSATA*.   Lam.
Fig. 5. ARGONAUTE PAPYRACÉE.   *ARGONAUTA ARGO*.   Lin.

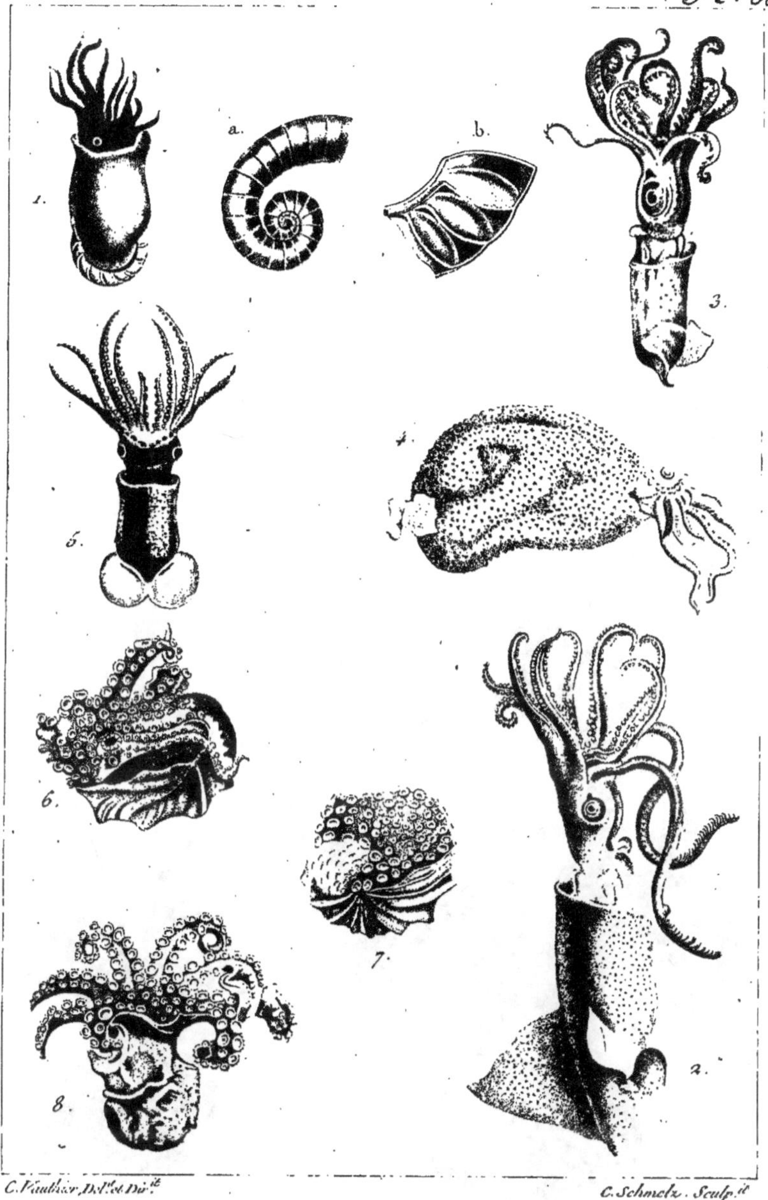

1. SPIRULE de Péron. a. son Test. b. coupe du Test.
2. CALMAR de Banks (S. G. Onychotente)
3. CALMAR Lepture (S. G. id.)
4. CALMAR Scabre (S. G. Cranchie)
5. CALMAR Cardioptère (S. G. id.?)
6,7,8. ARGONAUTE de Cranch (S. G. Ocythoé)

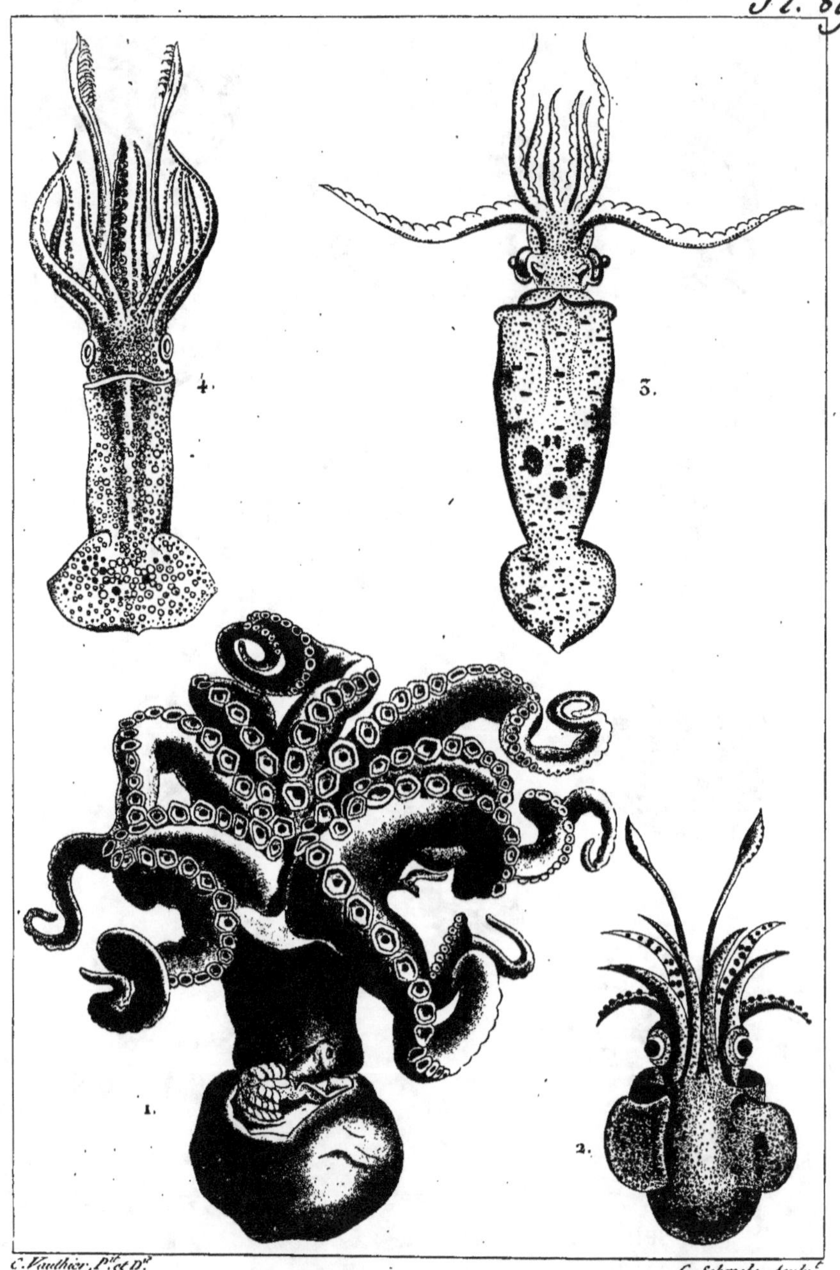

Fig. 1. *OCTOPUS CIRRHOSUS.*   Fig. 2. *SEPIOLA RONDELETI.*
Fig. 3. *LEACHIA CYCLURA.*   Fig. 4. *LOLIGO CARIBÆA.*

C. Vauthier, P.it et D.t   C. Schmelz, Sculp.t

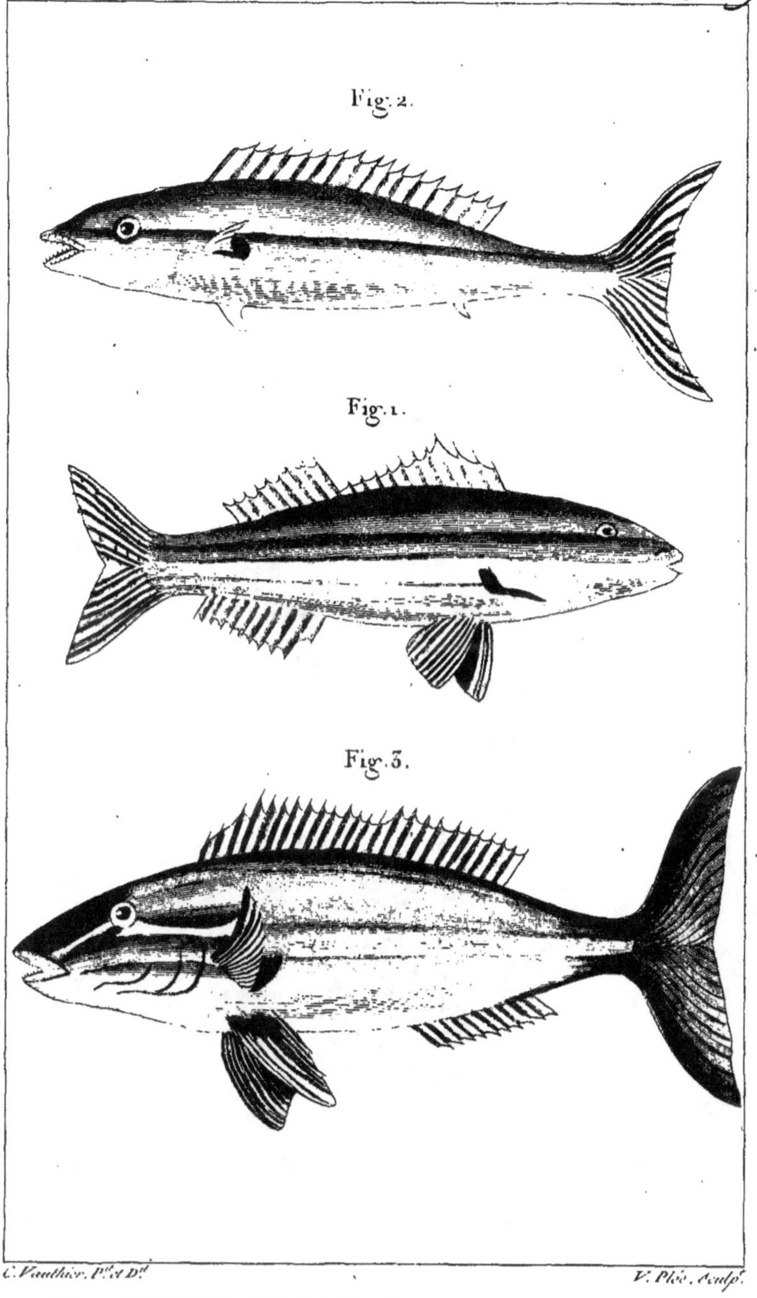

Fig. 1. PERCHE GRAMMITE.   *Perca Grammitis*.   B.
Fig. 2. CANTHÈRE DOUTEUSE ? *Cantherus Dubia* ? B.
Fig. 3. CANTHÈRE DE MILIUS. *Cantherus Milii*.   B.

C. Vauthier, pinx.t et dir.t   Schmelz, sculp.t

SERRAN BONACI - ARARA. de Cuba.   *SERRANUS ARARA.* Desmarest.

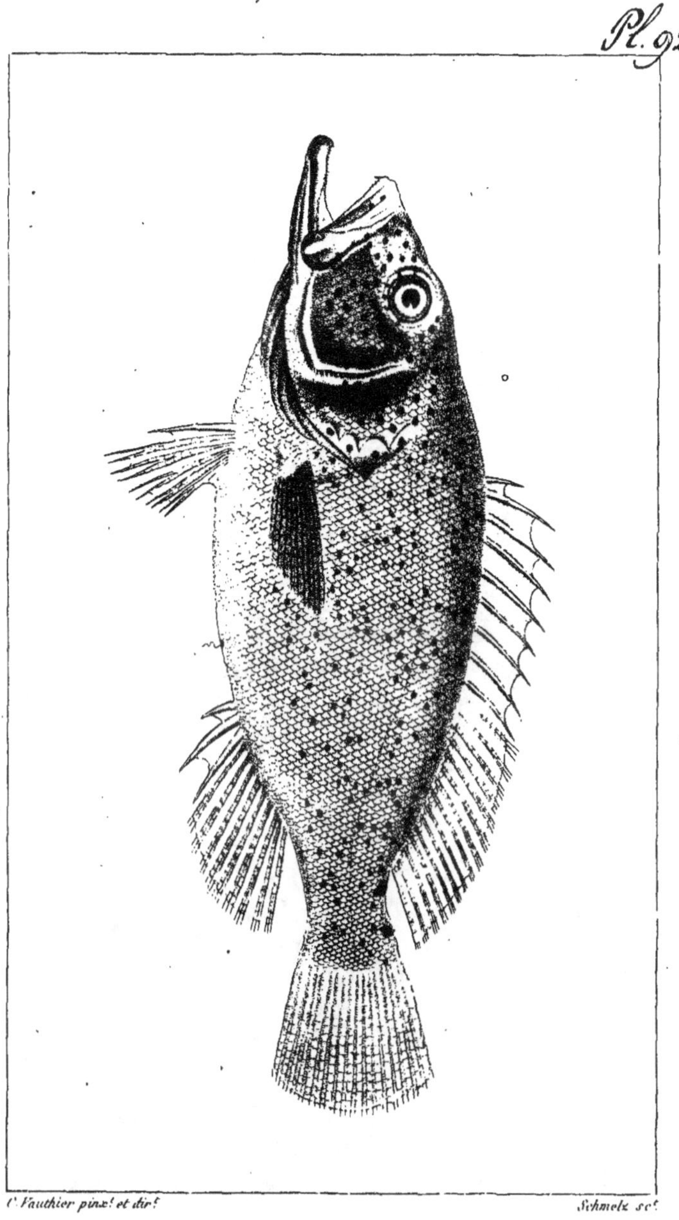

SERRAN GUATIVERE de Cuba. Desmarest. *SERRANUS OUATILIBI.* Cuv. Val.

PRIACANTHE DE LACÉPÈDE. *PRIACANTHUS CEPEDIANUS.*

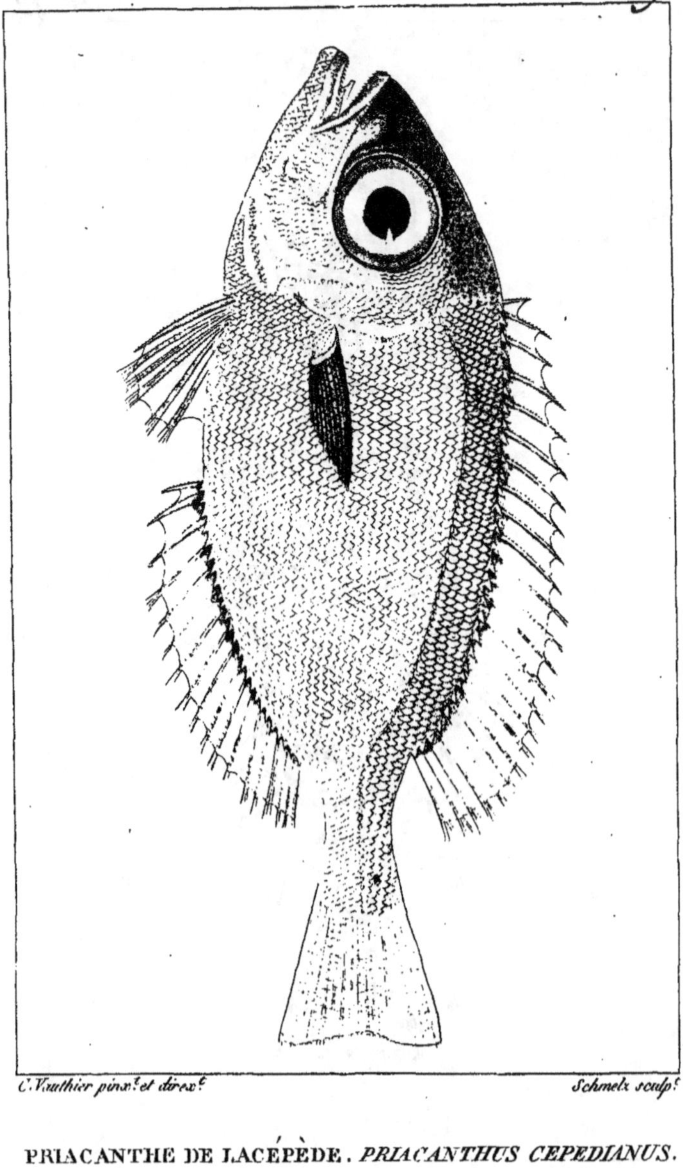

Desmarest.

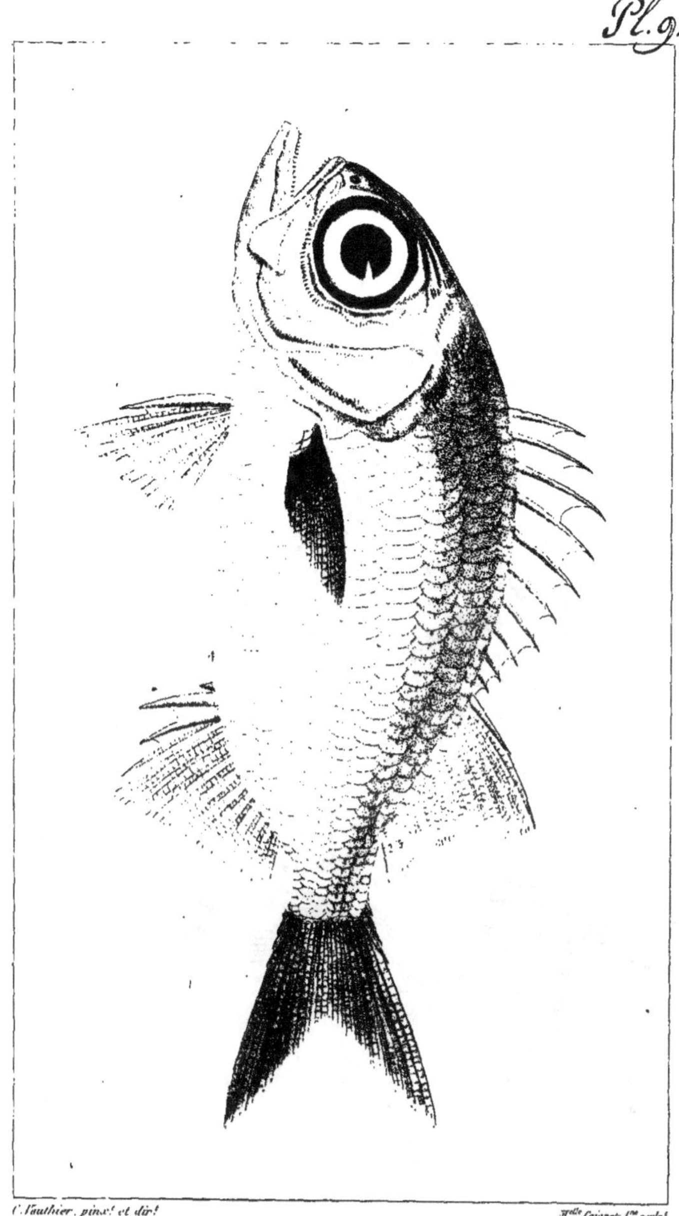

MYRIPRISTIS JACOB de Cuba. *MYRIPRISTIS JACOBUS.* Cuv. Val.

Desmarest.

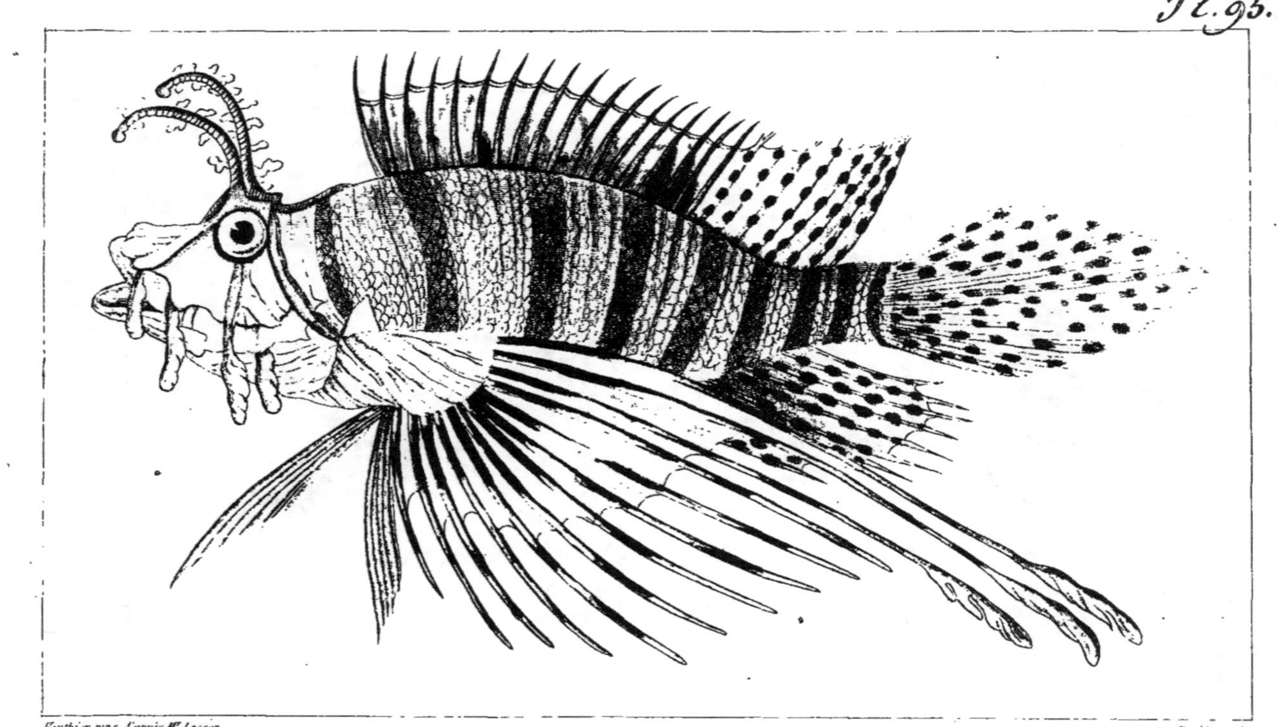

Fauthier pinx. d'après Mr Lesson.

David sculp.

SCORPÈNE À ANTENNES.   SCORPENA ANTENNATA.   Bloch.

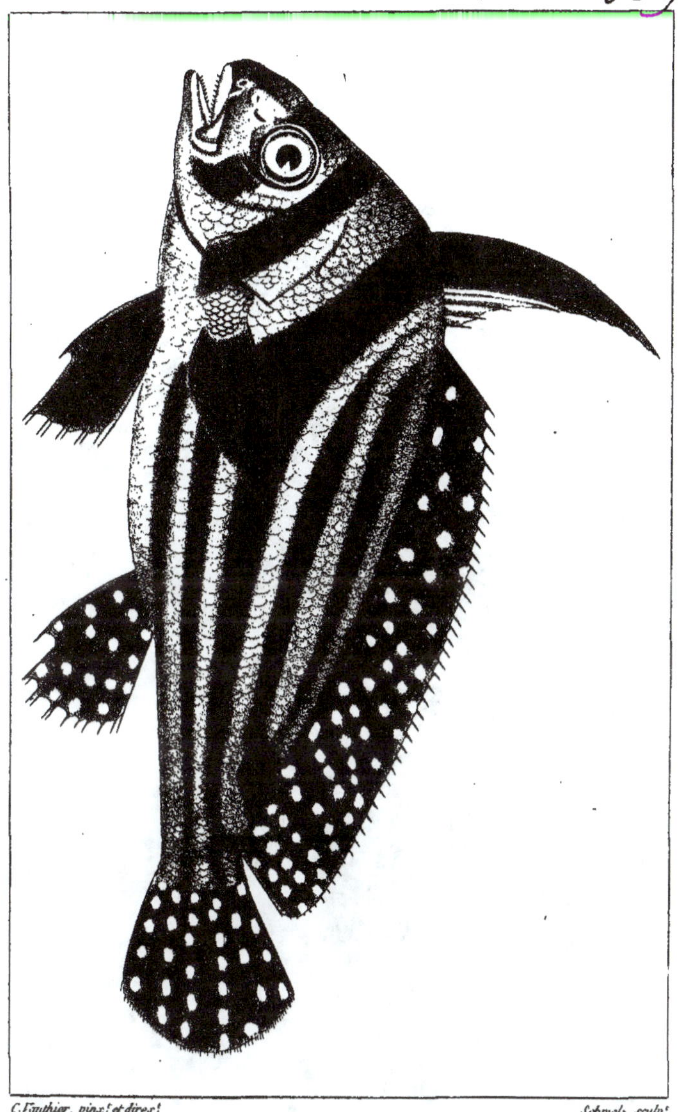

CHEVALIER PONCTUÉ. *EQUES PUNCTATUS*. Schneider.

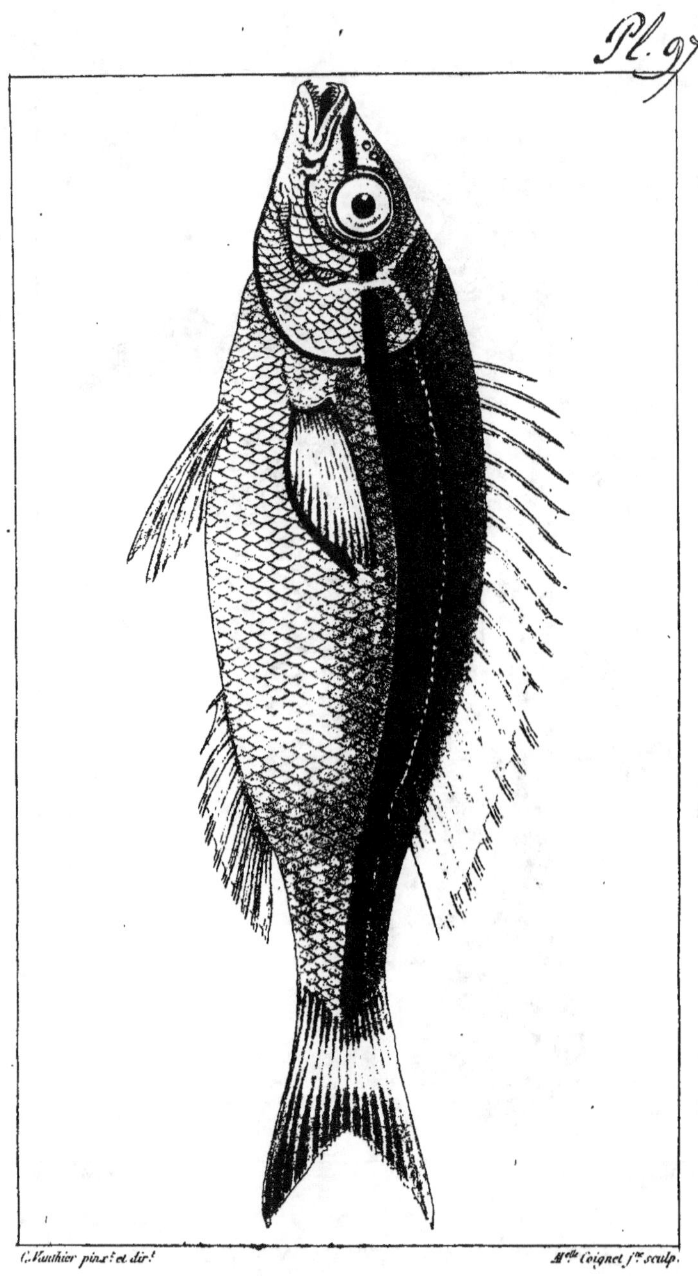

PENTAPODE BANDELETTE. *PENTAPODUS VITTA.* Quoy et Gaim.

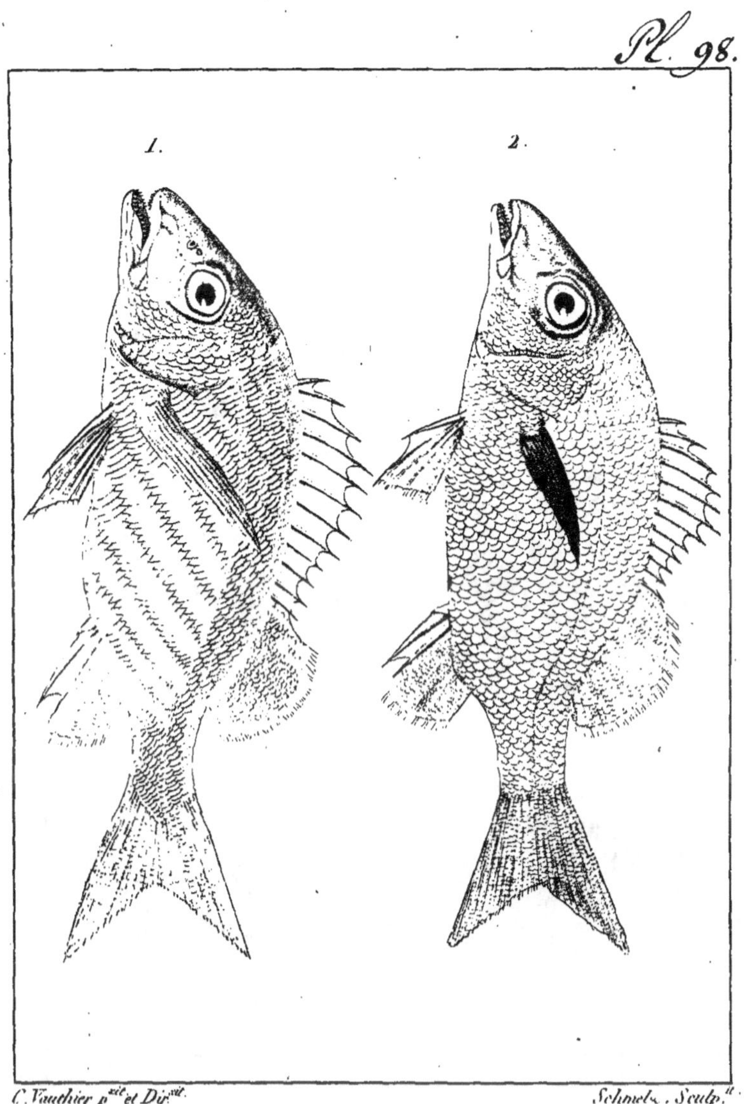

C. Vauthier p.xit et Dir.xit.   Schmelz. Sculp.t

Fig.1. DIABASIS RAYÉ-DE-JAUNE. *DIABASIS FLAVOLINEATUS.*

Fig.2. DIABASIS DE PARRA. *DIABASIS PARRA.*   Desmarest.

Pl. 99.

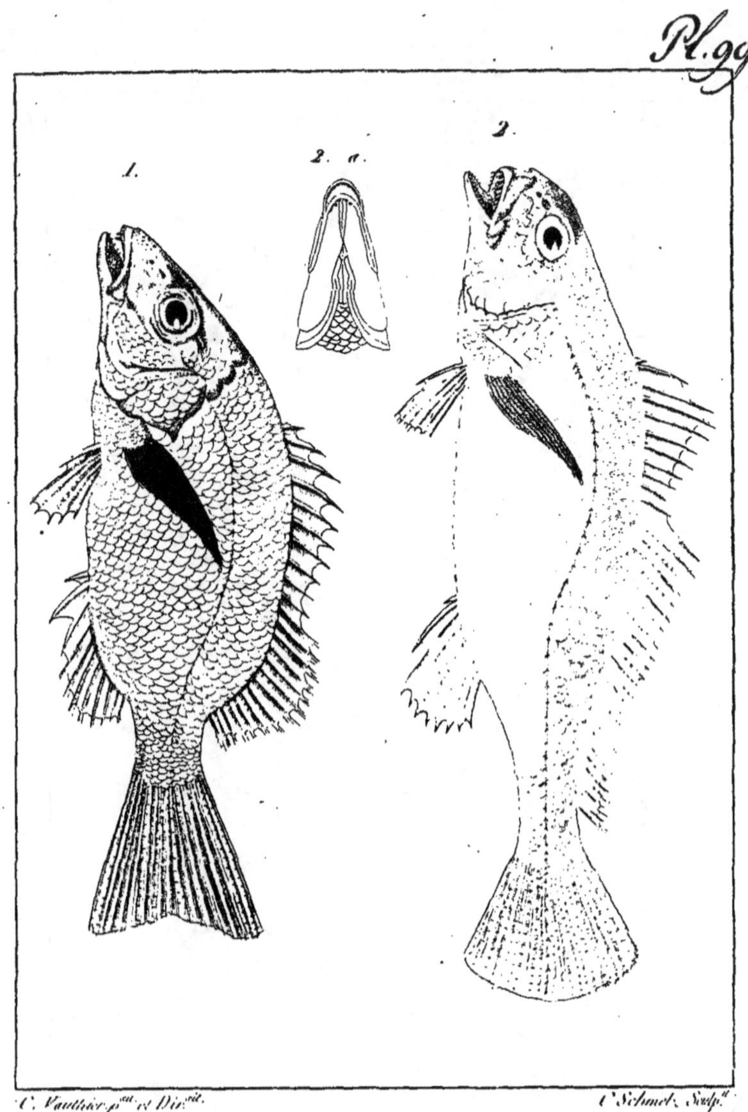

C. Vauthier, p.^{it} et Dir.^{it}   C. Schmel. Sculp.^{it}

Fig.1. LUTJAN MUSEAU-POINTU. *LUTJANUS ACUTIROSTRIS.*

Fig.2. OMBRINE DE FOURNIER. *UMBRINA FURNIERI.*

Desmarest.

2. a idem. dessous de la Mâchoire inférieure.

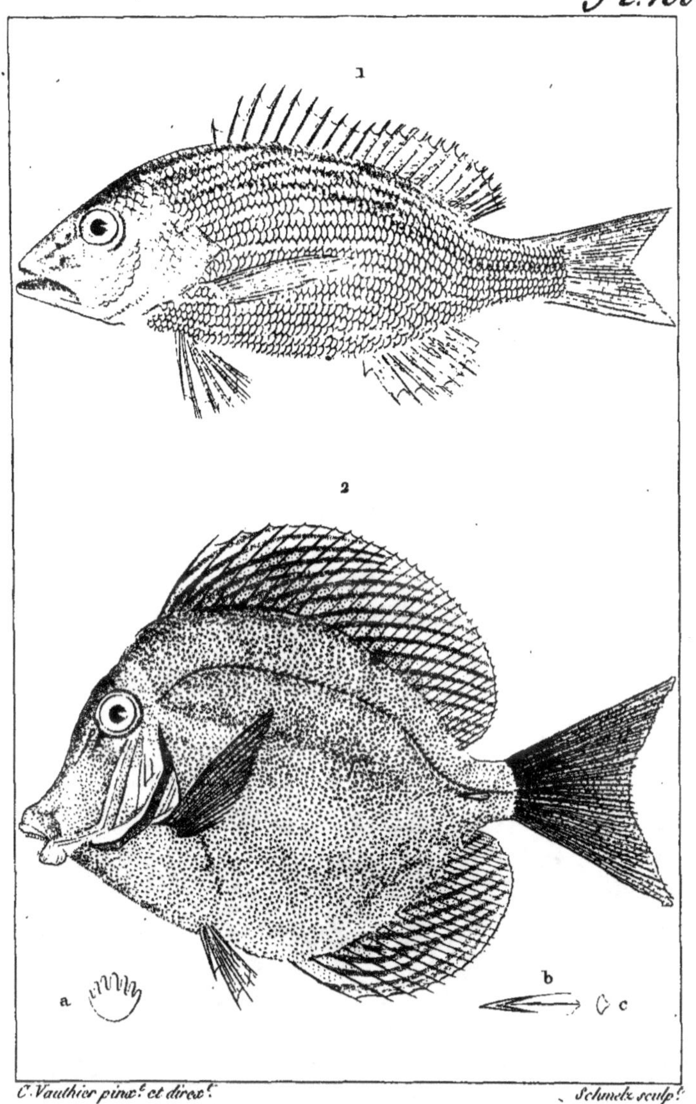

C. Vauthier pinx.t et direx.t   Schmelz sculp.t

Fig. 1. **LUTJAN D'AUBRIET.** *LUTJANUS AUBRIETII.*
Desmarest.

Fig. 2. **ACANTHURE DE BROUSSONNET.** *ACANTHURUS BROUSSONNETII.*

a. *Une dent.* b. *Epine de la queue.* c. *Id. sa coupe transver.le*

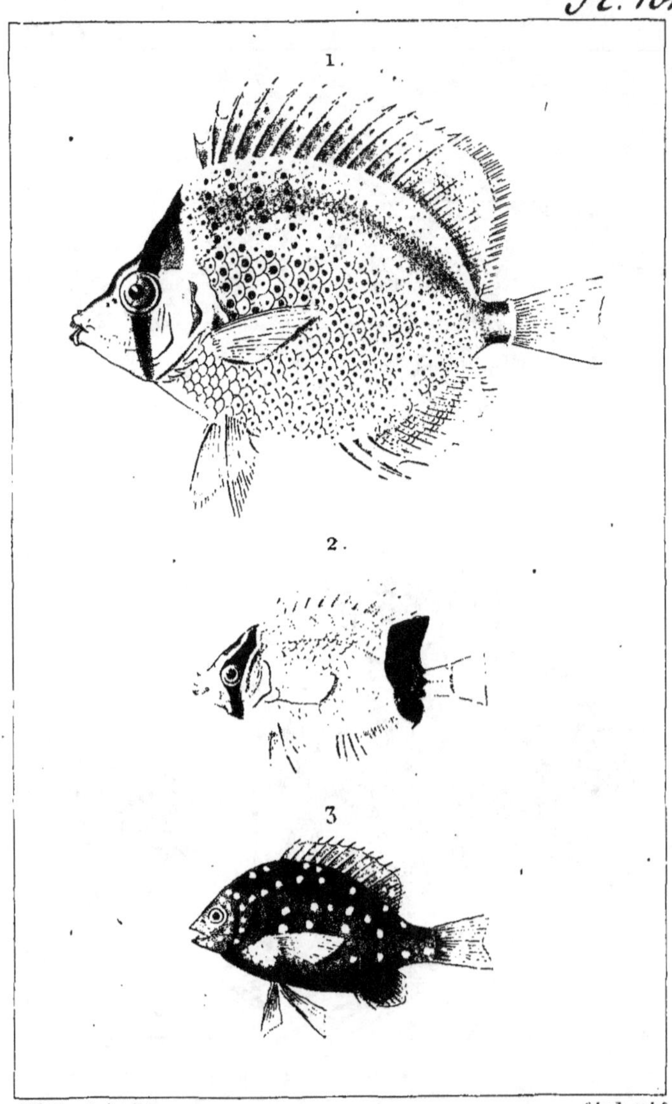

Fig. 1. CHÉTODON MILIAIRE. *CHÆTODON MILIARIS*.

Fig. 2. CHÉTODON TAUNAY. *CHÆTODON TRIFASCIALIS*. Quoy et Gaimard.

Fig. 3. GLYPHISODON VIDAL. *GLYPHISODON LACRYMATUS*.

C. l'authior, pinx! et direx!.   Schmelz. sculp!.

HOLACANTHE COURONNÉ. *HOLACANTHUS CORONATUS.* Desmarest.

a. Une écaille grossie.

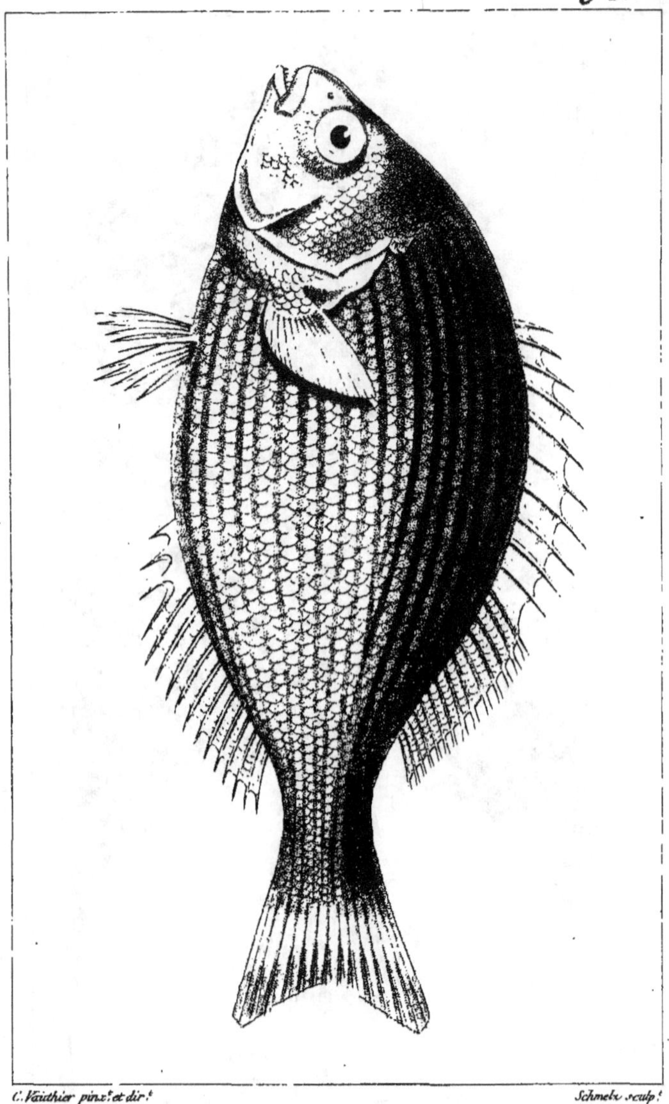

PIMÉLEPTÈRE MARCIAC. *PIMELEPTERUS VAIGIENSIS*. Quoy et Gaimard.

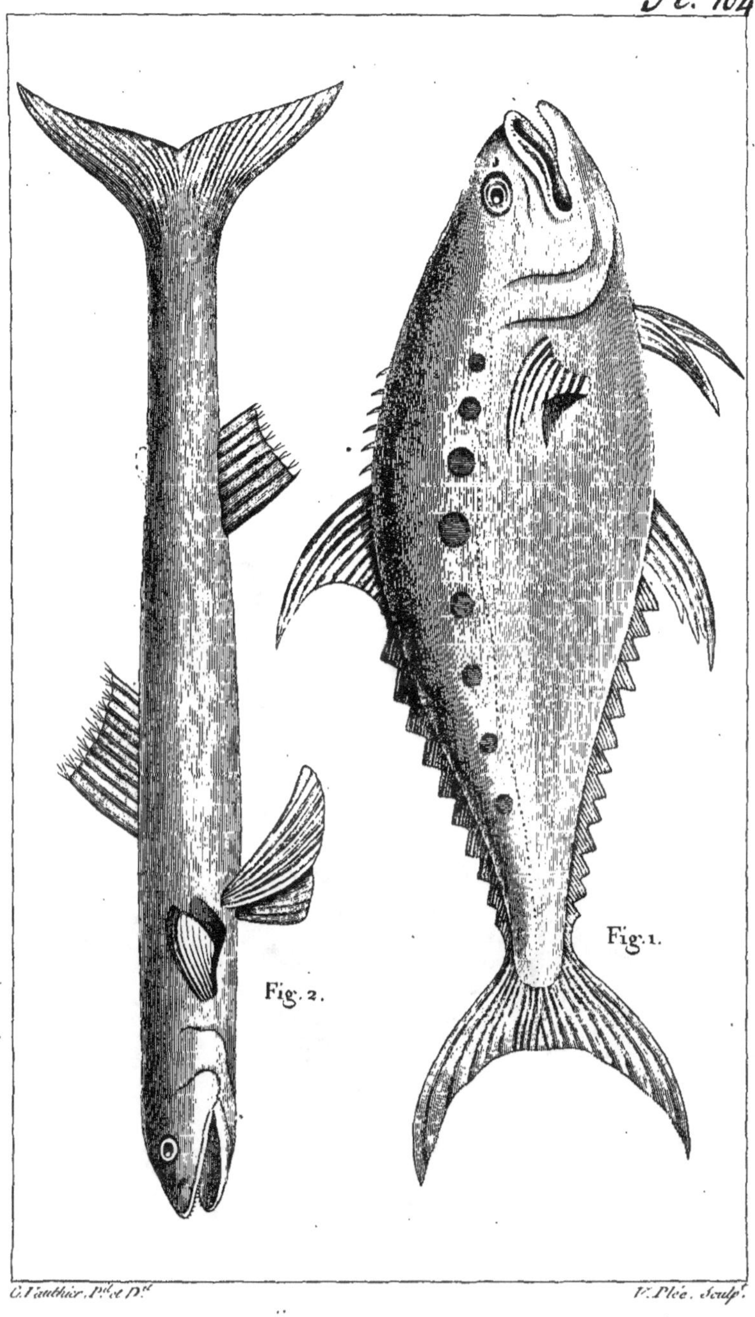

Fig. 1. SCOMBEROIDE COMMERSONNIEN. Lacepède.
Fig. 2. SAURUS MILIEN. Bory.

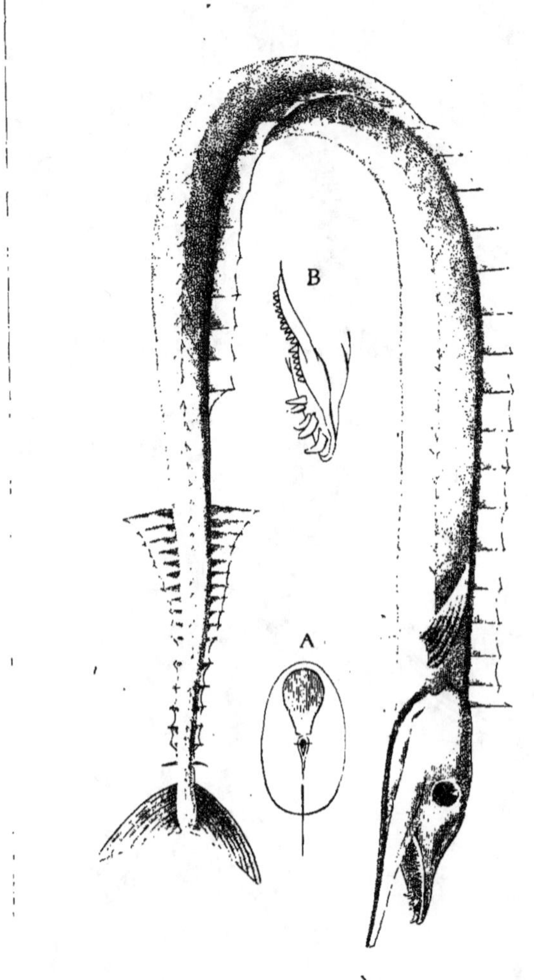

ACINACÉE *batarde.*
ACINACEA *Notha.*

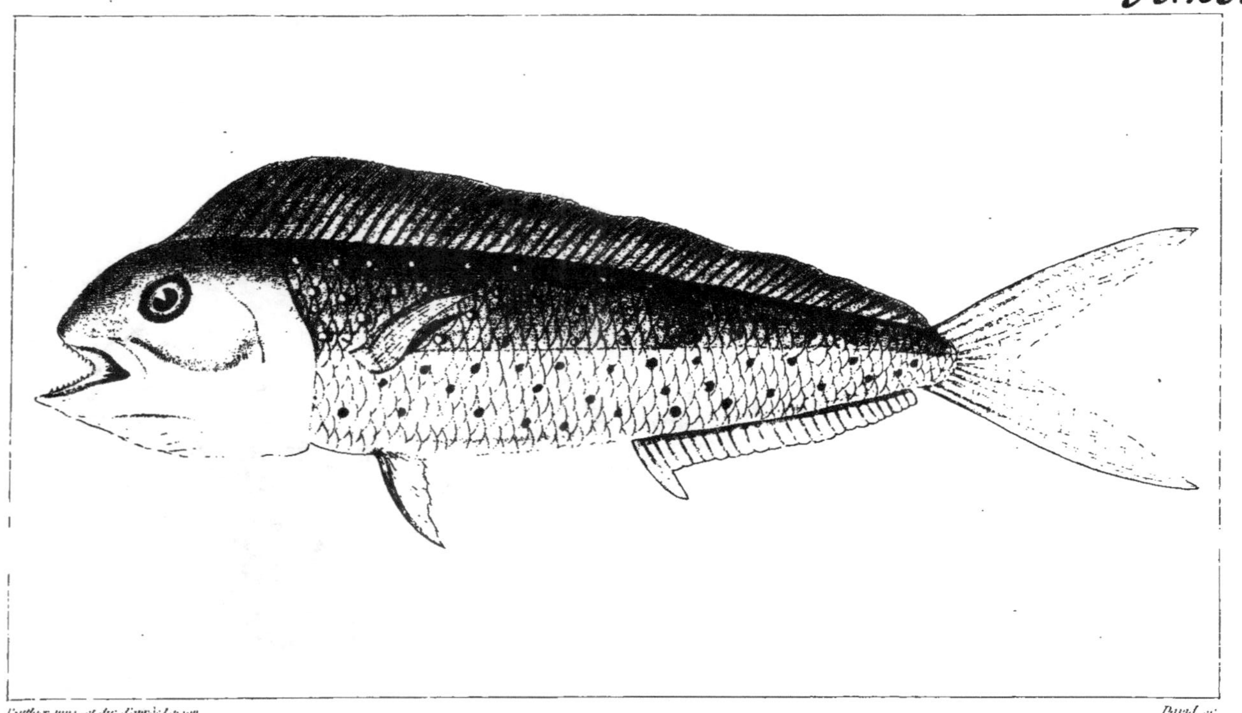

Roulhac pinx. et dir. d'après Lesson.   David sc.

CORYPHÈNE DORADON.   CORYPHÆNA HIPPURUS.   Lacép.

Pl. 107.

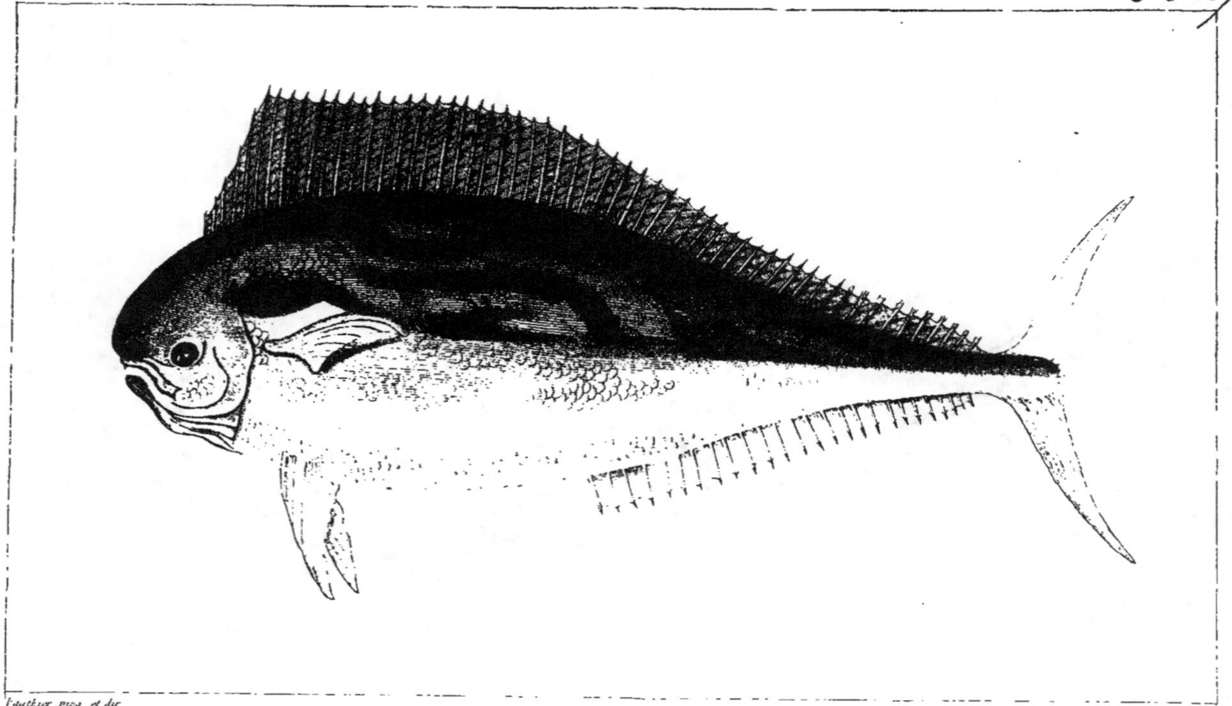

Foulkier pinx et dir.

Bareli sculp.

CORYPHÈNE DE BORY.   CORYPHOENA BORYI. Drap.

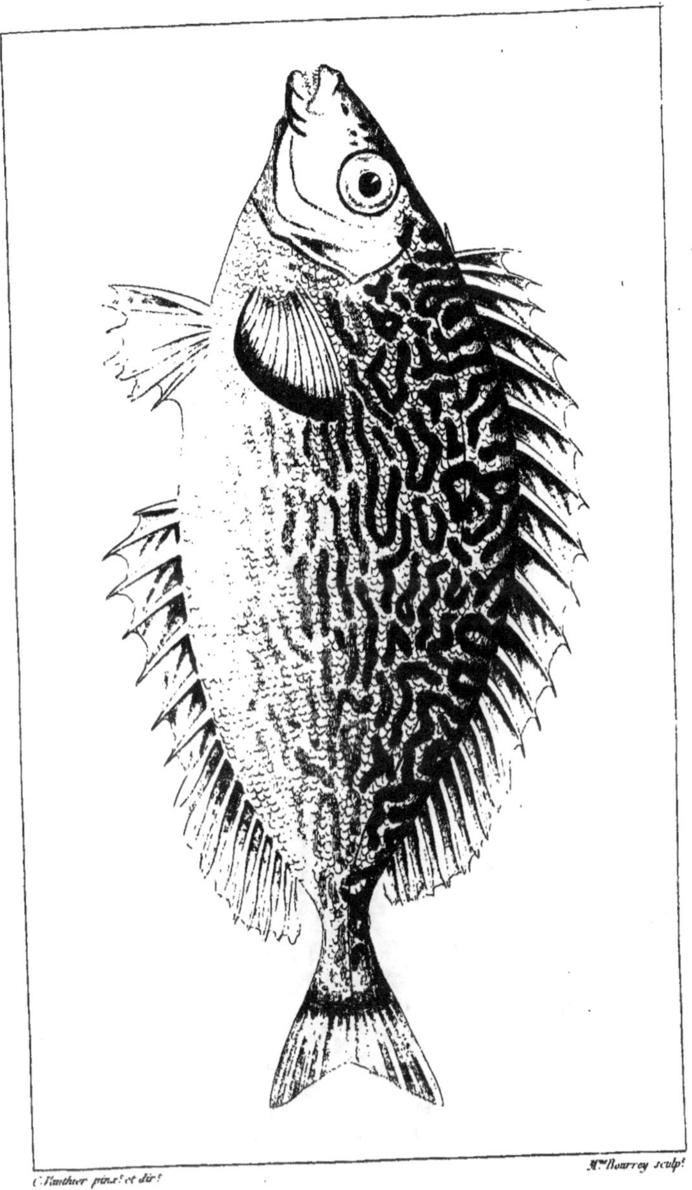

SIDJAN MARBRÉ. *AMPHACANTUS MARMORATUS*. Quoy et Gaim.

MUGE GAIMARDIEN de Cuba. *MUGIL GAIMARDIANUS*. Desmarest.

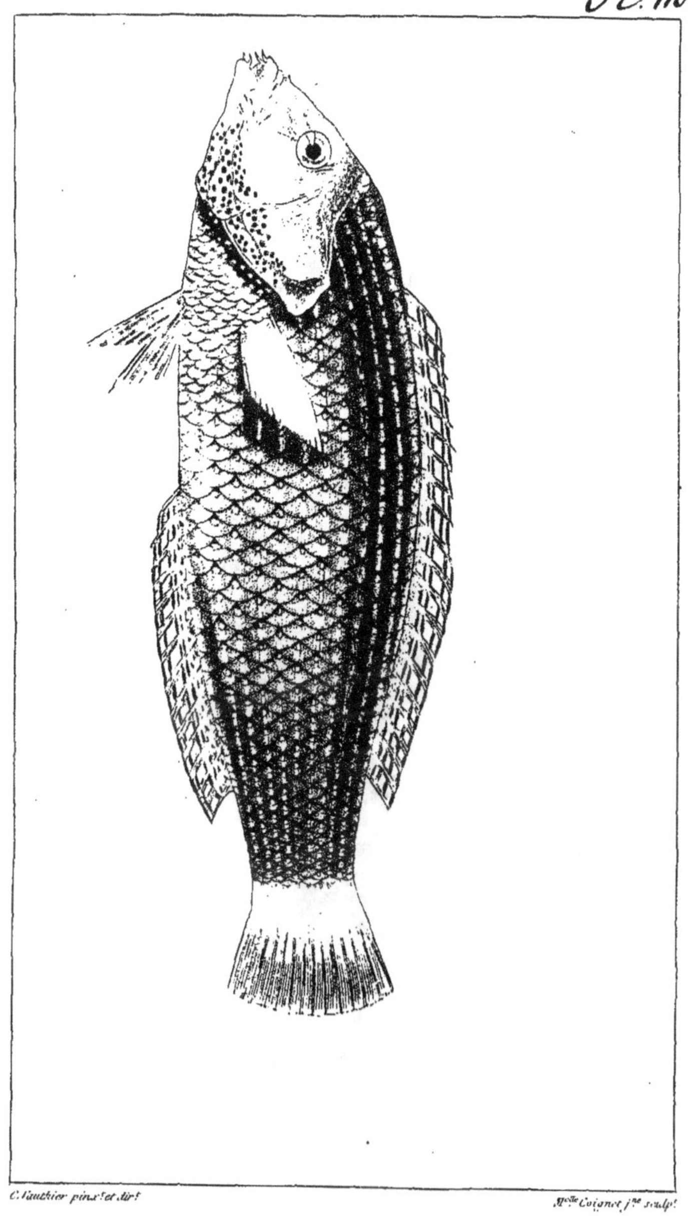

ANAMPSÈS CUVIER. *ANAMPSES CUVIER.* Quoy et Gaim.

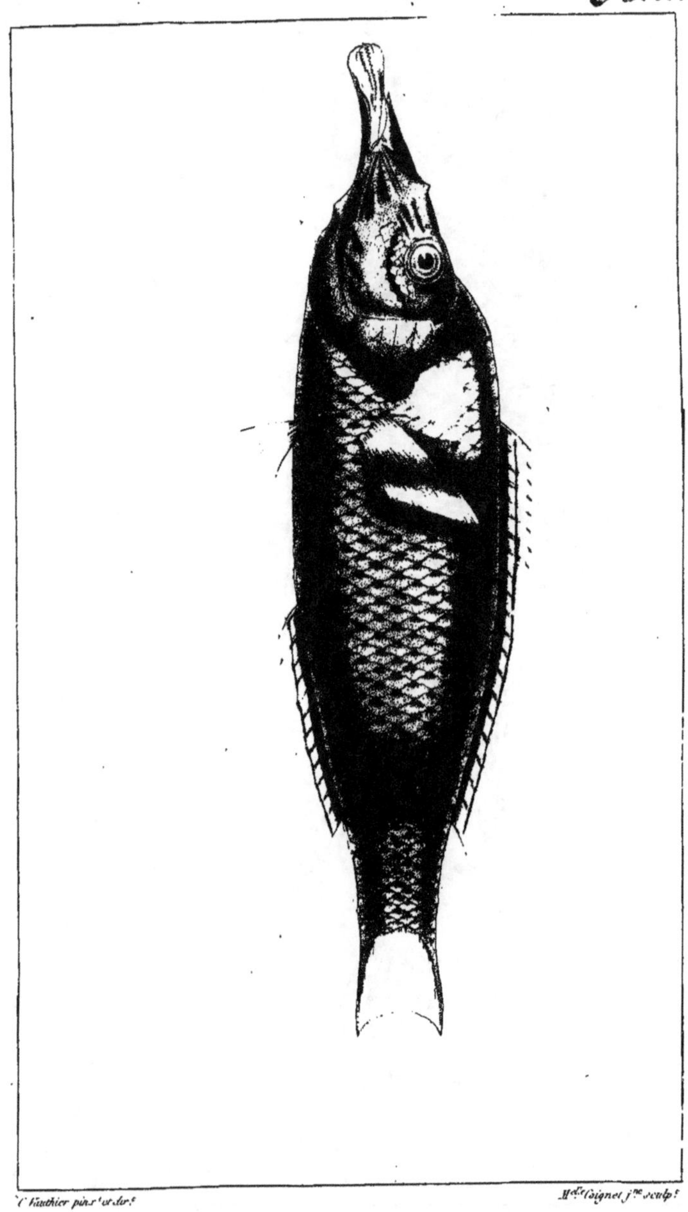

GOMPHOSE LACÉPÈDE. *GOMPHOSUS TRICOLOR*. Quoy et Gaim.

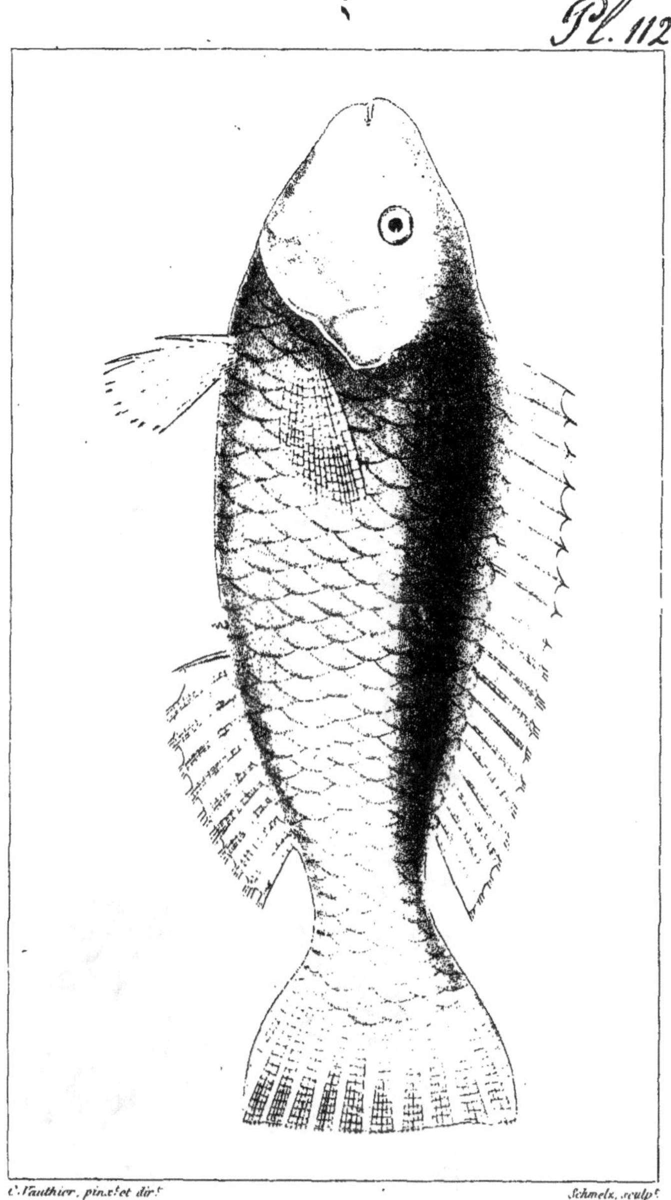

SCARE À BANDELETTES. de Cuba. *SCARUS TAENIOPTERUS*. Desmarest.

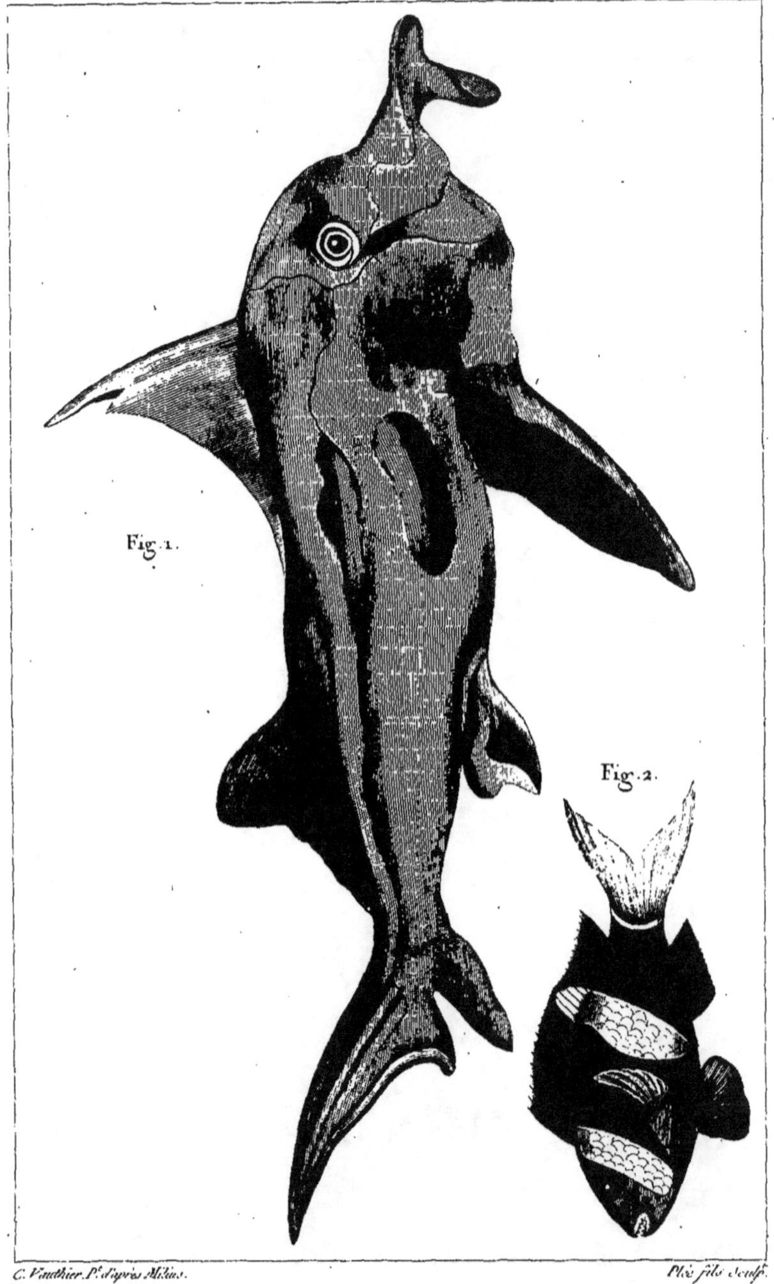

Fig. 1.

Fig. 2.

Fig. 1. CALLORHYNQUE de Milius.   CALLORHYNCHUS Milii. B.
Fig. 2. SPARE de Milius.   SPARUS Milii. B.

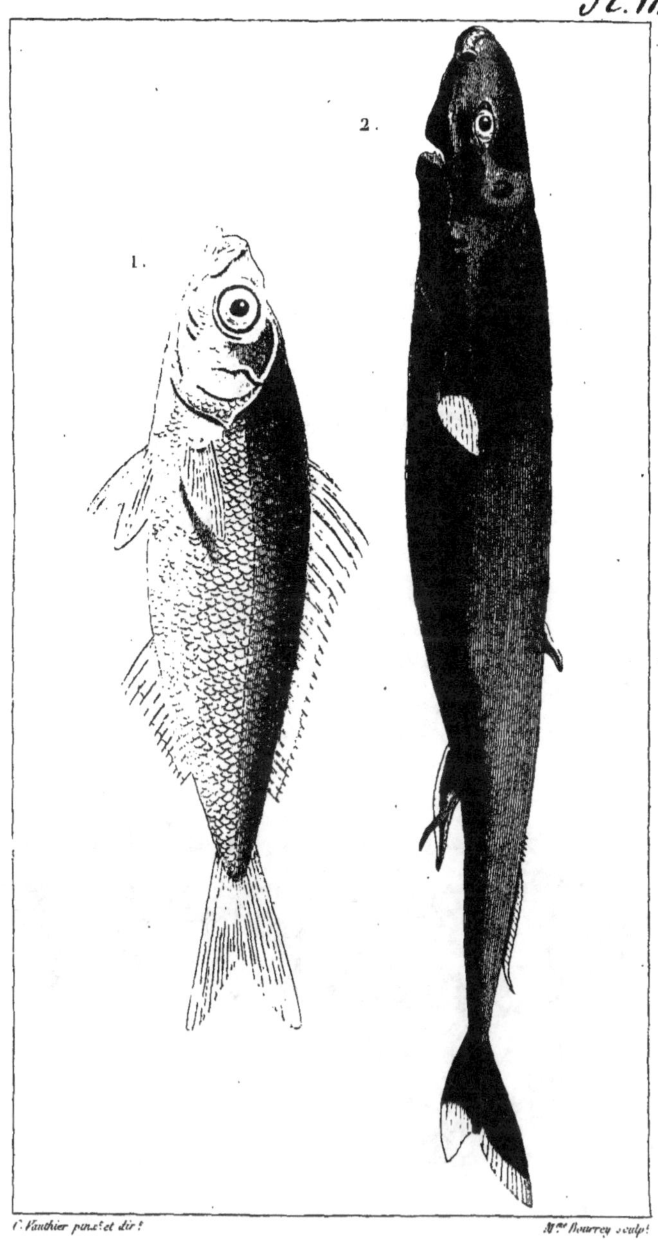

Fig. 1. PICAREL RAILLIARD. *SMARIS MAURITIANUS*. Quoy et Gaim.
Fig. 2. LEICHE LABORDE. *SCYMNUS MAURITIANUS*. Quoy et Gaim.

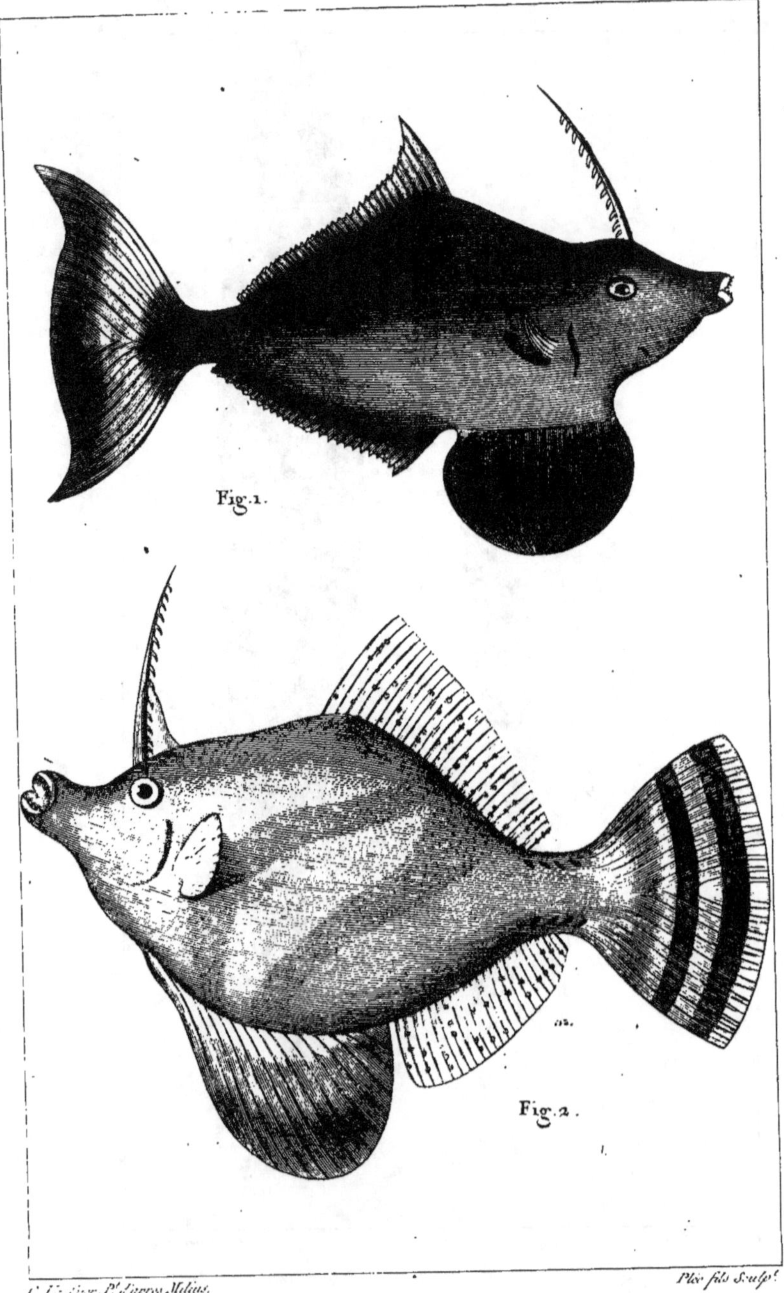

Pl. 115.

Fig. 1.

Fig. 2.

Fig. 1. BALISTE TAUPINE.   *BALISTES TALPINA. B.*
Fig. 2. BALISTE de Milius.   *BALISTES Milii. B.*

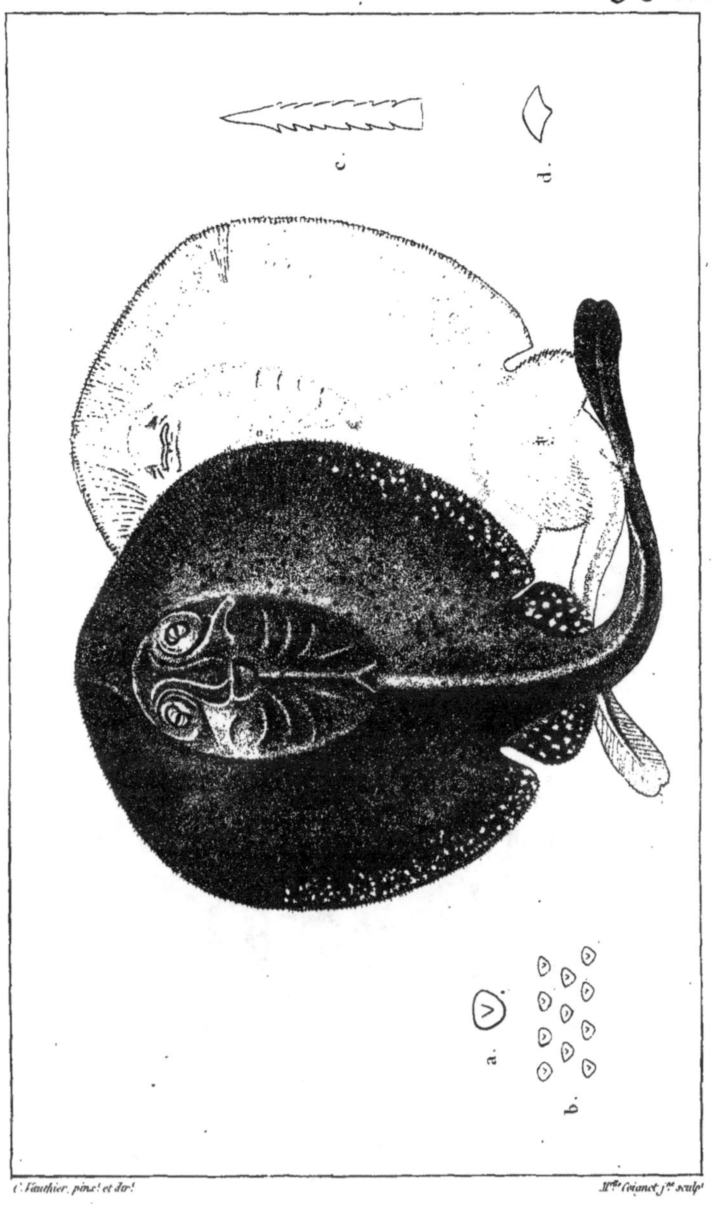

C. Vauthier, pinx.t et dir.t   M.elle Coignet j.ne sculp.t

PASTENAGUE TORPÉDINE vue en dessus et en dessous.
Desmarest.
TRYGONOBATUS TORPEDINUS.

a. Une dent très grossie.   c. Épine de la queue très grossie.
b. Disposition des dents.   d. Sa coupe transversale.

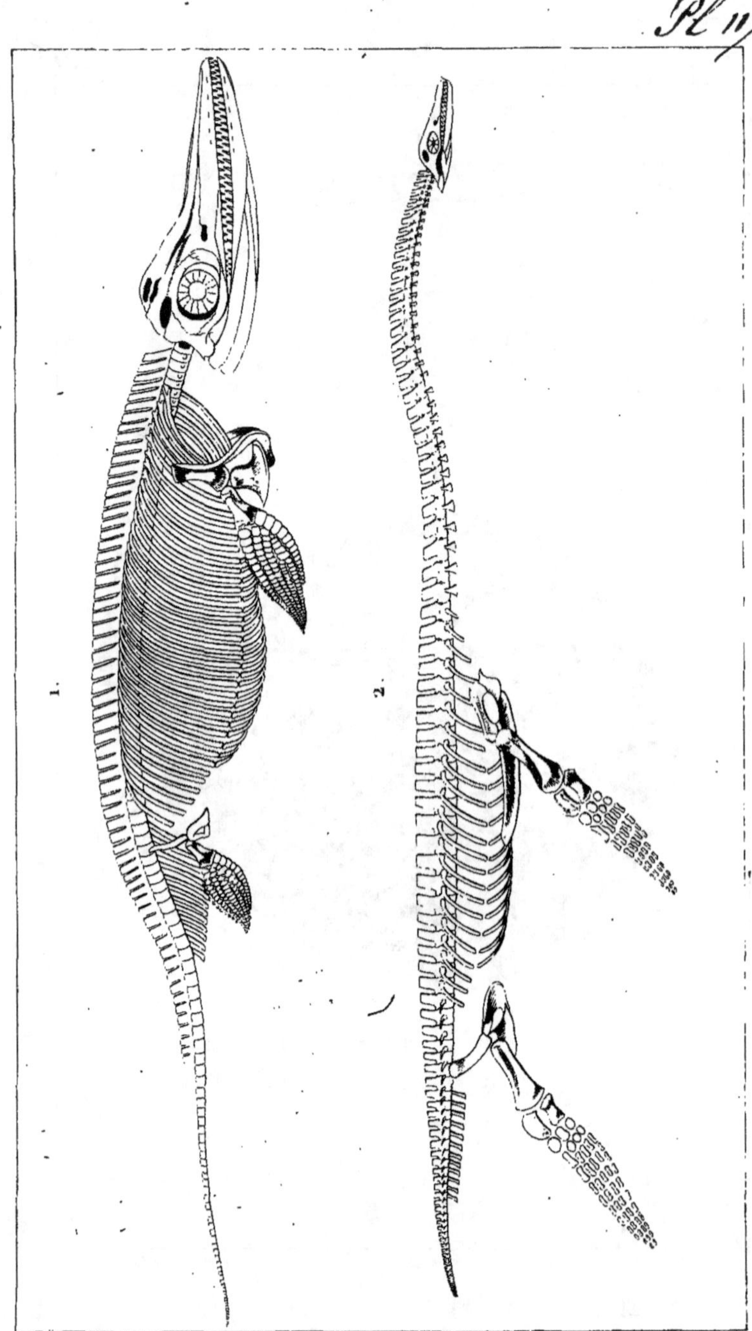

Fig. 1. ICHTHYOSAURE COMMUN . *ICHTHYOSAURUS COMMUNIS.*
Conybeare.
Fig. 2. PLÉSIOSAURE À LONG-COL . *PLESIOSAURUS DOLICHODEIRUS.*

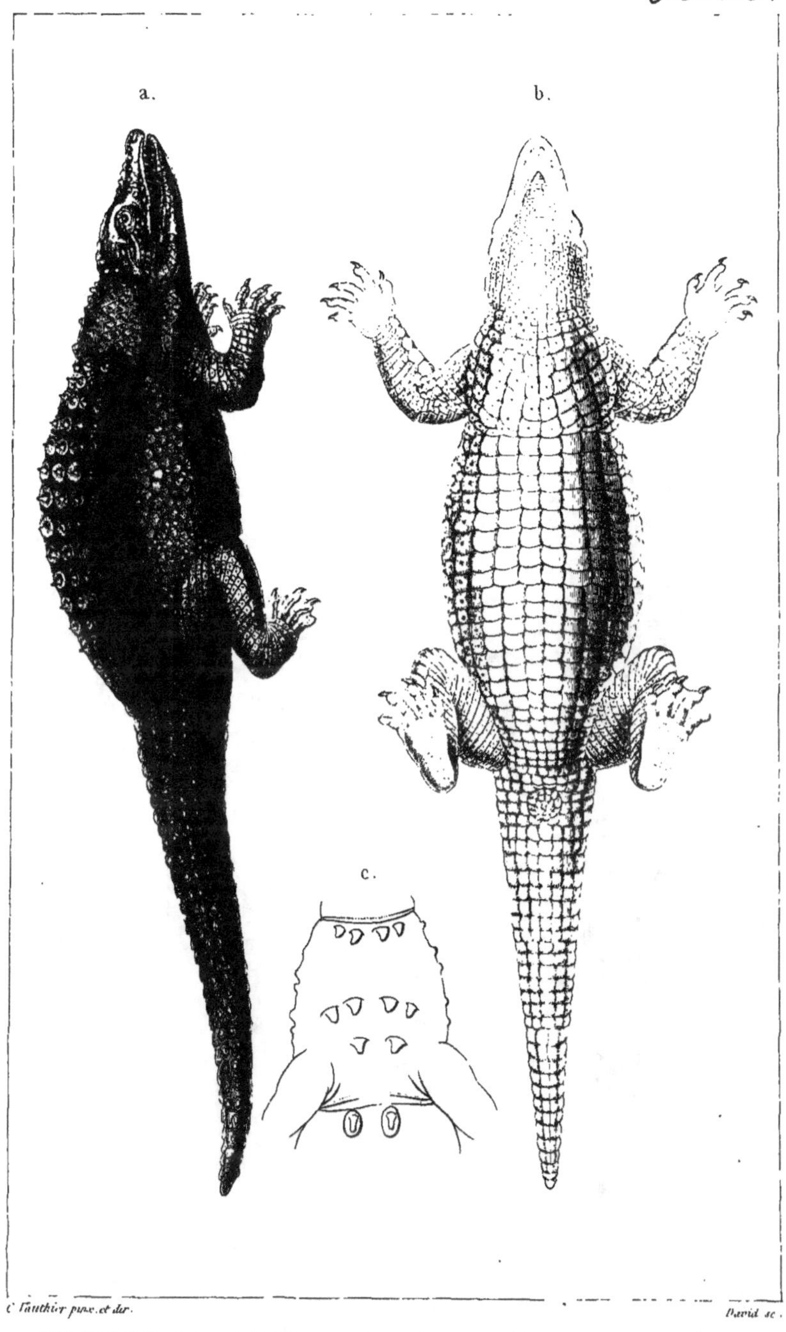

CROCODILE DE GRAVES. *CROCODILUS GRAVESII.* Bory de St Vincent.
a. *Vu de profil.* b. *En dessous.* c. *Corselet.* 1/9e de la grandeur naturelle.

CROCODILE DE JOURNU. *CROCODILUS JOURNEI.* Bory de St Vincent.

a. *Le dessus.* b. *Le dessous.* 4/7ᵉ *de la grandeur naturelle.*

C. Vauthier pinx. et dir.   David sc

Fig. 1.

Fig. 2.

Fig. 1. PHYLLURE de MILIUS. *PHYLLURUS MILII*. B.

Fig. 2. PHYLLURE de CUVIER. *PHYLLURUS CUVIERI*. B.

Vauthier P.^{nt} et D.^{xit} d'apres une figure communiquée par Bory de St Vincent.

CAMÉLÉON ZÈBRE. Camæleon Zebra. (BORY.)

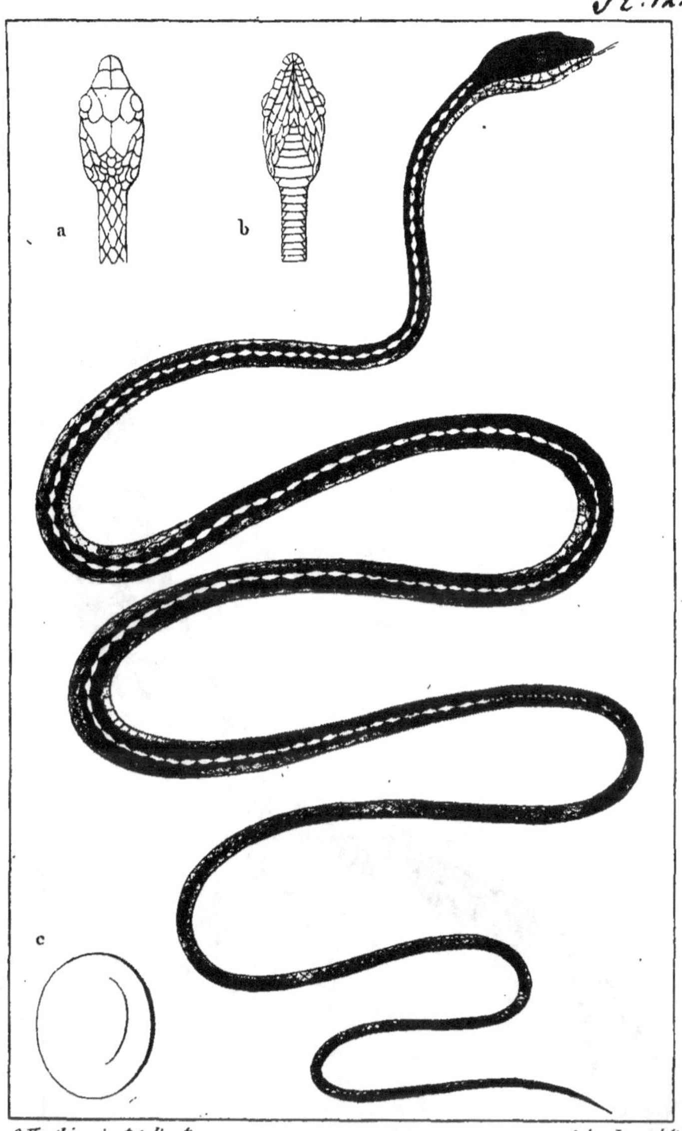

C. Vauthier, pinx.¹ et direx.¹   Schmelz, sculp.¹

COULEUVRE DE RICHARD, *COLUBER RICHARDI*. Bory.

a. La tête en dessus. b. La tête en dessous demi grand.ᵉ de nature. c. l'Œuf grand.ᵉ de nat.ʳᵉ

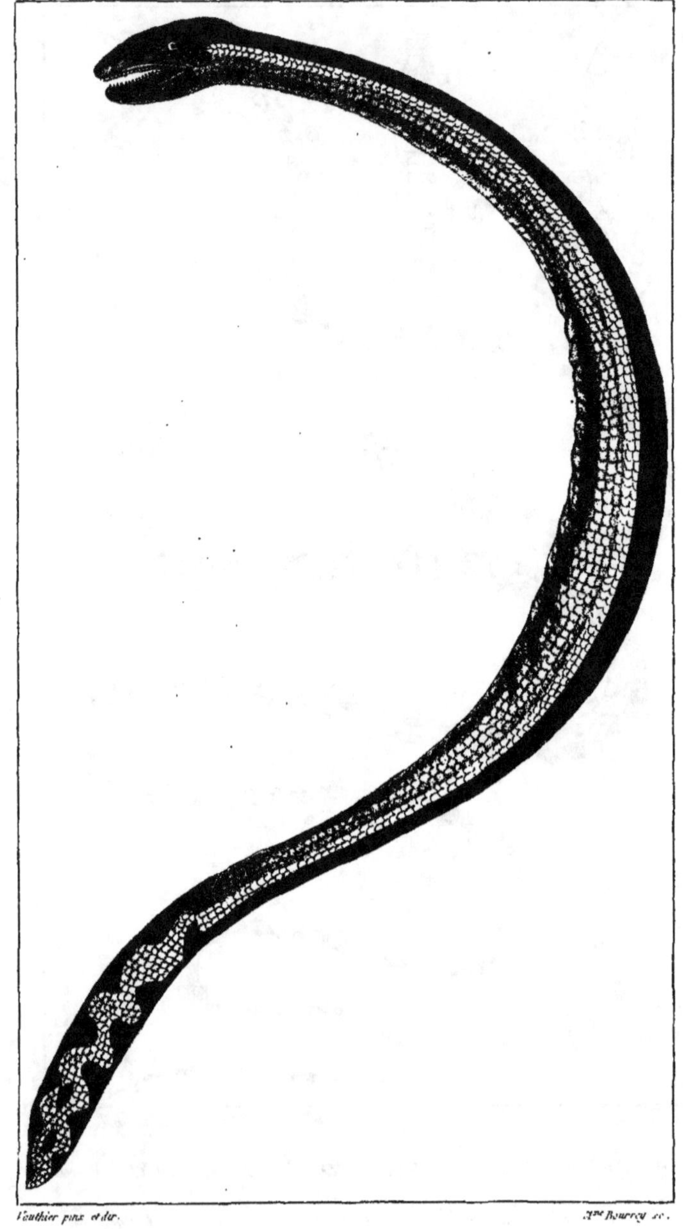

PÉLAMIDE BICOLORE.   *HYDRUS BICOLOR.*   Schn.

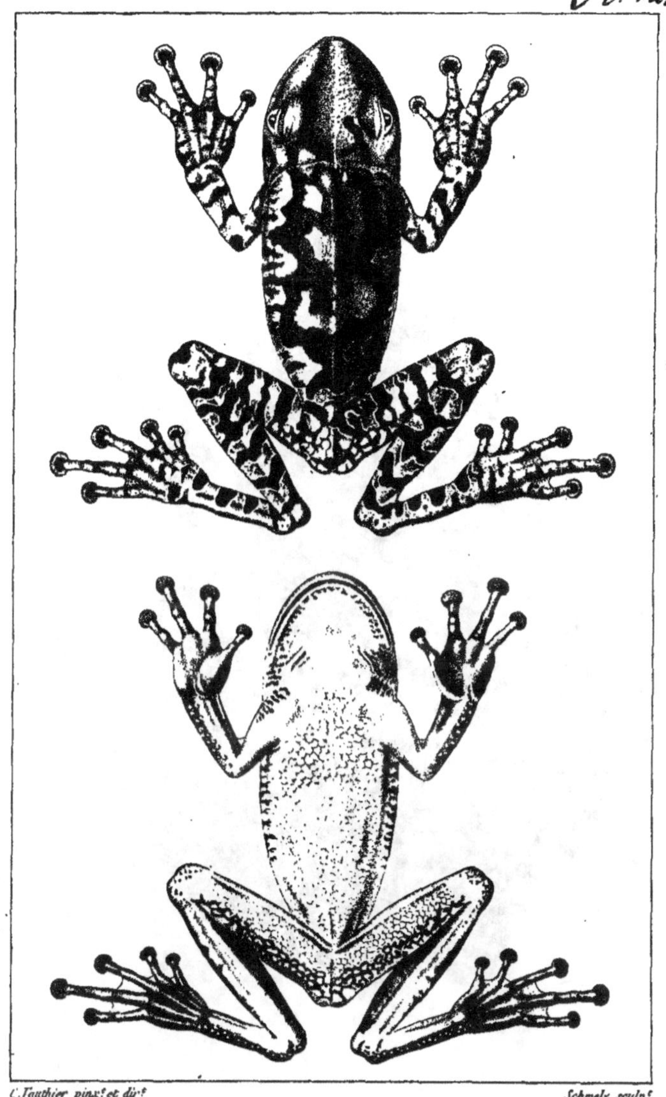

RAINETTE DE LESUEUR.   *HYLA SUEURII*.   Desmarest.

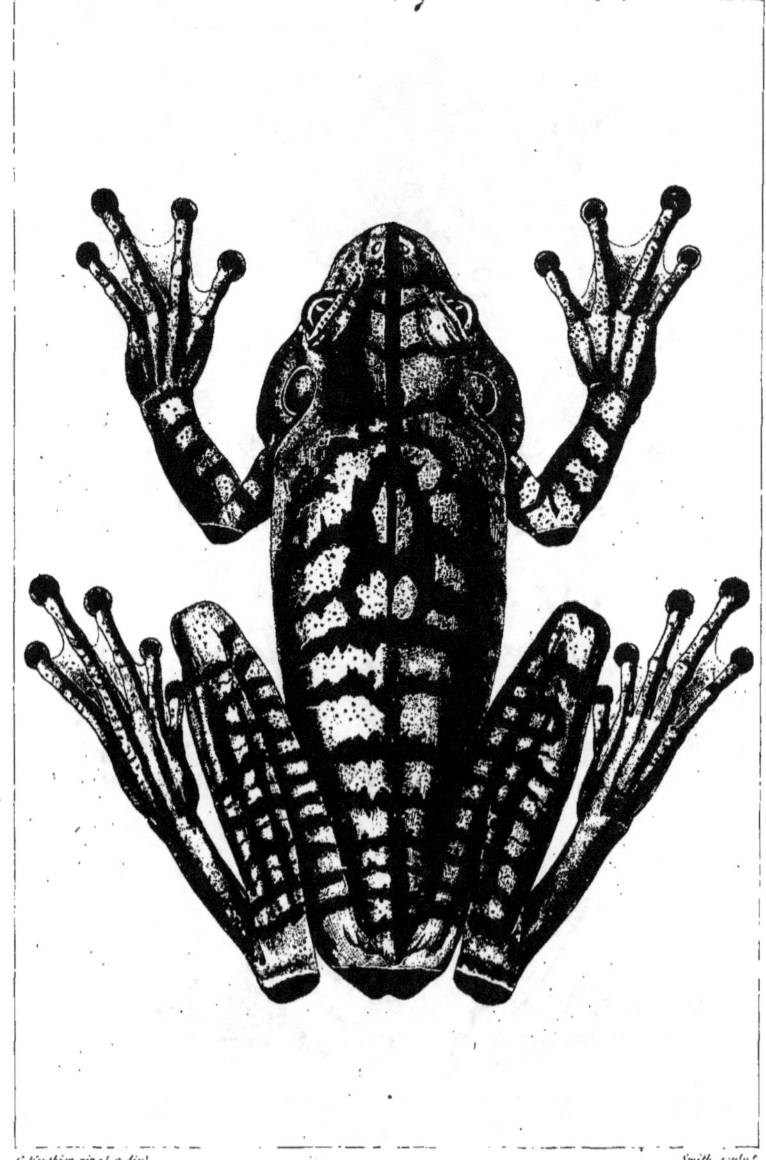

RAINETTE DE GAIMARD.   *HYLA GAIMARDI.* Bory.

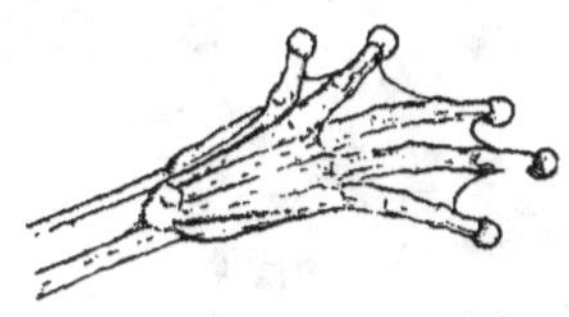

RAINETTE DE QUOY.   *HYLA QUOYI.* Bory.

C. Vauthier P.t et Dir.t   Plée fils sculp.t

FAUCON FRINGILLAIRE. *FALCO FRINGILLARIUS*, dr..z.

1. TANGARA DU CANADA.   *TANAGRA RUBRA*. Gmel.
2. MANAKIN TIJÉ.   *PIPRA PAREOLA*. Gmel.

1. MANAKIN À GORGE BLANCHE. *PIPRA GUTTURALIS*.   Gmel.

2. PLATYRINQUE BRUN.   *TODUS PLATYRHYNCHOS*. Gmel.

Vauthier P.^{xit} et D.^{nit}   Barrois Sc.

GUBERNÈTE DU BRÉSIL. (SPIX.)

Gubernetes Cunninghami. (SUCH.)

Fig. 1. MÉRION NATTÉ.   *MALURUS TEXTILIS*.   Temm.
Fig. 2. MÉRION LEUCOPTÈRE. *MALURUS LEUCOPTERUS*. Temm.

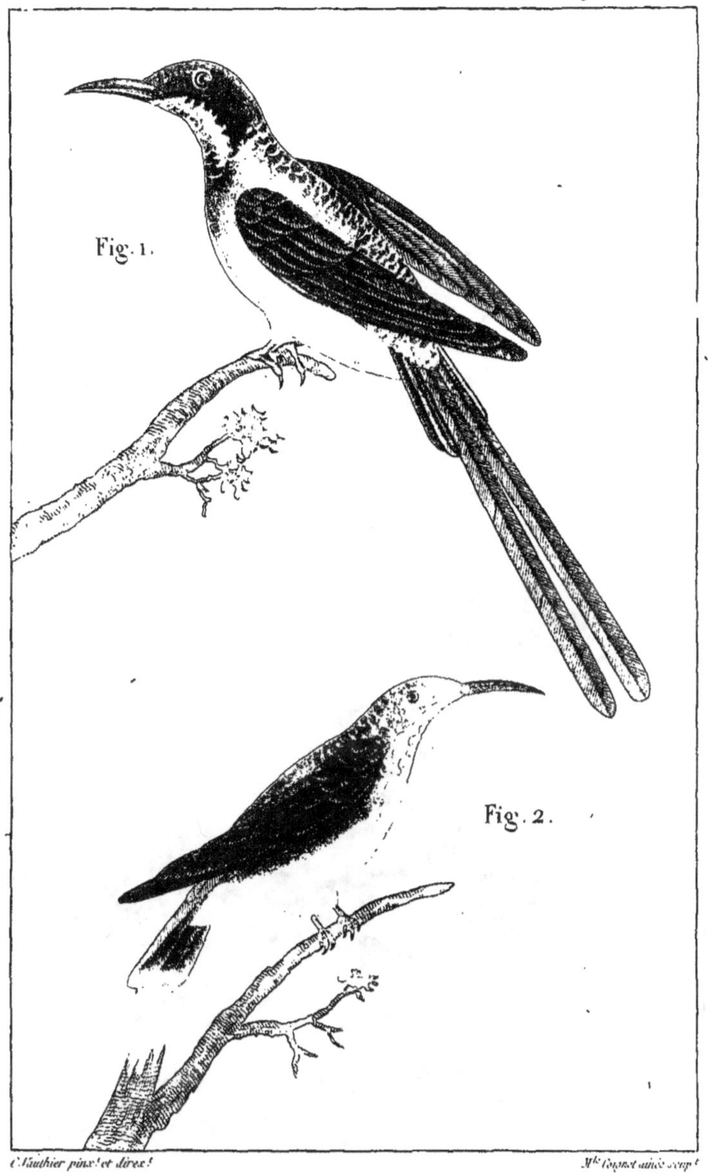

Gauthier pinx.^t et direx.^t   Mlle Coignet ainée sculp.^t

Fig. 1. **COLIBRI TOPAZE.** *TROCHILUS PELLA.* Gmel.

Fig. 2. **COLIBRI À CRAVATTE VERTE.** *TROCHILUS MACULATUS.* Gmel.

Fig. 1. TODIER TACHETÉ. *TODUS MACULATUS*. Desmarest.
Fig. 2. TODIER GRIS. *TODUS GRISEUS*. Desmarest.

C. Vauthier P.^{git} et D.^{git}   1823.   J. A. Pierron Sculp.^t

Fig. 1. **CORBEAU** *Pie houpette.*

Fig. 2. **CALAO** *à Casque Concave.* *BUCEROS CRISTATUS.*

C. Vauthier Pinx.t et Dir.t   Schmelz Sculp.t

COUCOU CUIVRÉ.

CUCULUS CUPRAEUS. Lath.

Fig. 1. **CAROUGE GASQUET.**   *XANTHORNUS GASQUET.* (Quoy et Gaim.)

Fig. 2. **MEGAPODE FREYCINET.**   *MEGAPODIUS FREYCINET.* (Quoy et Gaim.)

Fig. 1.

Fig. 2.

C. Vauthier P.^{xit} et D.^{xit}   323.   J. A. Pierron Sculp.^t

Fig. 1. MARTIN-CHASSEUR GAUDICHAUD. *DACELO GAUDICHAUD*. (Quoy et Gaim.)

Fig. 2. COLOMBE PINON.   *COLUMBA PINON*. (Quoy et Gaim.)

Fig. 1. ARA Tricolor

Fig. 2. KAKATOÈS Noir (a son bec et sa langue)

Fig. 3. ARGUS Femelle

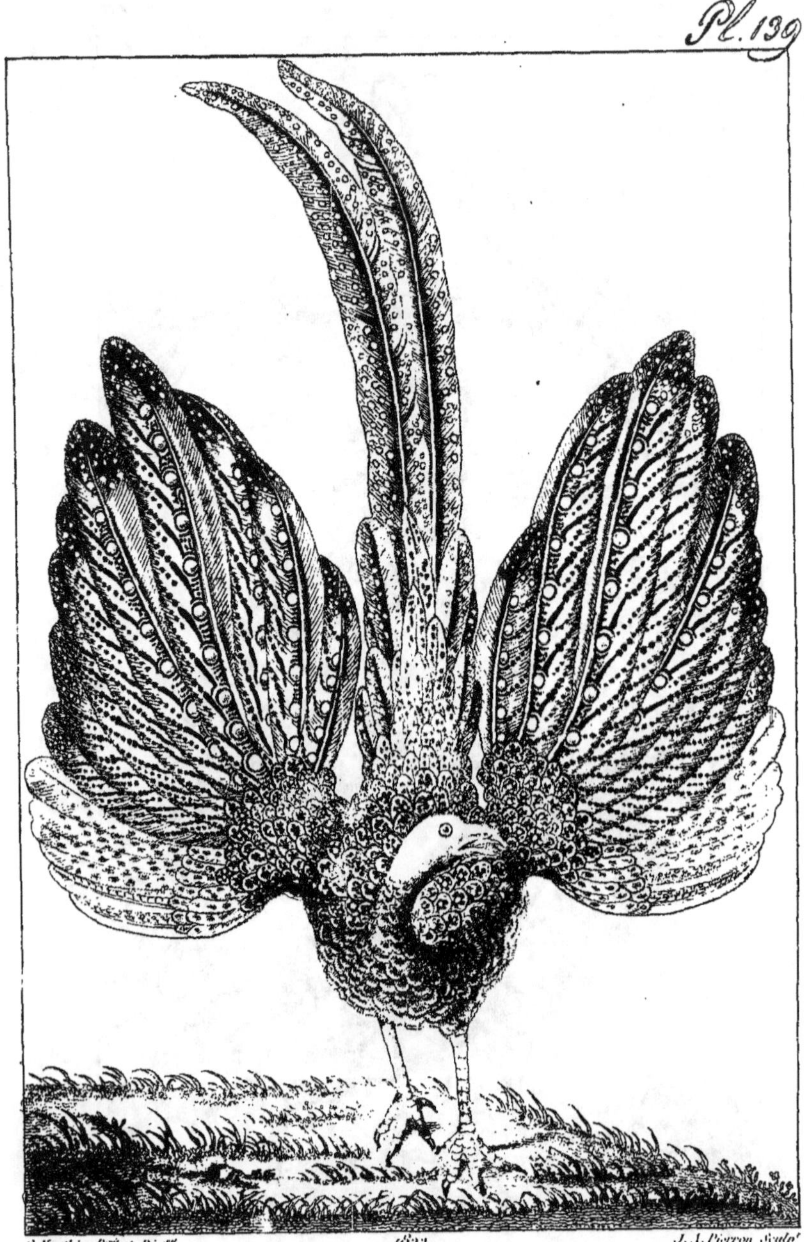

ARGUS *Mâle*.

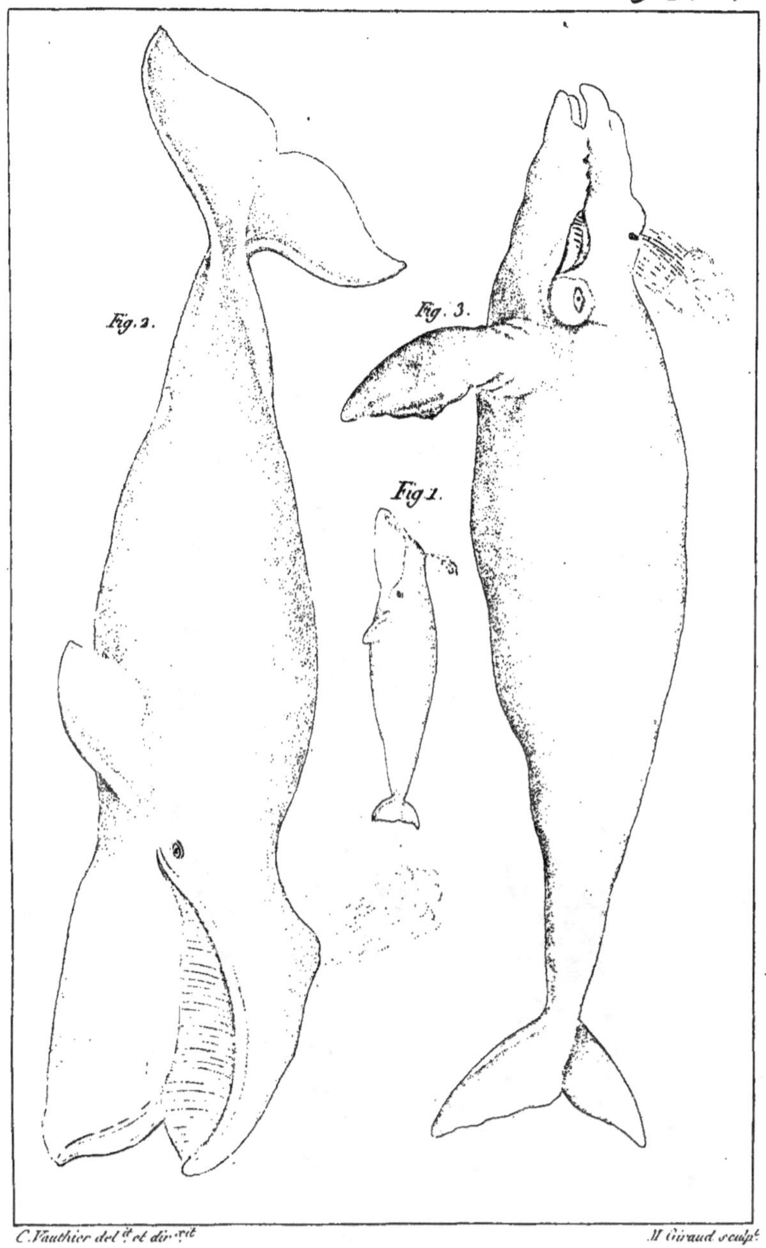

Fig. 1. Nouveau né du BALAENA MYSTICETUS. Lin. de 17 P.ds de long. d'après Scoresby.

Fig. 2. BALAENA MYSTICETUS Adulte. de 60 P.ds de long d'après Scoresby.

Fig. 3. Nouveau né du BALAENA AUSTRALIS de 17 P.ds de long d'après Delalande.

C. Vauthier, P.t et Dir.r

Plée fils sculp.

Fig.1. DAUPHIN DE BORY.   *DELPHINUS BORYI*. Desmaret.

Fig.2. DUGONG. Lacepede.   HALICORE. Illiger.

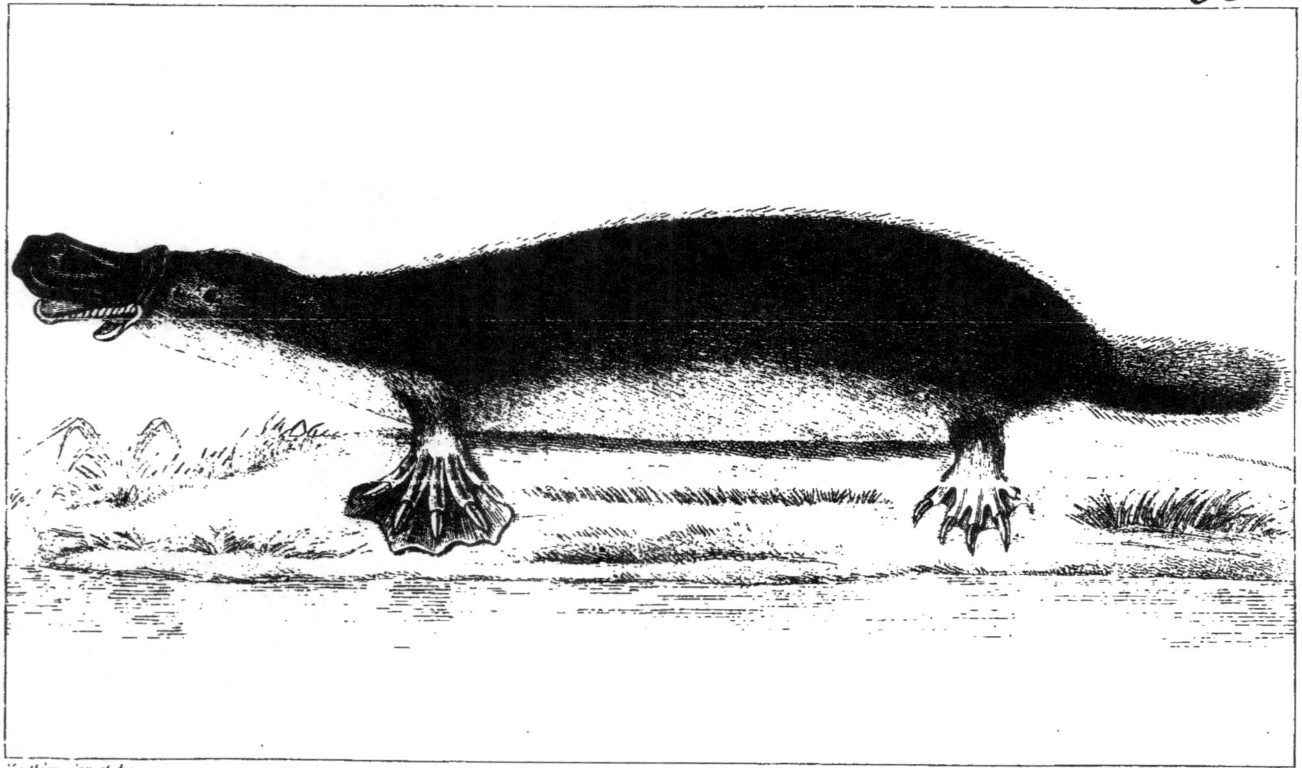

Gauthier pinx. et dir.

Plée père sculp.

ORNITHORHYNQUE PARADOXAL.   ORNITHORHYNCHUS PARADOXUS.   Blum.

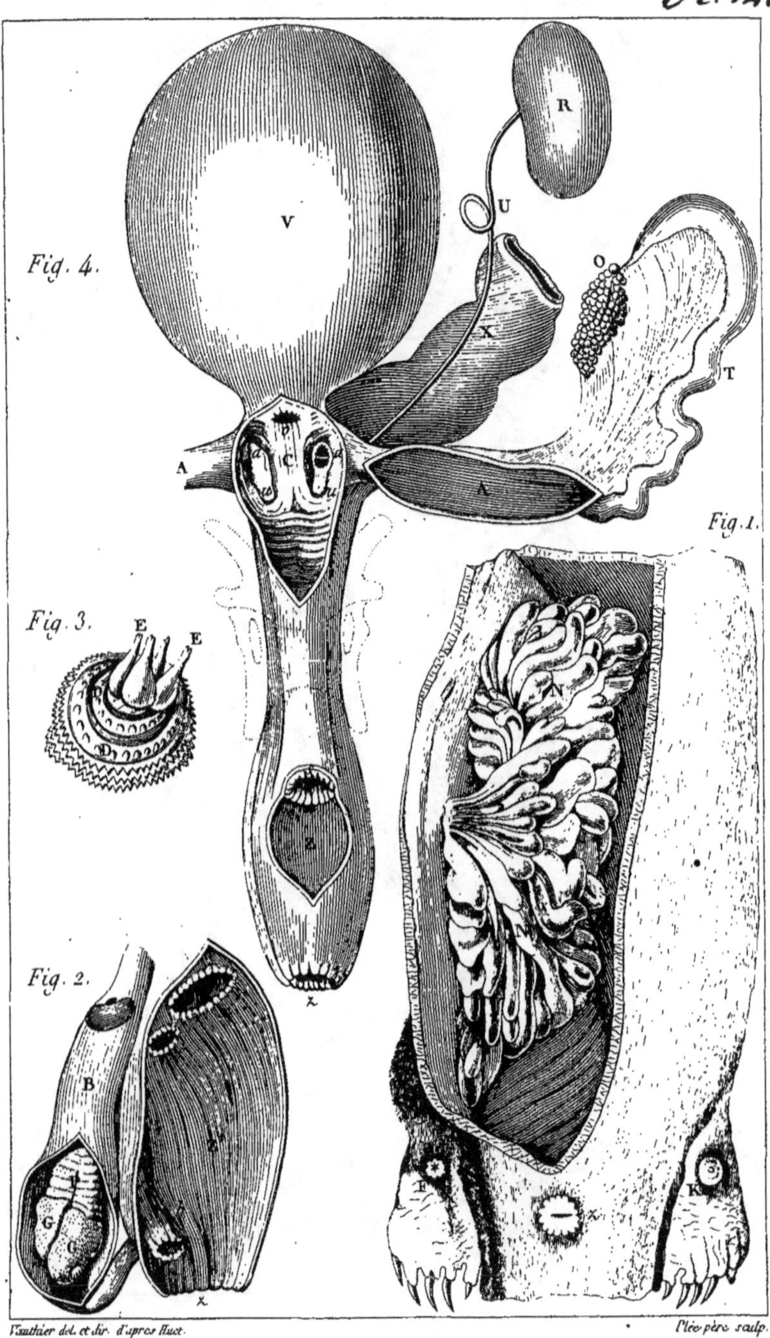

ANATOMIE DE L'ORNITHORHYNQUE.

d'après Geoffroy St Hilaire et Meckel.

Fig. 1 { ANTILOPE à bourse } mâle   Fig 2 { ANT — Laineuse } mâle
       { ANTILOPA Euchore }   { ANT. — Lanata }

Fig. 3 { ANT — Chevalière } mâle
       { ANT — Equina }

Vauthier p.^it et d.^it   Barrois sculp.^t

ANTILOPE LAINEUSE,
Antilopa lanata (SMITH)

Fig. 1. CHEVROTAIN DE JAVA. *MOSCHUS JAVANICUS*. Stam. Raffles.

Fig. 2. KOÏROPOTAME. *SUS KOÏROPOTAMUS*. Desmoulins.

Voyez le Supplément du Dictionnaire.

Fig. 1. CHAT MANUL. *FELIS MANUL*. Pall.

Fig. 2. RENARD DE LALANDE. *CANIS LALANDI*. Nob.

CANIS MEGALOTIS. Desmarest.

Fig. 1. DIDELPHE D'AZARA.   *DIDELPHIS AZARAE.*   Tem.

Fig. 2. HYÈNE BRUNE.   *HYENA FUSCA.*   Geoff. S¹ H.

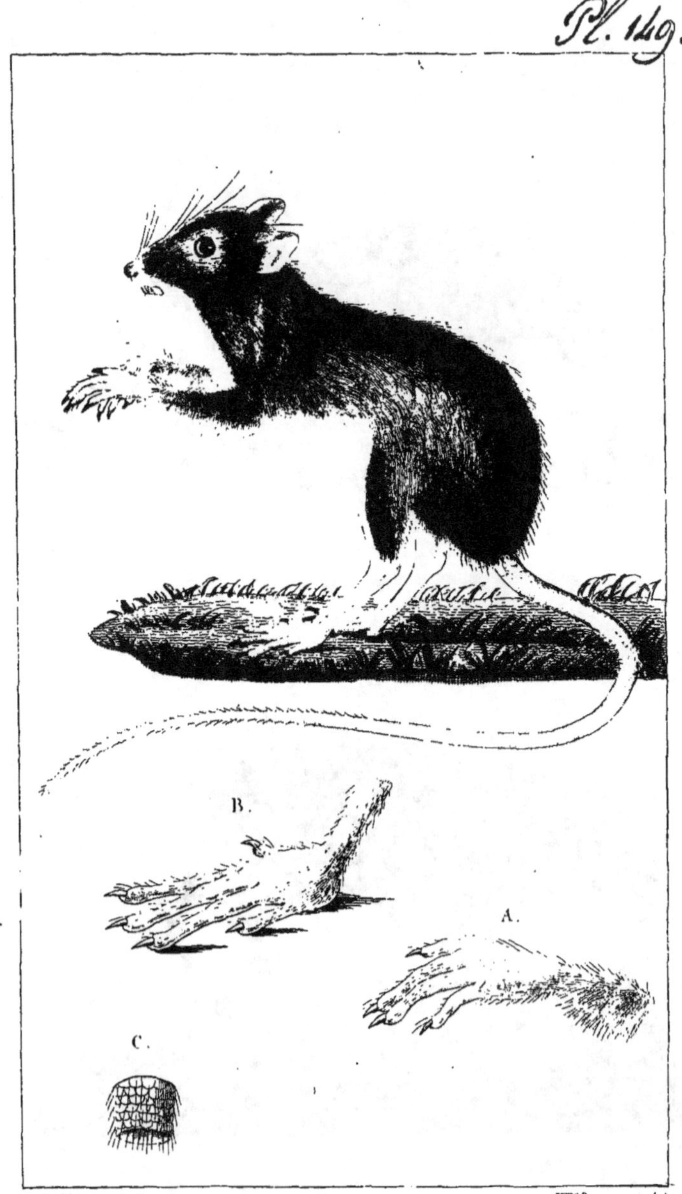

C. Vauthier pinx.t et dir.t   Mme Bourson sculp.t

MÉRIONE DES BOIS. *MERIONES NEMORALIS.* Isid. Geof. St H.

A. Pied antérieur grossi. B. Pied postérieur grossi. C. Tronçon de la queue grossi.

Grandeur naturelle.

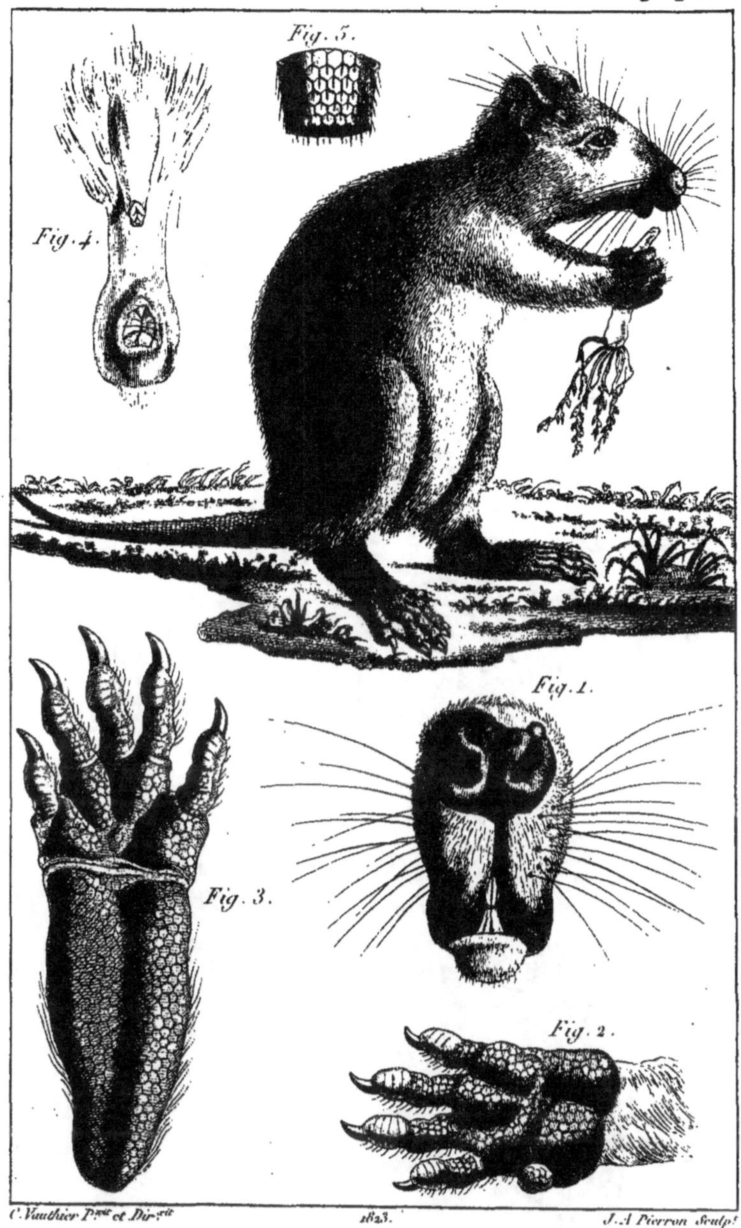

C. Vauthier Pinx.t et Direx.it   1823.   J. A Pierron Sculp.t

UTIA de Cuba. *CAPROMYS FURNIERI.*
Desmarest

Fig. 1. Museau de grand.r nat.lle

Fig. 2. Patte gauche antérieure Idem;

Fig. 3. Patte postérieure gauche, Idem;

Fig. 4. Organes génitaux et anus;

Fig. 5. Tronçon de la queue Grossi.

SQUELETTE DU CAPROMYS DE FOURNIER. Desmarest.

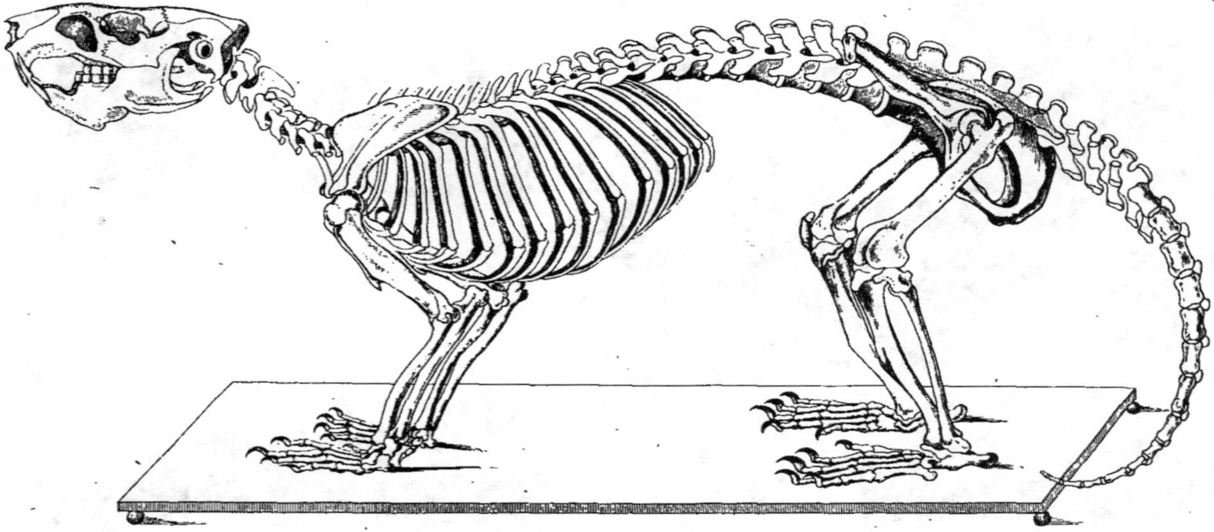

1/3 de la grandeur naturelle.

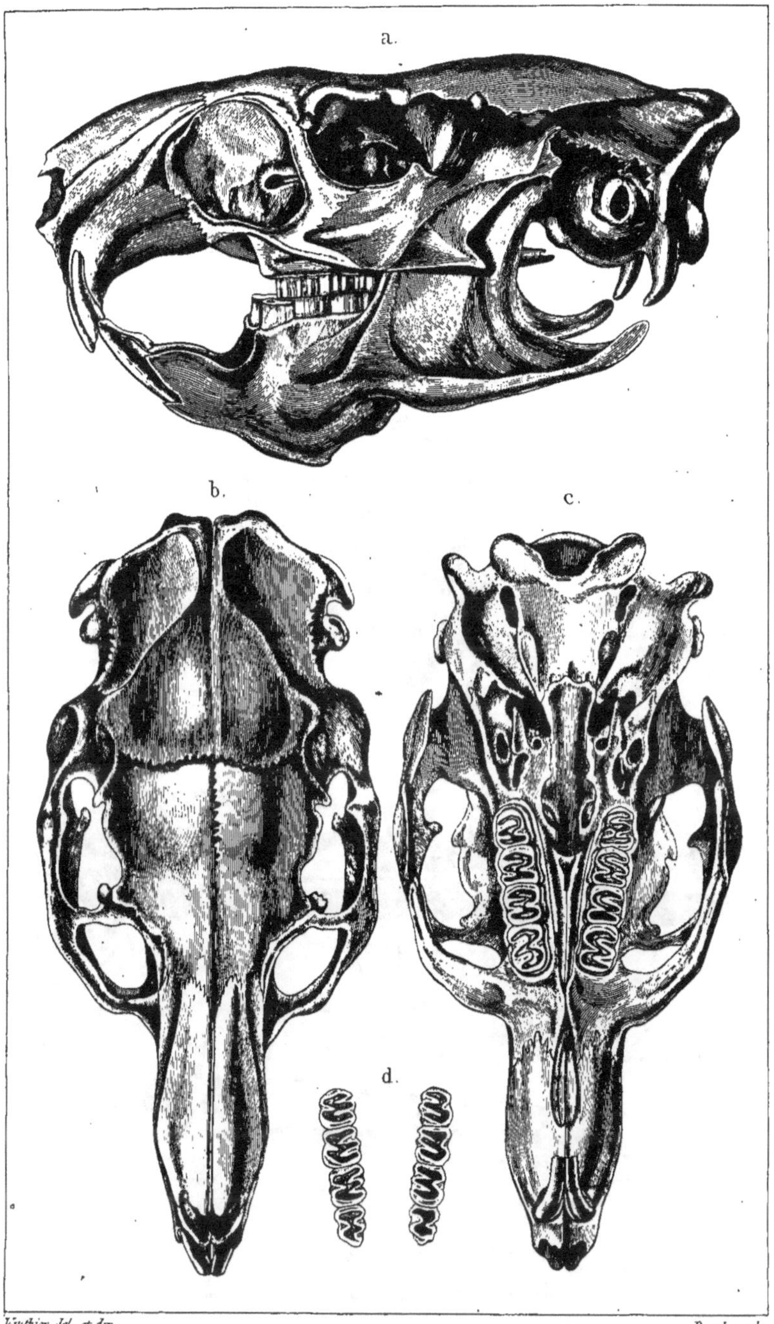

Vuuthier del. et dir.

Dard sculp.

TÊTE OSSEUSE DU CAPROMYS DE FOURNIER. G^{deur} nat.^{elle}

a. *Vue de profil*, b. *en dessus*, c. *en dessous* d. *Dents molaires de la mâchoire inférieure.*

C. Vauthier, pinx.t et dir.t   M.me Bourrey sculp.t

KANGUROO LAINEUX. *KANGURUS LANIGER.* Quoy et Gaim.

A. Pied postérieur droit. B. Portion du pied postérieur gauche.

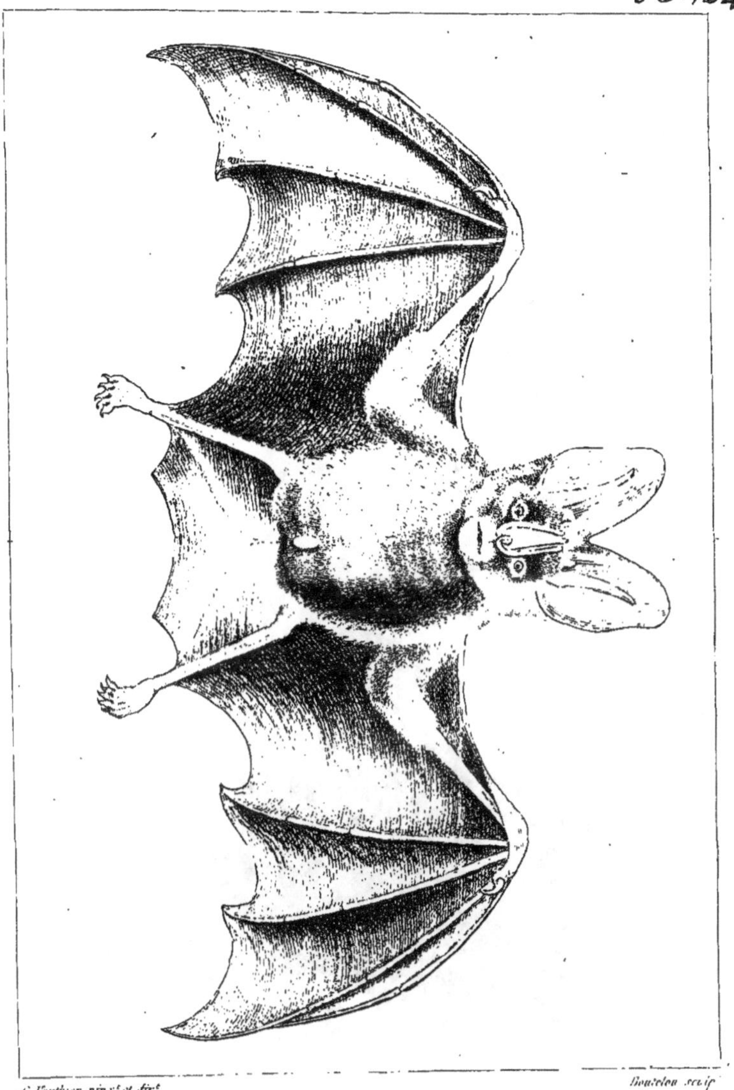

MÉGADERME FEUILLE. *MEGADERMA FRONS.* Geoff St H.

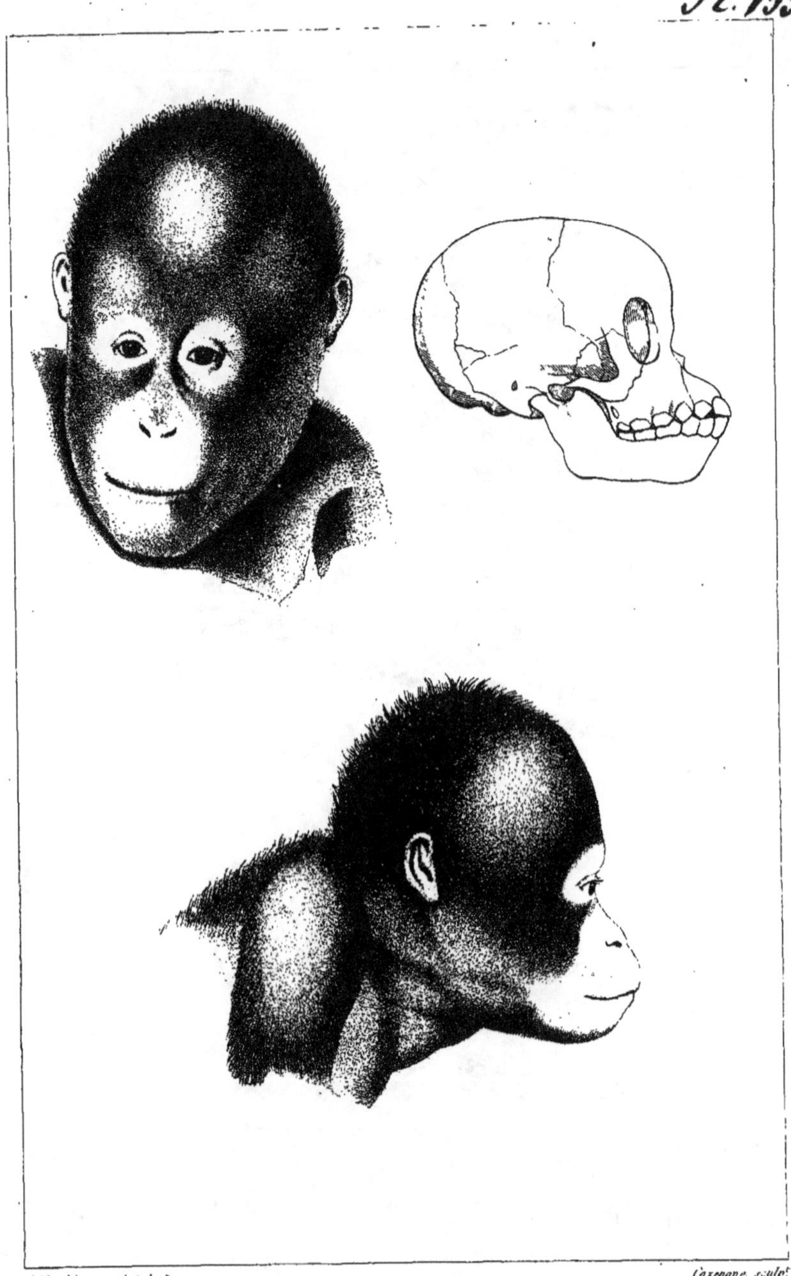

ORANG ROUX. (enfant) *PITHECUS SATYRUS.*

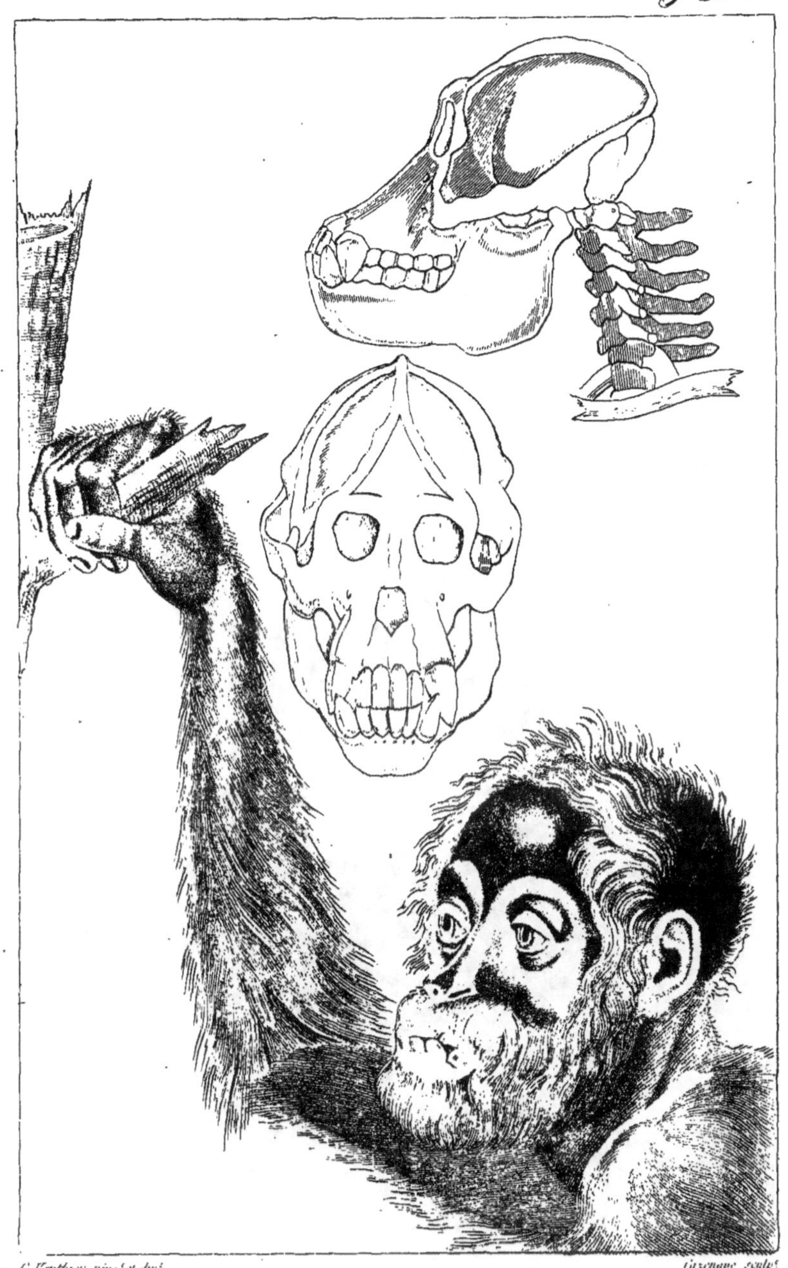

ORANG ROUX. (adulte) *PITHECUS SATYRUS.*

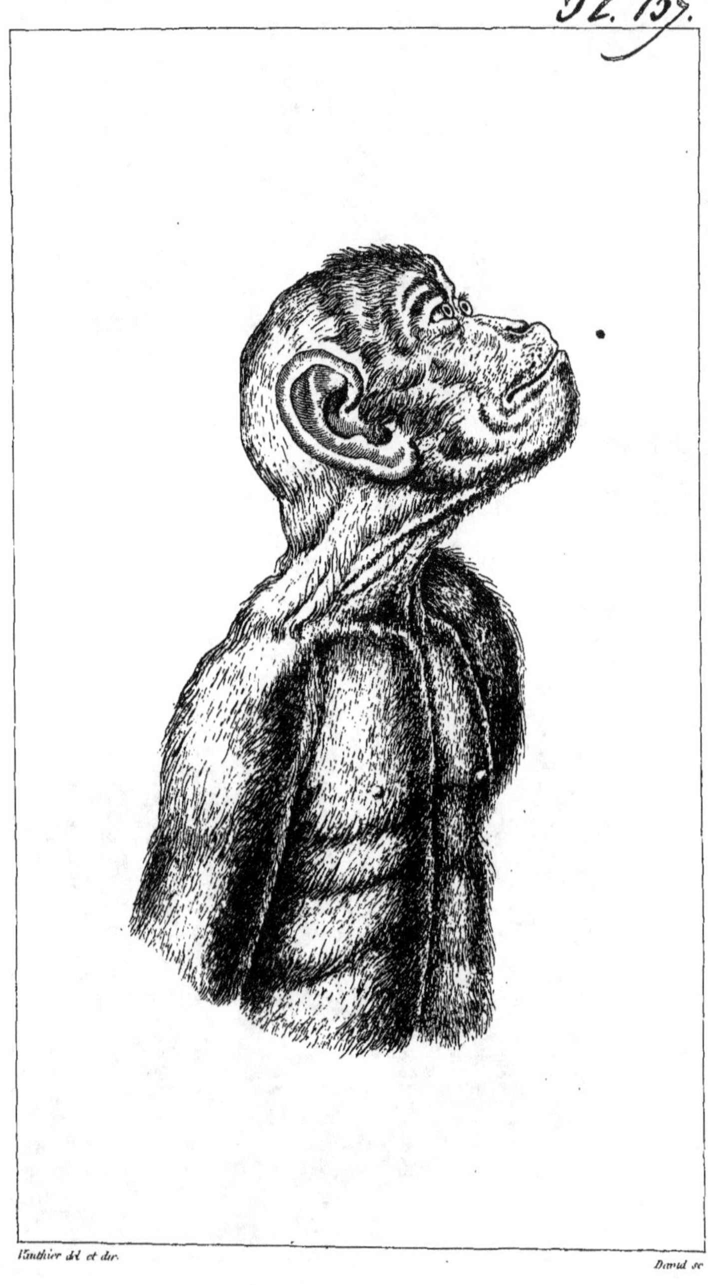

CHIMPANZÉ.   *PITHECUS NIGER.*

SQUELETTE DU CHIMPANZÉ.

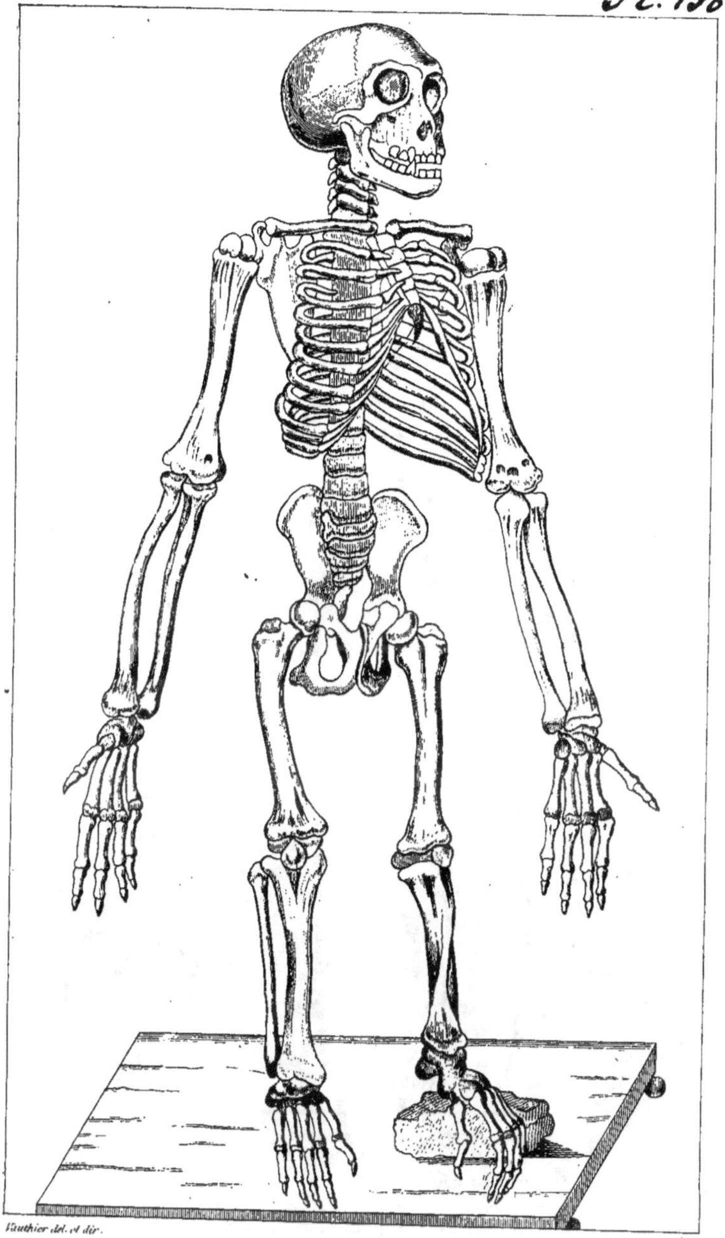

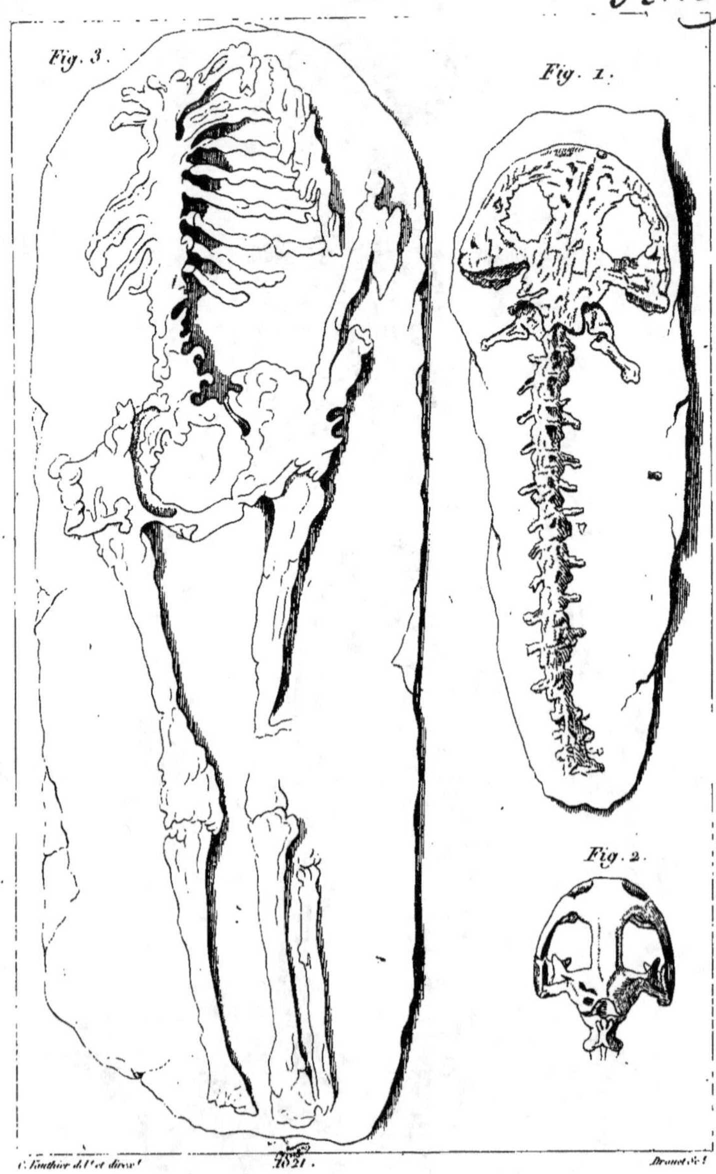

Fig. 1. **PROTÉE** *fossile.* (homo diluvii testis *de* Schenchzer)

2. *Tête de Salamandre.*

3. **ANTHROPOLITE** , *de la Guadeloupe.*

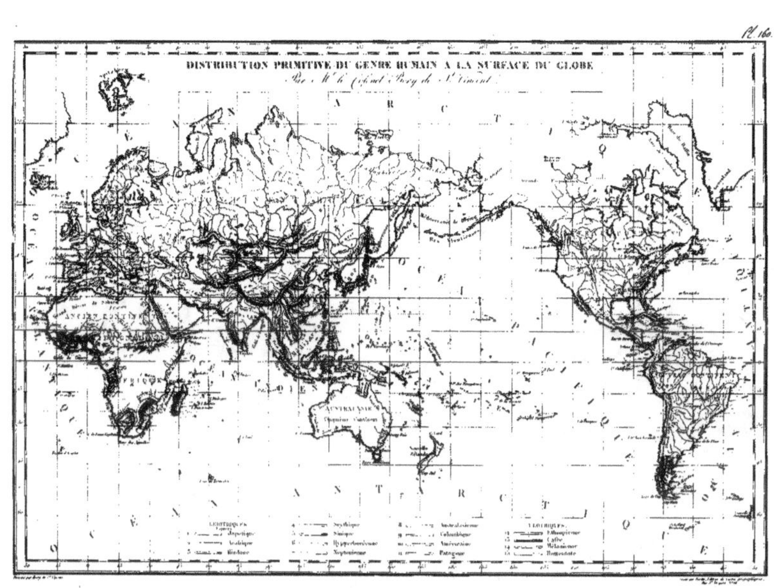

DISTRIBUTION PRIMITIVE DU GENRE HUMAIN A LA SURFACE DU GLOBE
Par M. le Colonel Bory de St Vincent

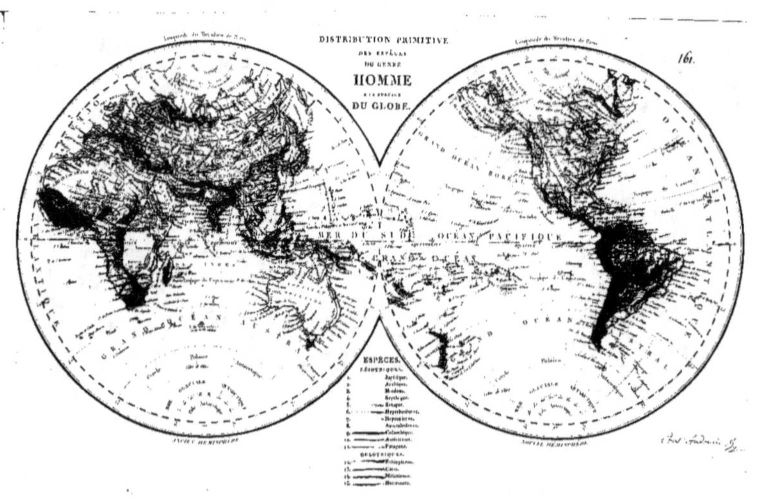

DISTRIBUTION PRIMITIVE
DES ESPÈCES
DU GENRE
HOMME
À LA SURFACE
DU GLOBE.
161.
ANCIEN HÉMISPHÈRE
NOUVEL HÉMISPHÈRE
MER DU SUD
OCÉAN PACIFIQUE
GRAND OCÉAN
GRAND OCÉAN BORÉAL
OCÉAN ATLANTIQUE
ESPÈCES.
EXOTIQUES.